MATHEMATIQUES
&
APPLICATIONS

Directeurs de la collection:
J. M. Ghidaglia et X. Guyon

30

Springer

Paris
Berlin
Heidelberg
New York
Barcelone
Budapest
Hong Kong
Londres
Milan
Singapour
Tokyo

Directeurs de la collection:
J. M. GHIDAGLIA et X. GUYON

Instructions aux auteurs:

Les textes ou projets peuvent être soumis directement à l'un des membres du comité de lecture avec copie à J. M. GHIDAGLIA ou X. GUYON. Les manuscrits devront être remis à l'Éditeur *in fine* prêts à être reproduits par procédé photographique.

Pierre Sagaut

Introduction à la
simulation
des grandes échelles
pour les écoulements
de fluide incompressible

Springer

Pierre Sagaut
ONERA
Office National d'Études et de Recherches Aérospatiales
BP 72-29 avenue de la Division Leclerc
92322 Châtillon Cedex
France
e-mail: sagaut@onera.fr

Mathematics Subject Classification:

76-01,76-02,76D05,76F05,76F10,76F99,93E11,65C20,65N15,68U20

ISBN 3-540-64684-1 Springer-Verlag Berlin Heidelberg New York

© Springer-Verlag Berlin Heidelberg 1998
Imprimé en Allemagne

SPIN: 10551956   41/3142 - 5 4 3 2 1 0 - Imprimé sur papier non acide

Préface

La turbulence dans les fluides est encore à l'heure actuelle considérée comme un des problèmes les plus difficiles de la physique moderne. On est pourtant bien loin de la complexité de la physique microscopique moléculaire, puisqu'il ne s'agit que des lois de la mécanique Newtonienne appliquées à un milieu continu, dans lequel l'effet des fluctuations moléculaires a été lissé et est représenté par un coefficient de viscosité moléculaire. Un tel système a un double comportement de déterminisme au sens de Laplace et d'extrême sensibilité aux conditions initiales à cause de sa très forte non-linéarité. On ne sait par exemple pas prédire théoriquement le nombre de Reynolds critique de transition à la turbulence dans une conduite, ni calculer numériquement avec précision, même avec les plus gros ordinateurs, la traînée d'une automobile ou d'un avion.

On connaît depuis le météorologue Richardson[1] des schémas numériques permettant de résoudre de manière déterministe les équations du mouvement, basées sur les bilans de quantité de mouvement et d'énergie, à partir d'un état initial et pour des conditions aux limites données. Mais il faut la puissance informatique considérable disponible actuellement pour que cette résolution soit possible, et encore, à condition que le nombre de Reynolds ne soit pas trop grand. Il s'agit alors de simulations numériques directes, qui peuvent impliquer le calcul de l'évolution de plusieurs millions de sites en interaction. En général, les configurations expérimentales, industrielles ou naturelles correspondent à des nombres de Reynolds beaucoup trop importants pour que la simulation directe soit possible[2]. La seule possibilité est alors le recours à la simulation des grandes échelles, où les fluctuations turbulentes à petite échelle sont à leur tour lissées et modélisées par une viscosité turbulente. L'histoire de la simulation des grandes échelles a commencé au début des années soixante par le fameux modèle de Smagorinsky[3], un autre météorologue. Celui-ci voulait représenter les effets, sur un écoulement atmosphérique ou océanique quasi-bidimensionnel dans les grandes échelles synoptiques[4], d'une turbu-

---

[1] L.F. Richardson, *Weather prediction by numerical process*, Cambridge University Press (1922).
[2] La prise en compte de plus de 10^{13} modes serait nécessaire pour une aile d'avion !
[3] voir la référence dans le livre de Pierre Sagaut
[4] et sujet à de vigoureuses cascades inverses d'énergie

lence sous-maille tridimensionnelle qui cascade vers les petites échelles suivant des mécanismes décrits par Richardson dès 1926 et formalisés par l'illustre mathématicien Kolmogorov en 1941[5]. Il est intéressant de remarquer que le modèle de Smagorinsky fut un échec total en ce qui concerne l'atmosphère et l'océan, parce qu'il dissipait trop les mouvements à grande échelle. Ce fut par contre un immense succès auprès des utilisateurs intéressés par les applications à des écoulements industriels, ce qui montre que les retombées de la recherche peuvent être aussi imprévisibles que la turbulence ... Un peu plus tard, dans les années soixante-dix, le physicien théoricien Kraichnan[6] développa l'important concept de viscosité turbulente spectrale, qui permet de dépasser l'hypothèse de séparation d'échelles entre les échelles résolues et les échelles sous-maille filtrées, inhérente aux hypothèses de viscosité turbulente classiques de type Smagorinsky. A partir de là, l'histoire de la simulation des grandes échelles s'est développée, d'abord dans le sillage des travaux de deux écoles: Stanford-Turin, où une vision dynamique du modèle de Smagorinsky fut élaborée, et Grenoble, qui suivit plutôt les traces de Kraichnan. S'est alors produit un engouement extraordinaire des chercheurs du monde entier pour ces techniques, relayé par un engouement tout aussi grand des industriels, conscients des limites des méthodes classiques de modélisation basées sur les équations du mouvement moyennées (équations de Reynolds).

C'est un exposé complet de l'état de cette jeune, mais très riche, discipline que constitue la simulation des grandes échelles de la turbulence que Pierre Sagaut, jeune chercheur de l'ONERA, nous propose dans cet ouvrage qui se parcourt avec beaucoup de plaisir et d'intérêt. "Introduction à la simulation des grandes échelles ..." se limite fort sagement au cas de fluides incompressibles, ce qui est avisé pour un point de départ si l'on ne veut pas multiplier les difficultés. Notons cependant que les écoulements compressibles ont bien souvent dans les couches limite des comportements proches des situations incompressibles une fois que l'on a pris en compte la variation de la viscosité moléculaire avec la température, comme l'avait prédit Morkovin dans sa fameuse hypothèse[7]. Pierre Sagaut fait preuve d'une culture impressionnante. Il décrit de façon exhaustive toutes les méthodes de modélisation sous-maille pour la simulation des grandes échelles de la turbulence. Pour ce faire, il n'hésite pas à donner les détails mathématiques indispensables pour une bonne comprehension: après une introduction générale, il présente et discute les différents filtres utilisés, à la fois dans les cas statistiquement homogènes et inhomogènes, et leurs applications aux équations de Navier-Stokes. Il décrit fort à propos la représentation des différents tenseurs dans l'espace de Fourier, les relations de type Germano obtenues par double filtrage, et les conséquences de l'invariance Galiléenne des équations. Il s'attache ensuite

---

[5] L.F. Richardson, Proc. Roy. Soc. London, Ser A, **110**, pp 709-737 (1926), A. Kolmogorov, Dokl. Akad. Nauk SSSR, **30**, pp 301-305 (1941).

[6] Il travailla comme "post-doc" à Princeton avec Einstein.

[7] M.V. Morkovin, in *Mécanique de la turbulence*, A. Favre et al. eds, CNRS, pp 367-380 (1962).

aux modélisations de la turbulence isotrope: dans l'espace de Fourier d'abord avec la notion, essentielle, de triade de vecteurs d'onde, et une discussion sur le concept de localité des transferts. Une excellente revue des modèles de viscosité spectrale est faite, avec une réflexion qui va parfois au-delà des articles originaux. Puis dans l'espace physique, avec une discussion sur les modèles de la fonction de structure, et les procédures dynamiques (Eulériennes et Lagrangiennes, avec équation d'énergie, etc.). L'étude est ensuite généralisée au cas anisotrope. Les approches fonctionnelles basées sur des développements en série de Taylor sont enfin discutées, ainsi que les modèles non-linéaires, les techniques d'homogénéisation, et les modèles mixtes simples et dynamiques. Pierre Sagaut discute aussi de l'importance des erreurs numériques. Il propose enfin une revue très intéressante des différents modèles de paroi dans les couches limite. Le dernier chapitre donne quelques exemples d'applications réalisées à l'ONERA et dans quelques laboratoires français. Ces exemples sont bien choisis dans leur complexité croissante: turbulence isotrope, avec la condensation non-linéaire de vorticité en tourbillons en "banane" découverts par Siggia[8], écoulement de Poiseuille plan avec éjection de tourbillons en "épingle à cheveux" au-dessus des courants de basse vitesse, jet rond et ses appariements alternés d'anneaux vortex, et enfin marche descendante, "gendarme" obligé de la mécanique des fluides numérique. Sont également présentées de jolies visualisations du décollement derrière une aile en forte incidence, avec lâcher de superbes tourbillons longitudinaux. Deux annexes sur l'analyse statistique et spectrale de la turbulence et sur la modélisation EDQNM isotrope et anisotrope viennent à-propos compléter l'ouvrage.

Explorateur hardi, Pierre Sagaut a eu le courage de plonger dans la jungle des multiples techniques modernes de simulation des grandes échelles de la turbulence. Il en est revenu avec une synthèse extrêmement complète de tous les modèles, dont ils nous livre un mode d'emploi très complet, permettant aux novices de se lancer dans cette aventure passionnante et aux spécialistes de découvrir des modèles autres que ceux qu'ils utilisent quotidiennement. "Introduction à la simulation des grandes échelles" est, sous une apparence un peu austère, un ouvrage passionnant. Je le recommande très chaleureusement au très large public d'étudiants de troisième cycle, chercheurs et ingénieurs intéressés par la mécanique des fluides et ses applications dans de nombreux domaines tels que l'aérodynamique, la combustion, l'énergie et l'environnement.

Marcel LESIEUR
Professeur à l'INP de Grenoble
Membre de l'Institut Universitaire de France

---

[8] E.D. Siggia, J. Fluid Mech., **107**, pp 375-406 (1981).

Table des matières

Liste des figures

Liste des tables

1. Introduction

1.1 Mécanique des fluides numérique

La mécanique des fluides numérique, c'est-à-dire l'étude des écoulements de fluide par la simulation numérique, est une discipline en plein essor. Elle repose sur la recherche de solutions des équations qui décrivent la dynamique des fluides par des algorithmes appropriés.

Les simulations numériques ont deux types de finalités.

La première finalité est la réalisation d'études à caractère fondamental, destinées à permettre une meilleure description des mécanismes physiques de base qui régissent la dynamique des fluides, en vue de leur compréhension, de leur modélisation et ultérieurement de leur contrôle. Ces études requièrent une très grande précision des données fournies par la simulation numérique. Ceci implique que le modèle physique choisi pour représenter le comportement du fluide soit pertinent et que les algorithmes de résolution employés, ainsi que leur mise en œuvre informatique, n'introduisent qu'un faible niveau d'erreur. La qualité des informations fournies par la simulation numérique est également subordonnée au niveau de résolution choisi: pour obtenir la meilleure précision possible, la simulation doit tenir compte de toutes les échelles spatio-temporelles qui contribuent à la dynamique de l'écoulement. Lorsque la gamme d'échelles est très large, ce qui est par exemple le cas pour les écoulement turbulents, le problème devient *raide*, en ce sens que le rapport entre les échelles caractéristiques associées aux plus grandes et aux plus petites échelles devient très grand.

La seconde finalité concerne les études d'ingénierie, qui, pour la conception des matériels, nécessitent la prévision de leurs caractéristiques. Il s'agit ici non plus de produire des données en vue de l'analyse de la dynamique de l'écoulement, mais de prédire certaines de ses caractéristiques, ou plus précisément la valeur de paramètres physiques qui en dépendent, comme les contraintes exercées sur un corps immergé, la production et la propagation d'ondes acoustiques, ou encore le mélange d'espèces chimiques, ceci afin de réduire les coûts et les délais de mise au point des prototypes. Ces prédictions peuvent porter soit sur les valeurs moyennes de ces paramètres, soit sur leurs valeurs extrêmes. Dans le premier cas, on détermine les caractéristiques du régime de fonctionnement moyen du système, comme par exemple la consommation de carburant par unité de temps pour un aéronef en régime de croisière. Il s'agit là principalement des études portant sur la performance des matériels. Dans le second cas, on étudie les caractéristiques du système dans des situations ayant une faible probabilité d'existence, c'est-à-dire en présence de phénomènes dits rares ou critiques, comme par exemple le pompage ou le décollement tournant dans les moteurs aéronautiques. De telles études concernent la sécurité des matériels pour des points de fonctionnement éloignés du régime de croisière pour lesquels ils ont été conçus.

Les contraintes sur la qualité de la représentation des phénomènes physiques diffèrent de celles rencontrées pour les études fondamentales. En effet, il s'agit maintenant de rendre compte de l'existence de certains phénomènes et non de l'ensemble des mécanismes physiques. Le niveau de description peut donc *a priori* être moins fin que pour les études à caractère fondamental. Cependant, il va de soi que la qualité de la prévision sera d'autant meilleure que le modèle physique sera plus riche.

Les différents niveaux d'approximation qui forment le modèle physique sont discutés dans ce qui suit.

1.2 Niveaux d'approximation: généralités

Un modèle mathématique pour la description d'un système physique ne peut être défini qu'après avoir déterminé le niveau d'approximation nécessaire pour obtenir la précision requise sur un ensemble de paramètres fixés (voir [84] pour une discussion plus complète). Cet ensemble de' paramètres, associé aux autres variables qui caractérisent son évolution, contient l'information nécessaire pour décrire complètement le système.

Le premier choix concerne l'*échelle de réalité* considérée: la physique offre plusieurs niveaux de description de la réalité, qui sont associés à des variables différentes: physique des particules, physique atomique, ou encore descriptions micro et macroscopique des phénomènes. Ce dernier niveau est celui de la mécanique classique, notamment de la mécanique des milieux continus qui servira de cadre aux développements présentés ici.

La description d'un système à chacun de ces niveaux peut être interprété comme une description moyenne obtenue à partir du niveau de description précédent, par une opération de moyennage statistique. Pour la mécanique des fluides, qui est essentiellement l'étude d'un système composé d'un grand nombre d'éléments en interaction, le choix d'un niveau de description et donc d'un niveau de moyennage est fondamental. Ainsi, une description au niveau moléculaire conduit à la définition d'un système discret régi par les équations de Boltzmann. Une description macroscopique, correspondant à une échelle de représentation plus grande que le libre parcours moyen des molécules, conduit à l'emploi du paradigme de milieu continu. Le système, dans le cas d'un fluide newtonien, est alors régi par les équations de Navier-Stokes.

Après avoir choisi un niveau de réalité, plusieurs autres niveaux d'approximation doivent être envisagés, de manière à obtenir les informations désirées sur l'évolution du système:

- *niveau de résolution spatio-temporelle*: il s'agit de déterminer les échelles de temps et d'espace caractéristiques de l'évolution du système, la plus petite échelle pertinente étant prise comme étalon pour la résolution de manière à capturer l'ensemble des mécanismes dynamiques. Il faut y ajouter la détermination de la dimension spatiale du système (de zéro à trois dimensions) ;
- *niveau de description dynamique* : il s'agit de déterminer les différentes forces qui s'excercent sur les composantes du système, ainsi que de leur importance relative. Dans le cadre de la mécanique des milieux continus, le modèle le plus complet est celui des équations de Navier-Stokes, complétées par des lois empiriques pour décrire la dépendance des coefficients de diffusion en fonction des autres variables et la loi d'état. Une première simplification consiste à considérer que le caractère elliptique de l'écoulement n'est dû qu'à la pression, les autres variables étant considérées comme ayant un caractère parabolique: il s'agit du modèle des équations de Navier-Stokes parabolisées. D'autres simplifications sont par exemple les équations d'Euler, qui ne prennent pas en compte les effets de diffusion et les équations de Stokes, qui négligent les mécanismes de convection.

Les différents choix opérés à chacun de ces niveaux permettent l'élaboration d'un modèle mathématique pour décrire le système physique. Dans tout ce qui suit, on se restreint au cas d'un fluide Newtonien, mono-espèce, isovolume, isotherme et isochore, en l'absence de force extérieure. Le modèle mathématique est constitué par les équations de Navier-Stokes instationnaires. La simulation numérique est alors la recherche de solutions de ces équations par des méthodes de résolution des équations aux dérivées partielles. Les réalisations numériques ainsi produites, du fait de la structure des calculateurs, sont composées d'un ensemble discret, de dimension finie, de degrés de liberté. On fait donc l'hypothèse que le comportement du système dynamique discret que représente la réalisation numérique approchera avec suffisamment de précision celui de la solution exacte et continue des équations de Navier-Stokes.

1.3 Position du problème de séparation d'échelles

La résolution des équations de Navier-Stokes instationnaires implique, si l'on désire assurer une qualité maximale du résultat, de prendre en compte la dynamique de toutes les échelles spatio-temporelles de la solution. Pour représenter numériquement la totalité de ces échelles, il est nécessaire que la discrétisation soit suffisamment fine, c'est-à-dire que les pas de discrétisation en espace Δx et en temps Δt de la simulation soient respectivement plus petits que la longueur caractéristique et le temps caractéristique associés à la plus petite échelle dynamiquement active de la solution exacte. Ceci est équivalent à dire que l'échelle de résolution spatio-temporelle de la réalisation numérique doit être au moins aussi fine que celle du problème continu. Ce critère de résolution peut s'avérer être extrêment contraignant lorsque la solution du problème exacte contient des échelles de tailles très différentes, comme c'est le cas pour les écoulements turbulents.

Ceci est illustré en prenant le cas d'écoulement turbulent le plus simple, c'est-à-dire celui d'un écoulement turbulent statistiquement homogène et isotrope (voir l'annexe A pour une définition plus précise). Pour cet écoulement, le rapport entre la longueur caractéristique de l'échelle la plus énergétique, L, et celle de la plus petite échelle dynamiquement active, η, est évalué par la relation:

$$\frac{L}{\eta} = O\left(Re^{3/4}\right) \tag{1.1}$$

où Re est le nombre de Reynolds, qui mesure le rapport des forces d'inertie et des effets de la viscosité moléculaire ν. La représentation de toutes les échelles dans un volume cubique de coté L nécessite donc l'utilisation de $O\left(Re^{9/4}\right)$ degrés de liberté. De même, le rapport des temps caractéristiques évolue comme $O\left(Re^{3/4}\right)$.

Ainsi, le calcul de l'évolution de la solution, dans un volume L^3 et pendant une durée égale au temps caractéristique de l'échelle la plus énergétique nécessite de résoudre numériquement les équations de Navier-Stokes $O\left(Re^3\right)$ fois !

Ce type de calcul, pour les grands nombres de Reynolds (les applications dans le domaine de l'aéronautique font apparaître des valeurs allant jusqu'à 10^8), nécessite des ressources informatiques très supérieures aux capacités des super-calculateurs actuellement disponibles et n'est donc pas praticable.

Pour rendre le calcul de la solution possible, il est donc nécessaire de réduire le nombre d'opérations et en conséquence de ne plus résoudre directement la dynamique de toutes les échelles de la solution exacte. Pour cela, il faut donc introduire un nouveau niveau de description, moins fin, du système fluide. Ceci revient à opérer une sélection parmi les échelles: certaines d'entre elles seront représentées directement lors du calcul, alors que les autres ne le seront plus. La non-linéarité des équations de Navier-Stokes traduit le couplage dynamique qui existe entre toutes les échelles de la solution, ce qui implique que celles-ci ne peuvent pas être calculées indépendamment les unes des autres. Aussi, pour garantir la qualité de la représentation des échelles résolues, il est nécessaire de prendre en compte lors du calcul les interactions qui existent entre celles-ci et les échelles absentes de la simulation. Ceci est réalisé par l'introduction, dans les équations qui régissent l'évolution des échelles résolues, d'un terme supplémentaire qui modélise ces interactions. Puisque ces termes représentent l'action d'un très grand nombre d'échelles avec les échelles résolues (sans quoi le gain n'est pas effectif), ils ne rendront compte que d'une action globale, c'est-à-dire moyenne, de ces échelles: les modèles seront donc des modèles statistiques. Une représentation déterministe individuelle de ces action inter-échelles serait équivalente à la résolution directe de la solution exacte.

Une telle modélisation ne constitue un gain que si le modèle possède une certaine universalité, c'est-à-dire s'il peut être utilisé pour d'autres cas que celui sur lequel il a été établi. Ceci implique l'existence d'une certaine universalité des interactions dynamiques dont les modèles rendent compte. Ce caractère d'universalité des hypothèses et des modèles sera discuté tout au long du texte.

1.4 Niveaux d'approximation classiques

La réduction du nombre de degrés de liberté de la solution numérique est classiquement opéré de plusieurs manières:

- En ne calculant directement que la moyenne statistique de la solution: il s'agit ici de l'approche appelée Navier-Stokes moyennée (*Reynolds Averaged Navier-Stokes equations - RANS*) [111], qui est la plus utilisée pour les calculs d'ingénierie. La solution exacte $\mathbf{u}$ est décomposée comme la somme de sa moyenne statistique $\langle \mathbf{u} \rangle$ et d'une fluctuation $\mathbf{u}'$ (voir l'annexe A):

$$\mathbf{u}(\mathbf{x}, t) = \langle \mathbf{u}(\mathbf{x}, t) \rangle + \mathbf{u}'(\mathbf{x}, t)$$

Cette décomposition est illustrée par la figure 1.1. La fluctuation $\mathbf{u}'$ n'est pas représentée directement par la réalisation numérique et n'est prise en compte que par le biais d'un modèle de turbulence. L'opération de moyenne statistique est souvent associée, en pratique, à une moyenne en temps:

$$\langle \mathbf{u}(\mathbf{x}, t) \rangle \approx \overline{\mathbf{u}}(\mathbf{x}) = \lim_{T \to \infty} \frac{1}{T} \int_0^T \mathbf{u}(\mathbf{x}, t) dt$$

Le modèle mathématique est alors celui des équations de Navier-Stokes stationnaires. Cette opération de moyennage permet de diminuer considérablement le nombre d'échelles de la solution et donc le nombre de degrés de liberté du système discret. Le caractère statistique de la solution ne permet pas une description fine des mécanismes physiques et fait que cette approche n'est pas utilisable pour les études à caractère fondamental. Ceci est particulièrement vrai lorsque la moyenne statistique est associée à une moyenne temporelle. De même, elle ne permet pas d'isoler les évènements rares. Par contre, elle représente une approche appropriée

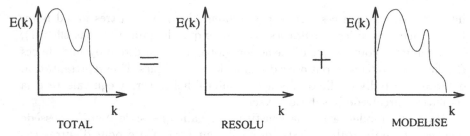

Fig. 1.1. Décomposition du spectre d'énergie de la solution associée à l'approche Navier-Stokes moyennée (représentation symbolique).

pour les études de performance, à la condition que les modèles de turbulence soient à même de rendre compte efficacement de l'existence de la fluctuation turbulente $\mathbf{u}'$.

– En ne calculant directement que certains modes basse-fréquence en temps (de l'ordre de quelques centaines de Hertz) et le champ moyen: il s'agit ici de l'approche nommée Navier-Stokes moyennée instationnaire (*Unsteady Reynolds Averaged Navier-Stokes equations - URANS*) , ou simulation semi-déterministe (*Semi-Deterministic Simulation - SDS*), ou encore simulation des très grandes échelles (*Very Large Eddy Simulation - VLES*) et parfois technique de capture des structures cohérentes (*Coherent Structure Capturing - CSC*) [207, 13]. Le champ $\mathbf{u}$ apparaît ici comme la somme de trois contributions:

$$\mathbf{u}(\mathbf{x}, t) = \overline{\mathbf{u}}(\mathbf{x}) + \langle \mathbf{u}(\mathbf{x}, t) \rangle_c + \mathbf{u}'(\mathbf{x}, t)$$

Le premier terme représente la moyenne temporelle de la solution exacte, le second une moyenne statistique conditionnelle de celle-ci et le dernier la fluctuation turbulente. Cette décomposition est représentée sur la figure 1.2. La moyenne conditionnelle est associée à une classe d'évènements prédéfinie. Dans le cas où ces évènements possèdent une période temporelle déterminée, cette moyenne est une moyenne de phase. La contribution $\langle \mathbf{u}(\mathbf{x}, t) \rangle_c$ est interprétée comme celle de modes cohérents à la dynamique de l'écoulement, alors que le terme $\mathbf{u}'$, par opposition, est censé représenter la partie aléatoire de la turbulence. La variable décrite par le modèle mathématique est maintenant la somme $\overline{\mathbf{u}}(\mathbf{x}) + \langle \mathbf{u}(\mathbf{x}, t) \rangle_c$, la partie aléatoire étant représentée par un modèle de turbulence. Il est à noter que, dans le cas où il existe un forçage déterministe basse-fréquence de la solution, un consensus existe pour interpréter la moyenne conditionnelle comme une moyenne de phase de la solution, pour une fréquence égale à celle du terme de forçage, mais que dans le cas contraire, l'interprétation des résultats est encore sujette à débat. Cette approche, puisqu'elle est instationnaire, contient plus d'information que la précédente, mais ne permet pas la description déterministe d'un évenement particulier. Elle représente une voie intéressante pour l'analyse des performances des systèmes dont le caractère instationnaire est forcé par une action extérieure (par exemple les écoulements périodiquement pulsés);

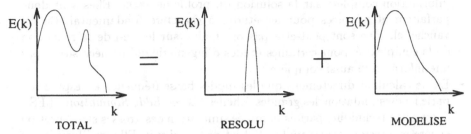

Fig. 1.2. Décomposition du spectre d'énergie de la solution associée à l'approche Navier-Stokes moyennée instationnaire, dans le cas où il existe une fréquence prédominante (représentation symbolique).

– En projetant la solution sur une base de fonctions *ad hoc* et en ne conservant qu'un nombre minimal de modes pour obtenir un système dynamique à plus faible nombre de degrés de liberté: il s'agit ici de rechercher une base de décomposition optimale pour représenter le phénomène, afin de minimiser le nombre de degrés de liberté du sytème dynamique discret. Il ne s'agit pas ici d'une technique de moyennage: la résolution spatio-temporelle et dynamique du modèle numérique demeure aussi fine que celle du modèle continu, mais celui-ci est optimisé. Plusieurs approches sont rencontrées en pratique.

La première consiste à utiliser des fonctions de base standards (modes de Fourier dans l'espace spectral, polynômes dans l'espace physique, ...) et à répartir au mieux les degrés de liberté en espace et en temps pour en minimiser le nombre, c'est-à-dire à adapater la résolution spatio-temporelle de la simulation en fonction de la nature de la solution. On adapte donc la topologie du système dynamique discret à celle de la solution exacte. Cette approche se traduit dans l'espace physique par l'emploi de maillages et de pas de temps auto-adaptatifs. Elle n'est pas associée à une opération de réduction de la complexité par le passage à un niveau supérieur de description statistique du système. Elle conduit à une réduction du système discret bien moindre que les techniques basées sur un moyennage statistique et est limitée par la complexité de la solution continue.

Une autre voie consiste à employer des fonctions de base optimales, dont un faible nombre suffira pour représenter la dynamique de l'écoulement. L'effort est alors reporté sur la détermination des ces fonctions de base. Un exemple est la base des modes de la décomposition orthogonale, qui est optimale pour la représentation de l'énergie cinétique (voir [52] pour une synthèse). Cette technique permet une très forte compression de l'information et la génération d'un système dynamique de très faible dimension (quelques dizaines de degrés de liberté au plus, en pratique). Cette voie

demeure très peu employée, car elle requiert une information très complète
sur la solution pour pouvoir déterminer les fonctions de base.

Les différentes approches citées dans ce paragraphe restituent toutes une
information complète sur la solution du problème exact. Elles sont donc
parfaitement adaptées pour les études à caractère fondamental. En revanche, elles ne sont peut-être pas optimales, sur le plan de la réduction
de la complexité, pour certaines études d'ingénierie qui ne nécessitent pas
une information aussi complète.

- En ne calculant directement que les modes basse-fréquence en espace: on
  parle ici de simulation des grandes échelles (*Large-Eddy Simulation* - LES).
  C'est cette technique, parfois nommée simulation des grosses structures ou
  encore macrosimulation, qui fait l'objet de ce qui suit. Elle est illustrée par
  la figure 1.3.

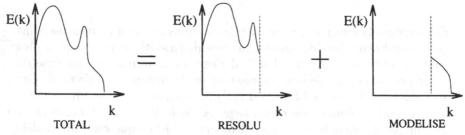

Fig. 1.3. Décomposition du spectre d'énergie de la solution associée à la simulation
des grandes échelles (représentation symbolique).

1.5 Simulation des grandes échelles

La sélection des échelles qui est à la base de la technique de simulation des
grandes échelles [64, 120, 136, 178] est une séparation entre grandes et petites
échelles. La définition de ces deux catégories est soumise à la détermination
d'une longueur de référence, dite *longueur de coupure*: sont appelées grandes
échelles ou échelles résolues celles qui sont d'une taille caractéristique plus
grande que la longueur de coupure et petites échelles ou échelles sous-maille
les autres. Ces dernières seront prises en compte par le biais d'un modèle
statistique, appelé *modèle sous-maille*. Il est à noter que cette séparation entre
différentes échelles n'est pas associée à une opération de moyenne statistique,
comme certaines techniques citées précédemment.

La formalisation sur le plan mathématique de cette séparation d'échelles,
sous la forme d'un filtre passe-bas en fréquence, fait l'objet du chapitre 2.
L'application de ce filtre aux équations de Navier-Stokes, décrite dans le
chapitre 3, permet d'obtenir le modèle mathématique constitutif pour la

simulation des grandes échelles. Le terme de convection, parce qu'il est non-linéaire, doit être décomposé. Une partie des termes résultants peut être calculée directement à partir des échelles résolues, l'autre devant être modélisée.

Deux approches sont distinguées dans l'ouvrage concernant la modélisation: la modélisation fonctionnelle, basée sur la représentation des transferts d'énergie cinétique, qui fait l'objet des chapitres 4 et 5, et la modélisation structurelle, qui vise à reproduire les vecteurs propres des tenseurs de corrélation statistiques des modes sous-maille, présentée au chapitre 6. Les hypothèses de base et les modèles sous-maille correspondant à chacune de ces approches sont présentés.

Le chapitre 7 est consacré aux problèmes théoriques associés aux effets de la méthode numérique mise en œuvre lors de la simulation. La représentation de l'erreur numérique sous la forme d'un filtre supplémentaire est introduite, ainsi que le problème du poids relatif des différents filtres qui interviennent lors de la simulation numérique. Les questions relatives à l'analyse et à la validation des calculs de simulation des grandes échelles sont traitées au chapitre 8.

Les conditions aux limites adaptées pour la simulation des grandes échelles sont discutées au chapitre 9. Y sont principalement traités les cas des parois solides et des conditions amont.

Les aspects pratiques concernant la mise en œuvre des modèles sous-maille sont décrits au chapitre 10. Enfin, les propos sont illustrés par des exemples d'application de la simulation des grandes échelles pour différentes catégories d'écoulement au chapitre 11.

2. Introduction formelle à la notion de séparation d'échelles: filtrage passe-bande

La notion de séparation d'échelles introduite dans le chapitre précédent va maintenant être formalisée sur le plan mathématique, de manière à permettre la manipulation des équations et la dérivation des modèles sous-maille.

La représentation du filtrage comme un produit de convolution est tout d'abord présentée dans le cas idéal d'un filtre de longueur de coupure uniforme en espace sur un domaine infini. Les extensions aux cas d'un domaine borné et d'un filtre à longueur de coupure variable sont ensuite discutées.

2.1 Définition et propriétés du filtre dans le cas homogène

Le cadre des développements est restreint ici au cas des filtres homogènes et isotropes, pour faciliter l'analyse et permettre une meilleure compréhension de la physique des phénomènes. Le filtre considéré est *isotrope*, c'est-à-dire que ses propriétés sont indépendantes de la position en espace et de l'orientation du repère de référence, ce qui implique qu'il est appliqué sur un domaine non-borné et que l'échelle de coupure est constante et identique dans toutes les directions d'espace. C'est dans ce cadre que s'est développée historiquement la modélisation sous-maille. L'extension aux filtres anisotropes ou inhomogènes[1], qui n'a été abordée que plus récemment par les chercheurs, est décrite dans la section 2.2.

2.1.1 Définition

La séparation d'échelles est réalisée par l'application d'un filtre passe-haut en échelle, *i.e.* passe-bas en fréquence, à la solution exacte. Ce filtrage est représenté mathématiquement dans l'espace physique comme un produit de convolution. Ainsi, la partie résolue $\overline{\phi}(\mathbf{x}, t)$ d'une variable spatio-temporelle $\phi(\mathbf{x}, t)$ est définie formellement par la relation:

---

[1] C'est-à-dire dont les caractéristiques, comme la forme mathématique ou la fréquence de coupure, ne sont pas invariantes par translation ou rotation du repère par rapport auxquels ils sont définis.

$$\overline{\phi}(\mathbf{x},t) = \int_{-\infty}^{+\infty} \int_{-\infty}^{+\infty} \phi(\boldsymbol{\xi},t')G(\mathbf{x}-\boldsymbol{\xi},t-t')dt'd^3\boldsymbol{\xi} \qquad (2.1)$$

où le noyau de convolution G est caractéristique du filtre utilisé, qui est associé aux échelles de coupure en espace et en temps $\overline{\Delta}$ et $\overline{\tau}_c$. Cette relation est notée symboliquement:

$$\overline{\phi} = G\phi \qquad (2.2)$$

La définition duale dans l'espace de Fourier est obtenue en multipliant le spectre $\widehat{\phi}(\mathbf{k},\omega)$ de $\phi(\mathbf{x},t)$ par le spectre $\widehat{G}(\mathbf{k},\omega)$ du noyau $G(\mathbf{x},t)$:

$$\widehat{\overline{\phi}}(\mathbf{k},\omega) = \widehat{\phi}(\mathbf{k},\omega)\widehat{G}(\mathbf{k},\omega) \qquad (2.3)$$

soit, sous forme symbolique:

$$\widehat{\overline{\phi}} = \widehat{G}\widehat{\phi} \qquad (2.4)$$

où k et ω sont respectivement le nombre d'onde spatial et la fréquence temporelle.

La fonction $\widehat{G}$ est la *fonction de transfert* associée au noyau G. A la longueur de coupure $\overline{\Delta}$ est associé le nombre d'onde de coupure k_c et au temps $\overline{\tau}_c$ la fréquence de coupure ω_c. La partie non-résolue de $\phi(\mathbf{x},t)$, notée $\phi'(\mathbf{x},t)$, est définie de façon opératoire comme:

$$\phi'(\mathbf{x},t) = \phi(\mathbf{x},t) - \overline{\phi}(\mathbf{x},t) \qquad (2.5)$$
$$= \phi(\mathbf{x},t) - \int_{-\infty}^{+\infty} \int_{-\infty}^{+\infty} \phi(\boldsymbol{\xi},t')G(\mathbf{x}-\boldsymbol{\xi},t-t')dt'd^3\boldsymbol{\xi} \qquad (2.6)$$

soit:

$$\phi' = (1-G)\phi \qquad (2.7)$$

La forme correspondante dans l'espace spectral est:

$$\widehat{\phi'}(\mathbf{k},\omega) = \widehat{\phi}(\mathbf{k},\omega) - \widehat{\overline{\phi}}(\mathbf{k},\omega) = \left(1 - \widehat{G}(\mathbf{k},\omega)\right)\widehat{\phi}(\mathbf{k},\omega) \qquad (2.8)$$

c'est-à-dire:

$$\widehat{\phi'} = (1-\widehat{G})\widehat{\phi} \qquad (2.9)$$

2.1.2 Propriétés fondamentales

Afin de permettre la manipulation des équations de Navier-Stokes après l'application d'un filtre, on impose à ce dernier de vérifier les trois propriétés suivantes:

1. *Conservation des constantes*:

$$\bar{a} = a \iff \int_{-\infty}^{+\infty} \int_{-\infty}^{+\infty} G(\boldsymbol{\xi}, t') d^3\boldsymbol{\xi} dt' = 1 \qquad (2.10)$$

2. *Linéarité*:

$$\overline{\phi + \psi} = \bar{\phi} + \bar{\psi} \qquad (2.11)$$

Cette propriété est automatiquement satisfaite, puisque le produit de convolution la vérifie, indépendamment des caractéristiques du noyau G.

3. *Commutativité avec la dérivation*

$$\overline{\frac{\partial \phi}{\partial s}} = \frac{\partial \bar{\phi}}{\partial s}, \quad s = \mathbf{x}, t \qquad (2.12)$$

Les filtres qui vérifient ces trois propriétés ne sont pas, dans le cas général, des opérateurs de Reynolds (voir annexe A), *i.e.*

$$\bar{\bar{\phi}} = G^2\phi \neq \bar{\phi} = G\phi \qquad (2.13)$$
$$\overline{\phi'} = G(1-G)\phi \neq 0 \qquad (2.14)$$

ce qui est équivalent à dire que G n'est pas un projecteur (à l'exclusion du cas trivial de l'application identité). Rappelons qu'une application P est définie comme étant un projecteur si $P \circ P = P$. Une telle application est dite *idempotente*, car elle vérifie la relation:

$$P^n \equiv \underbrace{P \circ P \circ \dots \circ P}_{n \text{ fois}} = P, \ \forall n \in \mathbb{N}^+ \qquad (2.15)$$

Lorsque G n'est pas un projecteur, le filtrage peut être interprété comme un changement de variable et peut être inversé: il n'y a donc pas de perte d'information[2] [71]. Le noyau de l'application est réduit à l'élément nul, *i.e.* $\ker(G) = \{0\}$.

Dans le cas où le filtre est un opérateur de Reynolds, il vient:

---

[2] La réduction du nombre de degrés de liberté vient de ce que la nouvelle variable, *i.e.* la variable filtrée, est plus régulière que la variable de départ, au sens ou elle contient moins de hautes fréquences. Son échelle caractéristique en espace est donc plus grande, ce qui permet d'employer une résolution moins fine pour la décrire et donc moins de degrés de liberté.

$$G^2 = 1 \qquad (2.16)$$

soit, en tenant compte de la propriété de conservation des constantes:

$$G = 1 \qquad (2.17)$$

Dans l'espace spectral, la propriété d'idempotence implique que la fonction de transfert soit de la forme:

$$\widehat{G}(\mathbf{k}, \omega) = \left\{ \begin{array}{c} 0 \\ 1 \end{array} \right. \qquad \forall \mathbf{k}, \ \forall \omega \qquad (2.18)$$

Le noyau de convolution $\widehat{G}$ prend donc la forme d'une somme de fonctions de Dirac et de fonctions de Heaviside associées à des domaines non-intersectants. La conservation de constantes implique que $\widehat{G}$ vaut 1 pour les modes constants en espace et en temps. L'application ne peut plus être inversée car son noyau $\ker(G) = \{\phi'\}$ n'est plus réduit à l'élément nul et en conséquence le filtrage induit une perte irrémédiable d'information.

Un filtre est dit *positif* si:

$$G(\mathbf{x}, t) > 0, \forall \mathbf{x} \text{ et } \forall t \qquad (2.19)$$

2.1.3 Caractérisation des différentes approximations

Les différentes méthodes de réduction du nombre de degrés de liberté évoquées dans le chapitre précédent vont être précisées. On fait maintenant l'hypothèse que le noyau de convolution spatio-temporel $G(\mathbf{x}-\boldsymbol{\xi}, t-t')$ dans IR^4 est obtenu par tensorisation de noyaux monodimensionnels:

$$G(\mathbf{x} - \boldsymbol{\xi}, t - t') = G(\mathbf{x} - \boldsymbol{\xi})G_t(t - t') = G_t(t - t') \prod_{i=1,3} G_i(x_i - \xi_i) \qquad (2.20)$$

La moyenne temporelle de Reynolds sur un intervalle de temps T est obtenue en prenant:

$$G_t(t - t') = \frac{\mathcal{H}_T}{T}, \quad G_i(x_i - \xi_i) = \delta(x_i - \xi_i), \quad i = 1, 2, 3 \qquad (2.21)$$

où δ est une fonction de Dirac et $\mathcal{H}_T$ la fonction de Heaviside correspondant à l'intervalle choisi. Cette moyenne est étendue à la i-ème direction d'espace en posant $G_i(x_i - \xi_i) = \mathcal{H}_L/L$, où L est le domaine d'intégration désiré.

La moyenne de phase correspondant à la fréquence ω_c est obtenue en posant:

$$\widehat{G}_t(\omega) = \delta(\omega - \omega_c), \quad G_i(x_i - \xi_i) = \delta(x_i - \xi_i), \quad i = 1, 2, 3 \qquad (2.22)$$

Dans tout ce qui suit, seule la technique de simulation des grandes échelles basée sur un filtrage en espace sera décrite, car c'est la seule approche effectivement employée, à de très rares exceptions près [46, 47]. Ceci est traduit par:

$$G_t(t - t') = \delta(t - t') \qquad (2.23)$$

Différentes formes du noyau $G_i(x_i - \xi_i)$ classiquement utilisées sont décrites dans la section suivante. Il faut toutefois noter que l'imposition d'un filtrage en espace induit automatiquement un filtrage implicite en temps, puisque la dynamique des équations de Navier-Stokes permet d'associer un temps caractéristique à chaque échelle de longueur caractéristique[3]. On suppose toutefois que la description au moyen d'un seul filtrage spatial est pertinente.

Dans le cadre d'un filtrage spatio-temporel généralisé, Germano [70, 71, 73] préconise, pour des raisons de consistance physique avec la nature des équations de Navier-Stokes, d'utiliser une filtre parabolique ou hyperbolique en temps et elliptique en espace. On rappelle qu'un filtre est dit elliptique (resp. parabolique, hyperbolique) si les quantités ϕ et $\overline{\phi}$ sont liées par une relation du type:

$$\phi = M(\overline{\phi}) \qquad (2.24)$$

où M est un opérateur elliptique (resp. parabolique, hyperbolique). Des exemples correspondant respectivement à un opérateur linéaire elliptique du second ordre et un opérateur parabolique sont:

---

[3] Cette échelle de temps est évaluée comme suit. Soient $\overline{\Delta}$ la longueur de coupure associée au filtre et $k_c = \pi/\overline{\Delta}$ le nombre d'onde associé. Soit $E(k)$ le spectre d'énergie de la solution exacte (voir l'annexe A pour une définition). L'énergie cinétique associée au nombre d'onde k_c est $k_c E(k_c)$. On estime l'échelle de vitesse v_c associée à ce même nombre d'onde comme:

$$v_c = \sqrt{k_c E(k_c)}$$

Le temps caractéristique t_c associé à l'échelle de longueur $\overline{\Delta}$ est calculé par des arguments dimensionnels de la manière suivante:

$$t_c = \overline{\Delta}/v_c$$

La fréquence correspondante est $\omega_c = 2\pi/t_c$. L'analyse physique montre que pour les formes du spectre $E(k)$ considérées dans le cadre de la simulation des grandes échelles v_c est une fonction monotone décroissante de k_c (resp. croissante de $\overline{\Delta}$), donc ω_c est une fonction monotone croissante de k_c (resp. monotone décroissante de $\overline{\Delta}$).

Supprimer les échelles spatiales qui correspondent aux nombres d'onde supérieurs à k_c induit la disparition des fréquences temporelles supérieures à ω_c.

$$M(\psi) = \psi + \alpha_1 \frac{\partial \psi}{\partial x} + \alpha_2 \frac{\partial^2 \psi}{\partial x^2} \tag{2.25}$$

où α_1 et α_2 sont deux constantes et

$$M(\psi) = \psi + \alpha_3 \frac{\partial \psi}{\partial t} + \alpha_4^2 \frac{\partial^2 \psi}{\partial x^2} \tag{2.26}$$

où α_3 et α_4 sont deux constantes. On remarque que le premier filtre ne dépend que de l'espace, alors que le second fait également intervenir le temps.

2.1.4 Trois filtres classiques pour la simulation des grandes échelles

Trois filtres sont classiquement utilisés pour effectuer la séparation d'échelles en espace. Pour une longueur de coupure $\overline{\Delta}$, dans le cas monodimensionnel, ils s'écrivent:

– Le filtre boîte (*box filter, top-hat filter*):

$$G(x - \xi) = \begin{cases} \dfrac{1}{\overline{\Delta}} & \text{si } |x - \xi| \leq \dfrac{\overline{\Delta}}{2} \\ \\ 0 & \text{sinon} \end{cases} \tag{2.27}$$

$$\widehat{G}(k) = \frac{\sin(k\overline{\Delta}/2)}{k\overline{\Delta}/2} \tag{2.28}$$

Le noyau de convolution G et la fonction de transfert $\widehat{G}$ sont représentés respectivement sur les figures 2.1 et 2.2.
– Le filtre gaussien (*gaussian filter*):

$$G(x - \xi) = \left(\frac{\gamma}{\pi\overline{\Delta}^2}\right)^{1/2} \exp\left(\frac{-\gamma|x - \xi|^2}{\overline{\Delta}^2}\right) \tag{2.29}$$

$$\widehat{G}(k) = \exp\left(\frac{-\overline{\Delta}^2 k^2}{4\gamma}\right) \tag{2.30}$$

où γ est une constante, généralement prise égale à 6. Le noyau de convolution G et la fonction de transfert $\widehat{G}$ sont représentés respectivement sur les figures 2.3 et 2.4.
– le filtre porte (*spectral cut-off filter, sharp cut-off filter*):

$$G(x - \xi) = \frac{\sin\left(k_c(x - \xi)\right)}{k_c(x - \xi)}, \text{ avec } k_c = \frac{\pi}{\overline{\Delta}} \tag{2.31}$$

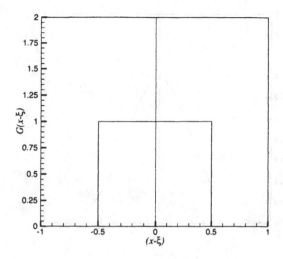

Fig. 2.1. Filtre boîte - Noyau de convolution dans l'espace physique normalisé par $\overline{\Delta}$.

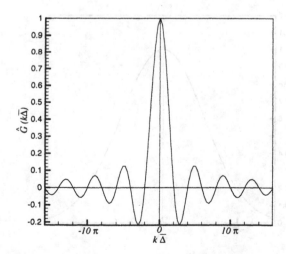

Fig. 2.2. Filtre boîte - Fonction de transfert associée.

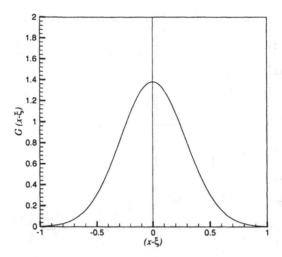

Fig. 2.3. Filtre gaussien - Noyau de convolution dans l'espace physique normalisé par $\overline{\Delta}$.

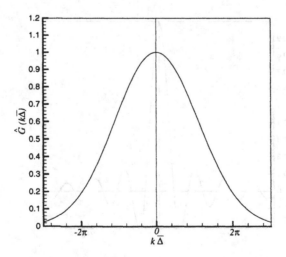

Fig. 2.4. Filtre gaussien - Fonction de transfert associée.

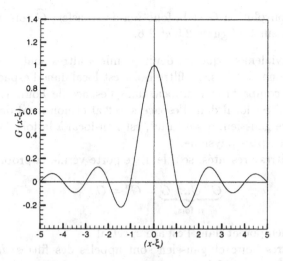

Fig. 2.5. Filtre porte - Noyau de convolution dans l'espace physique.

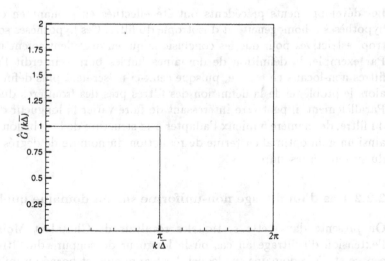

Fig. 2.6. Filtre porte - Fonction de transfert associée.

$$\widehat{G}(k) = \begin{cases} 1 & \text{si } |k| \le k_c \\ 0 & \text{sinon} \end{cases} \qquad (2.32)$$

Le noyau de convolution G et la fonction de transfert $\widehat{G}$ sont représentés respectivement sur les figures 2.5 et 2.6.

On vérifie trivialement que les deux premiers filtres sont positifs, alors que le filtre porte ne l'est pas. Le filtre boîte est local dans l'espace physique (son support est compact) et non-local dans l'espace de Fourier, à l'inverse du filtre porte qui est local dans l'espace spectral et non-local dans l'espace physique. Le filtre gaussien, quant à lui, est non-local à la fois dans l'espace spectral et dans l'espace physique.

De tous les filtres présentés, seul le filtre porte vérifie la propriété:

$$\underbrace{\widehat{G} \cdot \widehat{G} \dots \cdot \widehat{G}}_{n \text{ fois}} = \widehat{G}^n = \widehat{G}$$

et est donc idempotent dans l'espace spectral.

Enfin, les filtres boîte et gaussien sont appelés des filtres *diffus*, car il existe un recouvrement en fréquence entre les quantités $\overline{\mathbf{u}}$ et $\mathbf{u}'$.

2.2 Extension au cas inhomogène

2.2.1 Généralités

Les développements précédents ont été effectués en prenant en compte les hypothèses d'homogénéité et d'isotropie du filtre. Ces hypothèses sont parfois trop restrictives pour que les conclusions qui en découlent soient utilisables. Par exemple, la définition de domaines fluides bornés interdit l'emploi de filtres non-locaux en espace, puisque ceux-ci ne seraient plus définis. Se pose alors le problème de la définition des filtres près des frontières du domaine. Parallèlement, il peut être intéressant de faire varier la longueur de coupure du filtre, de manière à mieux l'adapter à la structure de la solution et assurer ainsi un gain optimal en terme de réduction du nombre de degrés de liberté du système à résoudre.

2.2.2 Cas d'un filtrage non-uniforme sur un domaine quelconque

On présente dans cette section les résultats de Ghosal et Moin [78] sur l'extension du filtrage au cas où la longueur de coupure du filtre varie en espace et où le domaine sur lequel il est appliqué est borné ou infini.

Nouvelle définition des filtres et propriétés - Cas monodimensionnel.

Propositions alternatives dans le cas homogène. Les auteurs proposent de définir le filtrage d'une variable $\phi(\xi)$, définie sur l'intervalle $]-\infty, +\infty[$, comme:

$$\overline{\phi}(\xi) = \frac{1}{\overline{\Delta}} \int_{-\infty}^{+\infty} G\left(\frac{\xi - \eta}{\overline{\Delta}}\right) \phi(\eta) d\eta \qquad (2.33)$$

où la longueur de coupure $\overline{\Delta}$ est constante. Le noyau de convolution G est astreint à vérifier les quatres propriétés suivantes:

1. *Symétrie:*

$$G(-\xi) = G(\xi) \qquad (2.34)$$

On remarque que cette propriété n'était pas requise explicitement précédemment, mais qu'elle est vérifiée par les trois filtres décrits dans la section (2.1.4).

2. *Conservation des constantes:*

$$\int_{-\infty}^{+\infty} G(\xi) d\xi = 1 \qquad (2.35)$$

3. *Décroissance rapide:* $G(\xi) \to 0$ quand $|\xi| \to \infty$ suffisamment vite pour que tous ses moments soient finis, *i.e.*

$$\int_{-\infty}^{+\infty} G(\xi) \xi^n d\xi < \infty, \quad \forall n \geq 0 \qquad (2.36)$$

4. *Quasi-localité dans l'espace physique:* $G(\xi)$ est localisée (en un sens à préciser) dans l'intervalle $[-1/2, 1/2]$

Extension du filtre boîte au cas inhomogène - Propriétés. En tenant compte de la définition (2.33), le filtre boîte (2.27) s'écrit:

$$G(\xi) = \begin{cases} 1 & \text{si } |\xi| \leq \frac{1}{2} \\ 0 & \text{sinon} \end{cases} \qquad (2.37)$$

Ce filtre peut être étendu au cas inhomogène de plusieurs manières. Le problème posé est rigoureusement analogue à celui de l'extension des schémas de type volumes finis au cas des maillages structurés inhomogènes: les volumes de contrôle peuvent être définis directement sur le maillage de calcul, soit dans un espace de référence muni d'un maillage uniforme, après un changement de variable. Deux extensions du filtre boîte sont discutées dans ce qui suit, basée chacune sur une approche différente.

Extension directe. Dans le cas où la longueur de coupure varie en espace, une première solution consiste à écrire:

$$\overline{\phi}(\xi) = \frac{1}{\Delta_+(\xi) + \Delta_-(\xi)} \int_{\xi-\Delta_-(\xi)}^{\xi+\Delta_+(\xi)} \phi(\eta)d\eta \qquad (2.38)$$

où $\Delta_+(\xi)$ et $\Delta_-(\xi)$ sont des fonctions positives et $(\Delta_+(\xi)+\Delta_-(\xi))$ est la longueur de coupure au point ξ. Ces différentes grandeurs sont représentées sur la figure 2.7. Si le domaine est fini ou semi-infini, les fonctions $\Delta_+(\xi)$ et $\Delta_-(\xi)$ doivent décroître suffisamment rapidement près des frontières du domaine pour que l'intervalle d'intégration $[\xi-\Delta_-(\xi), \xi+\Delta_+(\xi)]$ reste défini. Le filtre boîte est ici étendu de manière intuitive, comme une moyenne sur la cellule de contrôle $[\xi - \Delta_-(\xi), \xi + \Delta_+(\xi)]$. Cette approche est similaire aux techniques de volumes finis basées sur des volumes de contrôle définis directement sur le maillage de calcul.

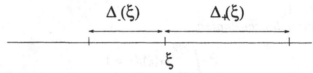

Fig. 2.7. Extension directe du filtre boîte - Représentation de la cellule d'intégration au point ξ.

On montre que cette expression n'assure pas la commutativité avec la dérivation en espace. La relation (2.12) devient (la dépendance des fonctions Δ_+ et Δ_- en fonction de ξ n'est pas explicitée pour alléger les notations):

$$\overline{\frac{d\phi}{d\xi}} - \frac{d\overline{\phi}}{d\xi} = \frac{(d/d\xi)(\Delta_- + \Delta_+)}{\Delta_- + \Delta_+}\overline{\phi}$$
$$- \frac{1}{\Delta_+ + \Delta_-}\left[\phi(\xi + \Delta_+)\frac{d\Delta_+}{d\xi} + \phi(\xi - \Delta_-)\frac{d\Delta_-}{d\xi}\right]$$
$$(2.39)$$

L'amplitude de l'erreur commise n'est pas évaluable *a priori* et ne peut en conséquence être négligée. Aussi, lors de l'application de (2.38) aux équations de Navier-Stokes, tous les termes, y compris les termes linéaires, vont introduire des termes inconnus qui vont nécessiter une fermeture.

Extension par changement de variable - Filtres SOCF. Pour pallier ce problème, une définition du filtrage alternative à la relation (2.38), plus générale, est proposée par Ghosal et Moin [78]. Cette nouvelle définition conduit à la définition de filtres commutant au second ordre avec la dérivation en espace (*Second Order Commuting Filter* - SOCF). Elle est basée sur un changement de variable, qui permet l'utilisation d'un filtre homogène. La fonction ϕ est supposée définie sur l'intervalle fini ou infini $[a, b]$. Toute fonction monotone régulière définie sur cet intervalle peut être reliée à une fonction définie sur le domaine $[-\infty, +\infty]$ en effectuant le changement de variable:

$$\xi = f(x) \qquad (2.40)$$

où f est une fonction strictement monotone différentiable, telle que:

$$f(a) = -\infty, \quad f(b) = +\infty \qquad (2.41)$$

A la longueur de coupure constante $\overline{\Delta}$ définie sur l'espace de référence $[-\infty, +\infty]$, on associe la longueur de coupure variable $\overline{\delta}(x)$ sur l'intervalle de départ par la relation:

$$\overline{\delta}(x) = \frac{\overline{\Delta}}{f'(x)} \qquad (2.42)$$

Dans le cas d'un domaine fini ou semi-infini, la fonction f' prend des valeurs infinies aux bornes et le noyau de convolution devient une fonction de Dirac. Le filtrage d'une fonction $\psi(x)$ est défini dans le cas inhomogène en trois étapes:

1. On opère le changement de variable $x = f^{-1}(\xi)$, ce qui conduit à la définition de la fonction $\phi(\xi) = \psi(f^{-1}(\xi))$;
2. La fonction $\phi(\xi)$ est ensuite filtrée par le filtre homogène classique (2.33):

$$\overline{\psi}(x) \equiv \overline{\phi}(\xi) = \frac{1}{\overline{\Delta}} \int_{-\infty}^{+\infty} G\left(\frac{f(x) - \eta}{\overline{\Delta}}\right) \phi(\eta) d\eta \qquad (2.43)$$

3. La quantité filtrée est ensuite réexprimée dans l'espace de départ:

$$\overline{\psi}(x) = \frac{1}{\overline{\Delta}} \int_{a}^{b} G\left(\frac{f(x) - f(y)}{\overline{\Delta}}\right) \psi(y) f'(y) dy \qquad (2.44)$$

Cette nouvelle expression du filtre modifie l'erreur de commutation avec la dérivation spatiale. En utilisant (2.43) et en opérant une intégration par partie, il vient:

$$\frac{d\overline{\psi}}{dx} = -\frac{f'(x)}{\overline{\Delta}} \left[G\left(\frac{f(x) - f(y)}{\overline{\Delta}}\right) \psi(y) \right]_{y=a}^{y=b}$$

$$+ \frac{1}{\overline{\Delta}} \int_{a}^{b} G\left(\frac{f(x) - f(y)}{\overline{\Delta}}\right) f'(x) \psi'(y) dy \qquad (2.45)$$

La propriété de décroissance rapide du noyau G permet d'annuler le premier terme du second membre. L'erreur de commutation est:

$$\overline{\frac{d\phi}{d\xi}} - \frac{d\overline{\phi}}{d\xi} = \frac{1}{\overline{\Delta}} \int_a^b G\left(\frac{f(x) - f(y)}{\overline{\Delta}}\right) f'(y)\psi'(y)$$

$$\times \left[1 - \frac{f'(x)}{f'(y)}\right] dy \qquad (2.46)$$

Afin de simplifier cette expression, on introduit une nouvelle variable ζ, telle que:

$$f(y) = f(x) + \overline{\Delta}\zeta \qquad (2.47)$$

La variable y est alors réexprimée comme une série en fonction de $\overline{\Delta}$:

$$y = y_0(\zeta) + \overline{\Delta}y_1(\zeta) + \overline{\Delta}^2 y_2(\zeta) + \dots \qquad (2.48)$$

Puis, en combinant les relations (2.47) et (2.48), il vient (la dépendance des fonctions suivant la variable x n'est pas explicitée pour alléger les notations):

$$y = x + \frac{\overline{\Delta}\zeta}{f'} - \frac{\overline{\Delta}^2 f''\zeta}{2f'^3} + \dots \qquad (2.49)$$

ce qui permet de récrire la relation (2.46) comme:

$$\overline{\frac{d\phi}{d\xi}} - \frac{d\overline{\phi}}{d\xi} = \int_{-\infty}^{+\infty} G(\zeta)\psi'(y(\zeta)) \left[1 - \frac{f'(x)}{f'(y(\zeta))}\right] d\zeta \qquad (2.50)$$

$$= C_1\overline{\Delta} + C_2\overline{\Delta}^2 + \dots \qquad (2.51)$$

où les coefficients C_1 et C_2 s'expriment comme:

$$C_1 = \frac{f''\psi'}{f'^2} \int_{-\infty}^{+\infty} \zeta G(\zeta) d\zeta \qquad (2.52)$$

$$C_2 = \frac{2f'f''\psi'' + f'f'''\psi' - 3f''^2\psi'}{2f'^4} \int_{-\infty}^{+\infty} \zeta^2 G(\zeta) d\zeta \qquad (2.53)$$

La propriété de symétrie du noyau G implique $C_1 = 0$, ce qui garantit que l'erreur de commutation du filtre avec la dérivation spatiale est du second ordre en fonction de la longueur de coupure $\overline{\Delta}$. Ce filtrage est nommé par les auteurs Filtrage Commutant au Second Ordre (*Second-Order Commuting Filter - SOCF*).

Une étude de la répartition spectrale de l'erreur de commutation est disponible dans la référence [78]. Cette analyse ne sera pas détaillée ici, seuls les résultats majeurs étant exposés. En considérant une fonction de la forme:

$$\psi(x) = \widehat{\psi}_k e^{ikx}, \quad i^2 = -1 \qquad (2.54)$$

les deux opérations de dérivation s'écrivent:

$$\overline{\frac{d\psi}{dx}} = \overline{ik\psi}, \quad \frac{d\overline{\psi}}{dx} = ik\overline{\psi} \tag{2.55}$$

L'erreur de commutation peut être mesurée en comparant les deux nombres d'onde k et k', ce dernier étant tel que $\overline{ik\psi} = ik'\overline{\psi}$. L'erreur de commutation est nulle si $k = k'$. Des manipulations algébriques conduisent à la relation:

$$\frac{k'}{k} = 1 - i\overline{\Delta}\frac{f''}{f'^2}\frac{\displaystyle\int_{-\infty}^{+\infty} \zeta G(\zeta)\sin(k\overline{\Delta}\zeta/f')d\zeta}{\displaystyle\int_{-\infty}^{+\infty} G(\zeta)\cos(k\overline{\Delta}\zeta/f')d\zeta} \tag{2.56}$$

En utilisant la décomposition modale (2.54), l'erreur de commutation peut être exprimée sous forme différentielle. Les calculs conduisent à:

$$\overline{\frac{d\psi}{dx}} - \frac{d\overline{\psi}}{dx} = \alpha^{(2)}\frac{f''}{f'^3}\overline{\Delta}^2\frac{d^2\overline{\psi}}{dx^2} + O(k\overline{\Delta})^4 \tag{2.57}$$

$$= -\alpha^{(2)}\overline{\delta}^2\left(\frac{\overline{\delta}'}{\overline{\delta}}\right)\frac{d^2\overline{\psi}}{dx^2} + O(k\overline{\delta})^4 \tag{2.58}$$

où $\overline{\delta}(x)$ est la longueur de coupure locale et $\alpha^{(2)}$ le moment d'ordre 2 de G, $i.e.$

$$\alpha^{(2)} = \int_{-\infty}^{+\infty} \zeta^2 G(\zeta)d\zeta \tag{2.59}$$

Filtres commutants d'ordre élevé. Des filtres commutant avec la dérivation spatiale à un ordre supérieur à 2 peuvent être définis, au moins dans le cas d'un domaine infini. Pour obtenir de tels filtres, van der Ven [206] propose de définir le filtrage, pour le cas d'une longueur de coupure variable $\overline{\delta}(x)$, par une extension directe de la forme (2.33):

$$\overline{\phi}(x) = \frac{1}{\overline{\delta}(x)}\int_{-\infty}^{+\infty} G\left(\frac{x-y}{\overline{\delta}(x)}\right)\phi(y)dy \tag{2.60}$$

La fonction G est supposée ici être de classe C^1, symétrique, et doit conserver les constantes. De plus, la fonction $\overline{\delta}(x)$ est supposée également être de classe C^1. Cette définition est retrouvée en linéarisant autour de x la formule générale (2.44), c'est-à-dire en posant $\phi'(y) = \phi'(x)$ et $\phi(x) - \phi(y) = \phi'(x)(x-y)$ et en tenant compte de la relation (2.42) . Cette opération de linéarisation revient à considérer que la fonction ϕ est linéaire dans un voisinage de x contenant le support du noyau de convolution. En introduisant le changement de variable $y = x - \zeta\overline{\delta}(x)$, l'erreur de commutation correspondante s'écrit:

$$\overline{\frac{d\phi}{dx}} - \frac{d\overline{\phi}}{dx} = \frac{\overline{\delta}'}{\overline{\delta}} \int \left(G(\zeta) + \zeta G'(\zeta)\right) \phi(x - \zeta\delta(x))d\zeta \qquad (2.61)$$

Pour augmenter l'ordre de l'erreur de commutation, on cherche des fonctions G solutions de l'équation

$$G + \zeta G' = a G^{(n)}, \quad n > 1 \qquad (2.62)$$

où a est un réel et $G^{(n)}$ désigne la dérivée n-ième du noyau G. Pour de telles fonctions, l'erreur de commutation devient:

$$\overline{\frac{d\phi}{dx}} - \frac{d\overline{\phi}}{dx} = a\frac{\overline{\delta}'}{\overline{\delta}}(-1)^n \int G(\zeta) \left(\frac{\partial}{\partial\zeta}\right)^n \phi(x - \zeta\overline{\delta}(x))d\zeta \qquad (2.63)$$

$$= a\overline{\delta}'(x)\overline{\delta}(x)^{n-1}\overline{\phi^{(n)}}(x) \qquad (2.64)$$

et est donc formellement d'ordre $n - 1$. Une analyse simple montre que la transformée de Fourier $\widehat{G}$ de la solution du problème (2.62), vérifiant la propriété de conservation des constantes, est de la forme:

$$\widehat{G}(k) = \exp\left(\frac{-a i^n}{n} k^n\right) \qquad (2.65)$$

La propriété de symétrie de G implique que $n = 2m$ est pair et donc:

$$\widehat{G}(k) = \exp\left(\frac{-a(-1)^m}{2m} k^{2m}\right) \qquad (2.66)$$

La propriété de décroissance rapide est recouvrée pour $a = b(-1)^m, b > 0$. On remarque que le filtre gaussien est retrouvé en posant $m = 1$. Il est important de noter que cette analyse n'est valable que pour des domaines infinis, car la prise en compte des bornes du domaine fluide fait apparaitre des termes d'erreur supplémentaires qui ne permettent plus de garantir l'ordre de l'erreur de commutation. La fonction de transfert obtenue pour différentes valeurs du paramètre m est représentée sur la figure 2.8.

Extension au cas multidimensionnel.

Filtres SOCF. Les filtres SOCF sont extensibles au cas tridimensionnel, pour des domaines finis ou infinis. Soient (x_1, x_2, x_3) un repère cartésien et (X_1, X_2, X_3) le repère de référence, associé à un maillage cartésien uniforme et isotrope de pas $\overline{\Delta}$. Les deux repères sont liés par les relations:

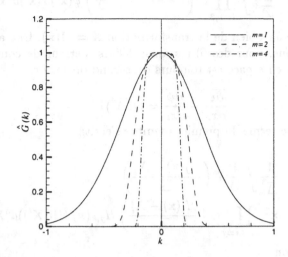

Fig. 2.8. Filtre commutant d'ordre élevé - Représentation de la fonction de transfert associée pour différentes valeurs du paramètre m.

$$X_1 = H_1(x_1, x_2, x_3), \qquad x_1 = h_1(X_1, X_2, X_3) \qquad (2.67)$$

$$X_2 = H_2(x_1, x_2, x_3), \qquad x_2 = h_2(X_1, X_2, X_3) \qquad (2.68)$$

$$X_3 = H_3(x_1, x_2, x_3), \qquad x_3 = h_3(X_1, X_2, X_3) \qquad (2.69)$$

$$(2.70)$$

soit, sous forme vectorielle:

$$\mathbf{X} = \mathbf{H}(\mathbf{x}), \quad \mathbf{x} = \mathbf{h}(\mathbf{X}), \quad \mathbf{h} = \mathbf{H}^{-1} \qquad (2.71)$$

Le filtrage d'une fonction $\psi(\mathbf{x})$ est défini de façon analogue au cas monodimensionnel: on opère tout d'abord un changement de variable pour se placer dans le système de coordonnées de référence, dans lequel un filtre homogène est appliqué, puis on opère la transformation inverse. Le noyau de convolution tridimensionnel est défini par la tensorisation de noyaux monodimensionnels homogènes.

Après avoir effectué le premier changement de variables, il vient:

$$\overline{\psi}(\mathbf{h}(\mathbf{X})) = \frac{1}{\overline{\Delta}^3} \int \prod_{i=1,3} G\left(\frac{X_i - X_i'}{\overline{\Delta}}\right) \psi(\mathbf{h}(\mathbf{X}'))d^3\mathbf{X}' \qquad (2.72)$$

soit, dans l'espace de départ:

$$\overline{\psi}(\mathbf{x}) = \frac{1}{\overline{\Delta}^3} \int \prod_{i=1,3} G\left(\frac{H_i(\mathbf{x}) - X_i'}{\overline{\Delta}}\right) \psi(\mathbf{h}(\mathbf{X}'))d^3\mathbf{X}' \qquad (2.73)$$

$$= \frac{1}{\overline{\Delta}^3} \int \prod_{i=1,3} G\left(\frac{H_i(\mathbf{x}) - H_i(\mathbf{x}')}{\overline{\Delta}}\right) \psi(\mathbf{x}')J(\mathbf{x}')d^3\mathbf{x}' \quad (2.74)$$

où $J(\mathbf{x})$ est le Jacobien de la transformation $\mathbf{X} = \mathbf{H}(\mathbf{x})$. Une analyse de l'erreur montre que, pour des filtres ainsi définis, l'erreur de commutation avec la dérivation en espace est toujours du second ordre, *i.e.*

$$\overline{\frac{\partial \psi}{\partial x_k}} - \frac{\partial \overline{\psi}}{\partial x_k} = O(\overline{\Delta}^2) \quad (2.75)$$

où le deuxième terme du premier membre s'écrit:

$$\frac{\partial \overline{\psi}}{\partial x_k} = \frac{1}{\overline{\Delta}^3} \int \frac{1}{\overline{\Delta}} G'\left(\frac{H_j(\mathbf{x}) - X'_j}{\overline{\Delta}}\right)$$
$$\times \prod_{i=1,3; i \neq j} G\left(\frac{H_i(\mathbf{x}) - X'_i}{\overline{\Delta}}\right) H_{j,k}(\mathbf{x})\psi(\mathbf{h}(\mathbf{X}'))d^3\mathbf{X}' \quad (2.76)$$

avec la notation:

$$H_{j,k}(\mathbf{x}) = \frac{\partial H_j(\mathbf{x})}{\partial x_k} \quad (2.77)$$

Une analyse différentielle de l'erreur de commutation est réalisée en considérant des solutions de la forme:

$$\psi(\mathbf{x}) = \widehat{\psi_\mathbf{k}} \exp(i\mathbf{k} \cdot \mathbf{x}) \quad (2.78)$$

Une démarche analogue à celle déjà effectuée dans le cas monodimensionnel conduit à la relation:

$$\overline{\frac{\partial \psi}{\partial x_k}} - \frac{\partial \overline{\psi}}{\partial x_k} = -\alpha^{(2)}\overline{\Delta}^2 \Gamma_{kmp}\frac{\partial^2 \overline{\psi}}{\partial x_m \partial x_p} + O(k\overline{\Delta})^4 \quad (2.79)$$

où la fonction Γ_{kmp} est définie comme:

$$\Gamma_{kmp} = h_{m,jq}(\mathbf{H}(\mathbf{x}))h_{p,q}(\mathbf{H}(\mathbf{x}))H_{j,k}(\mathbf{x}) \quad (2.80)$$

Filtres commutants d'ordre élevé. Le filtrage simplifié de van der Ven s'étend naturellement au cas tridimensionnel, en cartésien, en posant:

$$\overline{\phi}(\mathbf{x}) = \frac{1}{\prod_{i=1,3} \overline{\delta}_i(\mathbf{x})} \int_{R^3} \prod_{i=1,3} G\left(\frac{x_i - x'_i}{\overline{\delta}_i(\mathbf{x})}\right) \phi(\mathbf{x}')d^3\mathbf{x}' \quad (2.81)$$

où $\overline{\delta}_i(\mathbf{x})$ est la longueur de coupure du filtre dans le i-ème direction d'espace au point $\mathbf{x}$. Pour un noyau G vérifiant (2.62), l'erreur de commutation s'écrit:

$$\overline{\frac{\partial \phi}{\partial x_j}} - \frac{\partial \overline{\phi}}{\partial x_j} = a \sum_{i=1,3} \frac{\partial \overline{\delta}_i(\mathbf{x})}{\partial x_j}\overline{\delta}_i(\mathbf{x})^{n-1}\overline{\frac{\partial^n \phi(\mathbf{x})}{\partial x_i^n}} \quad (2.82)$$

et est formellement d'ordre $n - 1$.

3. Application aux équations de Navier-Stokes

Ce chapitre est consacré à la dérivation des équations constitutives de la technique de simulation des grandes échelles, c'est-à-dire les équations de Navier-Stokes filtrées. On s'intéresse ici au cas d'un fluide visqueux newtonien, incompressible, à masse volumique et température constantes.

On décrit en premier lieu l'application d'un filtre spatial isotrope[1] aux équations de Navier-Stokes. Il est à noter que ce cadre idéal, qui implique que le domaine fluide est non-borné, est celui utilisé par la quasi-totalité des auteurs, car lui seul permet de mener à terme les développements théoriques qui sont à la base de la modélisation sous-maille. Les erreurs de commutation entre le filtre et la dérivation en espace sont alors ignorées. La section 3.4 est consacrée à l'application d'un filtre inhomogène aux équations de base.

On présente tout d'abord la dérivation des équations de Navier-Stokes filtrées. Les différentes décompositions du terme non-linéaire en fonction des quantités filtrées sont ensuite discutées. Enfin, le problème de fermeture, c'est-à-dire de la représentation des quantités inconnues en fonction des variables du problème filtré, est introduit.

3.1 Equations de Navier-Stokes

On rappelle ici les équations qui régissent l'évolution d'un fluide newtonien, incompressible, d'abord dans l'espace physique, puis dans l'espace spectral.

3.1.1 Formulation dans l'espace physique

Dans l'espace physique, le champ de vitesse $\mathbf{u} = (u_1, u_2, u_3)$ exprimé dans un repère cartésien de référence $\mathbf{x} = (x_1, x_2, x_3)$ est solution du système formé par les équations de quantité de mouvement et de continuité:

$$\frac{\partial u_i}{\partial t} + \frac{\partial}{\partial x_j}(u_i u_j) = -\frac{\partial p}{\partial x_i} + \nu \frac{\partial}{\partial x_j}\left(\frac{\partial u_i}{\partial x_j} + \frac{\partial u_j}{\partial x_i}\right), \quad i = 1, 2, 3 \quad (3.1)$$

---

[1] Voir la définition donnée au chapitre 2.

$$\frac{\partial u_i}{\partial x_i} = 0 \qquad (3.2)$$

où $p = P/\rho$ et ν sont respectivement la pression statique et la viscosité cinématique, supposée constante et uniforme. Pour obtenir un problème bien posé, on doit adjoindre à ce système des conditions initiales et des conditions aux limites.

3.1.2 Formulation dans l'espace spectral

Le système dual dans l'espace spectral est obtenu en appliquant une transformée de Fourier aux équations (3.1) et (3.2). En remarquant que la contrainte d'incompressibilité se traduit géométriquement par l'orthogonalité du vecteur d'onde $\mathbf{k}$ et du mode $\widehat{\mathbf{u}}(\mathbf{k})$ défini comme (voir l'annexe A pour plus de précisions sur l'analyse spectrale de la turbulence)[2]:

$$\widehat{\mathbf{u}}(\mathbf{k}) = \frac{1}{(2\pi)^3} \int \int \int \mathbf{u}(\mathbf{x}) e^{-i\mathbf{k}\cdot\mathbf{x}} d^3\mathbf{x}, \quad i^2 = -1 \qquad (3.3)$$

le système (3.1) - (3.2) se réduit à une unique équation:

$$\left(\frac{\partial}{\partial t} + 2\nu k^2 \right) \widehat{u}_i(\mathbf{k}) = T_i(\mathbf{k}) \qquad (3.4)$$

où le terme non-linéaire $T_i(\mathbf{k})$ est de la forme:

$$T_i(\mathbf{k}) = M_{ijm}(\mathbf{k}) \int \int \widehat{u}_j(\mathbf{p}) \widehat{u}_m(\mathbf{q}) \delta(\mathbf{k} - \mathbf{p} - \mathbf{q}) d^3\mathbf{p} d^3\mathbf{q} \qquad (3.5)$$

avec

$$M_{ijm}(\mathbf{k}) = -\frac{i}{2} \left(k_m P_{ij}(\mathbf{k}) + k_j P_{im}(\mathbf{k}) \right) \qquad (3.6)$$

où δ est le symbole de Kronecker et $P_{ij}(\mathbf{k})$ est l'opérateur de projection sur le plan orthogonal au vecteur $\mathbf{k}$. Cet opérateur s'écrit:

$$P_{ij}(\mathbf{k}) = \left(\delta_{ij} - \frac{k_i k_j}{k^2} \right) \qquad (3.7)$$

---

[2] Cette relation d'orthogonalité est démontrée en récrivant la contrainte d'incompressibilité du champ de vitesse dans l'espace spectral:

$$\frac{\partial u_i}{\partial x_i} = 0 \iff k_i \widehat{u}_i(k) \equiv \mathbf{k} \cdot \widehat{\mathbf{u}}(\mathbf{k}) = 0$$

3.2 Equations de Navier-Stokes filtrées (cas homogène)

Cette section décrit les équations d'évolution des grandes échelles, telles qu'elles sont obtenues par l'application d'un filtre homogène vérifiant les propriétés de linéarité, de conservation des constantes et de commutativité avec la dérivation, aux équations de Navier-Stokes. Ce sont ces équations qui seront résolues lors de la simulation numérique.

3.2.1 Formulation dans l'espace physique

L'application d'un filtre aux équations (3.1) et (3.2) s'écrit, en tenant compte de la propriété de commutation avec la dérivation:

$$\frac{\partial \overline{u}_i}{\partial t} + \frac{\partial}{\partial x_j} \left(\overline{u_i u_j} \right) = -\frac{\partial \overline{p}}{\partial x_i} + \nu \frac{\partial}{\partial x_j} \left(\frac{\partial \overline{u}_i}{\partial x_j} + \frac{\partial \overline{u}_j}{\partial x_i} \right) \qquad (3.8)$$

$$\frac{\partial \overline{u}_i}{\partial x_i} = 0 \qquad (3.9)$$

où $\overline{p}$ est la pression filtrée. L'équation de quantité de mouvement filtrée fait apparaître le terme non-linéaire $\overline{u_i u_j}$ qui devra, pour que cette équation soit utilisable, être exprimé en fonction de $\overline{\mathbf{u}}$ et $\mathbf{u}'$ qui sont désormais les seules inconnues du problème, où:

$$\mathbf{u}' = \mathbf{u} - \overline{\mathbf{u}} \qquad (3.10)$$

Cette décomposition n'est pas unique et sera discutée dans la section suivante.

3.2.2 Formulation dans l'espace spectral

En utilisant l'équivalence $\overline{\widehat{u}}_i(\mathbf{k}) = \widehat{G}(\mathbf{k})\widehat{u}_i(\mathbf{k})$, l'équation de quantité de mouvement dans l'espace spectral, obtenue en multipliant l'équation (3.4) par la fonction de transfert $\widehat{G}(\mathbf{k})$, s'écrit:

$$\left(\frac{\partial}{\partial t} + 2\nu k^2 \right) \widehat{G}(\mathbf{k})\widehat{u}_i(\mathbf{k}) = \widehat{G}(\mathbf{k})T_i(\mathbf{k}) \qquad (3.11)$$

où le terme non-linéaire filtré $\widehat{G}(\mathbf{k})T_i(\mathbf{k})$ s'écrit:

$$\widehat{G}(\mathbf{k})T_i(\mathbf{k}) = M_{ijm}(\mathbf{k}) \int \int \widehat{G}(\mathbf{k})\widehat{u}_j(\mathbf{p})\widehat{u}_m(\mathbf{q})\delta(\mathbf{k} - \mathbf{p} - \mathbf{q})d^3\mathbf{p}\,d^3\mathbf{q} \qquad (3.12)$$

Le terme non-linéaire filtré (3.12) fait apparaître les contributions des modes $\widehat{\mathbf{u}}(\mathbf{p})$ et $\widehat{\mathbf{u}}(\mathbf{q})$. Pour compléter la décomposition, ces modes devront également être exprimés comme la somme d'une partie filtrée et d'une fluctuation. Il s'agit ici du même problème que celui rencontré lors de l'écriture des équations dans l'espace physique. Cette opération est décrite dans la section suivante.

3.3 Décomposition du terme non-linéaire - Equations associées

Cette section détaille les différentes décompositions du terme non-linéaire existantes et les équations d'évolution associées.

3.3.1 Décomposition de Leonard

Ecriture dans l'espace physique. Leonard [116] propose de récrire le terme non-linéaire sous la forme d'une triple somme:

$$\overline{u_i u_j} = \overline{(\overline{u}_i + u'_i)(\overline{u}_j + u'_j)} \tag{3.13}$$

$$= \overline{\overline{u}_i \overline{u}_j} + \overline{\overline{u}_i u'_j} + \overline{\overline{u}_j u'_i} + \overline{u'_i u'_j} \tag{3.14}$$

Le terme non-linéaire est maintenant entièrement décomposé en fonction de la quantité filtrée $\overline{u}$ et de la fluctuation u'. Deux points de vue se distinguent alors [218].

Le premier considère que tous les termes qui apparaissent dans les équations d'évolution d'une quantité filtrée doivent eux-mêmes être des quantités filtrées, car la résolution de la simulation doit être la même pour tous les termes. L'équation de quantité de mouvement filtrée s'écrit alors:

$$\frac{\partial \overline{u}_i}{\partial t} + \frac{\partial}{\partial x_j}\left(\overline{u}_i \overline{u}_j\right) = -\frac{\partial \overline{p}}{\partial x_i} + \nu \frac{\partial}{\partial x_j}\left(\frac{\partial \overline{u}_i}{\partial x_j} + \frac{\partial \overline{u}_j}{\partial x_i}\right) - \frac{\partial \tau_{ij}}{\partial x_j} \tag{3.15}$$

où le tenseur sous-maille τ, qui regroupe tous les termes ne dépendant pas exclusivement des grandes échelles, est défini comme:

$$\tau_{ij} = C_{ij} + R_{ij} = \overline{u_i u_j} - \overline{\overline{u}_i \overline{u}_j} \tag{3.16}$$

où le tenseur des *tensions croisées*, C, qui représente les interactions entre grandes et petites échelles et le *tenseur de Reynolds sous-maille*, R, qui prend en compte les interactions entre échelles sous-maille, s'écrivent:

$$C_{ij} = \overline{\overline{u}_i u'_j} + \overline{\overline{u}_j u'_i} \tag{3.17}$$

$$R_{ij} = \overline{u'_i u'_j} \tag{3.18}$$

Par la suite, cette décomposition sera appelée *décomposition double*.

Le second point de vue consiste à considérer que les termes doivent pouvoir être évalués directement à partir des variables filtrées. Or, le terme $\overline{\overline{u}_i \overline{u}_j}$ n'est pas calculable directement, car il nécessite une seconde application du filtre. Pour pallier ce problème, Leonard propose la décomposition supplémentaire:

$$\overline{\overline{u}_i \overline{u}_j} = \left(\overline{\overline{u}_i \overline{u}_j} - \overline{u}_i \overline{u}_j \right) + \overline{u}_i \overline{u}_j$$

$$= L_{ij} + \overline{u}_i \overline{u}_j \tag{3.19}$$

Le terme supplémentaire L, appelé *tenseur de Leonard*, représente des interactions entre grandes échelles. En utilisant cette nouvelle décomposition, l'équation de quantité de mouvement filtrée devient:

$$\frac{\partial \overline{u}_i}{\partial t} + \frac{\partial}{\partial x_j} \left(\overline{u}_i \overline{u}_j \right) = -\frac{\partial \overline{p}}{\partial x_i} + \nu \frac{\partial}{\partial x_j} \left(\frac{\partial \overline{u}_i}{\partial x_j} + \frac{\partial \overline{u}_j}{\partial x_i} \right) - \frac{\partial \tau_{ij}}{\partial x_j} \tag{3.20}$$

Le tenseur sous-maille τ, qui regroupe maintenant tous les termes qui ne s'expriment pas directement à partir de $\overline{u}$, prend la forme:

$$\tau_{ij} = L_{ij} + C_{ij} + R_{ij} = \overline{u_i u_j} - \overline{u}_i \overline{u}_j \tag{3.21}$$

Cette décomposition sera désignée sous le nom de *décomposition de Leonard* ou *décomposition triple* dans tout ce qui suit. L'équation (3.20) et le terme sous-maille τ_{ij} défini par (3.21) peuvent être obtenus directement à partir des équations de Navier-Stokes, sans utiliser la décomposition de Leonard pour ce dernier. Il est à noter que le terme $\overline{u}_i \overline{u}_j$ est un terme quadratique et qu'il contient des fréquences *a priori* plus élevées que chacun des termes qui le composent. Donc, pour le représenter complètement, il faut plus de degrés de liberté que pour décrire chacun des termes $\overline{u}_i$ et $\overline{u}_j$[3].

On remarque que si le filtre est un opérateur de Reynolds, alors les tenseurs C_{ij} et L_{ij} sont identiquement nuls[4] et les deux décompositions sont alors équivalentes, le tenseur sous-maille étant réduit au tenseur R_{ij}.

---

[3] En pratique, si le filtre de la simulation des grandes échelles est associé à la donnée d'un maillage de calcul sur lequel sont résolues les équations de Navier-Stokes, cela signifie qu'il faut utiliser un maillage deux fois plus fin (par direction d'espace) pour composer le produit $\overline{u}_i \overline{u}_j$ que celui sur lequel on représente le champ de vitesse. Si le produit est composé sur le même maillage, alors seul le terme $\overline{\overline{u}_i \overline{u}_j}$ est calculable.

[4] On rappelle que si le filtre est un opérateur de Reynolds, alors on a les trois propriétés suivantes (voir annexe A):

$$\overline{\overline{u}} = \overline{u}, \ \ \overline{u'} = 0, \ \ \overline{\overline{u}\overline{u}} = \overline{u}\,\overline{u}$$

d'où

$$C_{ij} = \overline{\overline{u}_i u'_j} + \overline{\overline{u}_j u'_i}$$

$$= \overline{\overline{u}}_i \overline{u'}_j + \overline{\overline{u}}_j \overline{u'}_i$$

$$= 0$$

$$L_{ij} = \overline{\overline{u}_i \overline{u}_j} - \overline{u}_i \overline{u}_j$$

$$= \overline{\overline{u}}_i \overline{\overline{u}}_j - \overline{u}_i \overline{u}_j$$

$$= 0$$

La décomposition double (3.16) conduit à l'équation d'évolution de l'*énergie cinétique résolue* $q_r^2 = \overline{u}_i \overline{u}_i / 2$ suivante:

$$\frac{\partial q_r^2}{\partial t} = \underbrace{\overline{\overline{u}_i \overline{u}_j} \frac{\partial \overline{u}_i}{\partial x_j}}_{I} + \underbrace{\tau_{ij} \frac{\partial \overline{u}_i}{\partial x_j}}_{II} - \underbrace{\nu \frac{\partial \overline{u}_i}{\partial x_j} \frac{\partial \overline{u}_i}{\partial x_j}}_{III}$$

$$- \underbrace{\frac{\partial}{\partial x_i} \left(\overline{u}_i \overline{p} \right)}_{IV} + \underbrace{\frac{\partial}{\partial x_i} \left(\nu \frac{\partial q_r^2}{\partial x_i} \right)}_{V}$$

$$- \underbrace{\frac{\partial}{\partial x_j} \left(\overline{u}_i \overline{\overline{u}_i \overline{u}_j} \right)}_{VI} - \underbrace{\frac{\partial}{\partial x_j} \left(\overline{u}_i \tau_{ij} \right)}_{VII} \qquad (3.22)$$

Cette équation fait apparaître l'existence de plusieurs mécanismes d'échange d'énergie cinétique des échelles résolues:

- I - production
- II - dissipation sous-maille
- III - dissipation par effets visqueux
- IV - diffusion par effet de pression
- V - diffusion par effets visqueux
- VI - diffusion par interaction entre les échelles résolues
- VII - diffusion par interaction avec les modes sous-maille

La décomposition de Leonard (3.21) permet d'obtenir la forme voisine:

$$\frac{\partial q_r^2}{\partial t} = - \underbrace{\frac{\partial q_r^2 \overline{u}_j}{\partial x_j}}_{VIII} + \underbrace{\tau_{ij} \frac{\partial \overline{u}_i}{\partial x_j}}_{IX} - \underbrace{\nu \frac{\partial \overline{u}_i}{\partial x_j} \frac{\partial \overline{u}_i}{\partial x_j}}_{X}$$

$$- \underbrace{\frac{\partial}{\partial x_i} \left(\overline{u}_i \overline{p} \right)}_{XI} + \underbrace{\frac{\partial}{\partial x_i} \left(\nu \frac{\partial q_r^2}{\partial x_i} \right)}_{XII}$$

$$+ \underbrace{\overline{u}_i \overline{u}_j \frac{\partial \overline{u}_i}{\partial x_j}}_{XIII} - \underbrace{\frac{\partial}{\partial x_j} \left(\overline{u}_i \tau_{ij} \right)}_{XIV} \qquad (3.23)$$

Cette équation ne diffère de la précécente que par les premier et sixième termes du second membre et la définition du tenseur τ:

- VIII - advection
- IX - *idem II*
- X - *idem III*
- XI - *idem IV*

– XII - *idem V*
– XIII - production
– XIV - *idem VII*

L'équation de quantité de mouvement pour les petites échelles est obtenue en soustrayant à l'équation de quantité de mouvement non-filtrée (3.1) celle des grandes échelles, soit, pour la décomposition double:

$$\frac{\partial u_i'}{\partial t} + \frac{\partial}{\partial x_j}\left((\overline{u}_i + u_i')(\overline{u}_j + u_j') - \overline{\overline{u}_i \overline{u}_j} - \tau_{ij}\right) = -\frac{\partial p'}{\partial x_i} + \nu \frac{\partial}{\partial x_j}\left(\frac{\partial u_i'}{\partial x_j} + \frac{\partial u_j'}{\partial x_i}\right)$$

(3.24)

et, pour la décomposition triple:

$$\frac{\partial u_i'}{\partial t} + \frac{\partial}{\partial x_j}\left((\overline{u}_i + u_i')(\overline{u}_j + u_j') - \overline{u}_i \overline{u}_j - \tau_{ij}\right) = -\frac{\partial p'}{\partial x_i} + \nu \frac{\partial}{\partial x_j}\left(\frac{\partial u_i'}{\partial x_j} + \frac{\partial u_j'}{\partial x_i}\right)$$

(3.25)

L'équation d'évolution de l'*énergie cinétique sous-maille* $q_{\text{sm}}^2 = \overline{u_k' u_k'}/2$ obtenue en multipliant (3.25) par u_i' et en filtrant la relation ainsi dérivée s'écrit:

$$
\begin{aligned}
\frac{\partial q_{\text{sm}}^2}{\partial t} =\ & -\underbrace{\frac{\partial}{\partial x_j}\left(q_{\text{sm}}^2 \overline{u}_j\right)}_{XV} - \underbrace{\frac{1}{2}\frac{\partial}{\partial x_j}\left(\overline{u_i u_i u_j} - \overline{u}_j \overline{u_i u_i}\right)}_{XVI} - \underbrace{\frac{\partial}{\partial x_j}\left(\overline{p u_j} - \overline{p}\,\overline{u}_j\right)}_{XVII} \\
& + \underbrace{\frac{\partial}{\partial x_j}\left(\nu \frac{\partial q_{\text{sm}}^2}{\partial x_j}\right)}_{XVIII} + \underbrace{\frac{\partial}{\partial x_j}\left(\tau_{ij}\overline{u}_i\right)}_{XIX} \\
& - \underbrace{\nu \left(\overline{\frac{\partial u_i}{\partial x_j}\frac{\partial u_i}{\partial x_j}} - \frac{\partial \overline{u}_i}{\partial x_j}\frac{\partial \overline{u}_i}{\partial x_j}\right)}_{XX} - \underbrace{\tau_{ij}\frac{\partial \overline{u}_i}{\partial x_j}}_{XXI}
\end{aligned}
$$

(3.26)

– XV - advection
– XVI - transport turbulent
– XVII - diffusion par les effets de pression
– XVIII - diffusion par les effets visqueux
– XIX - diffusion par les modes sous-maille
– XX - dissipation par effets visqueux
– XXI - dissipation sous-maille

Pour la décomposition double, l'équation (3.24) conduit à:

$$\frac{\partial q_{sm}^2}{\partial t} = \underbrace{-\frac{\partial}{\partial x_j}\left(\overline{u_i u_i u_j} - \overline{\overline{u}_i \overline{u}_i \overline{u}_j}\right)}_{XXII} + \underbrace{\overline{u_i u_j \frac{\partial u_i}{\partial x_j}} - \overline{\overline{u}_i \overline{u}_j}\frac{\partial \overline{u}_i}{\partial x_j}}_{XXIII} - \underbrace{\frac{\partial}{\partial x_j}\left(\overline{pu_j} - \overline{\overline{p}\,\overline{u}_j}\right)}_{XXIV}$$

$$+ \underbrace{\nu\left(\overline{u_i \frac{\partial^2 u_i}{\partial x_j^2}} - \overline{u}_i \frac{\partial^2 \overline{u}_i}{\partial x_j^2}\right)}_{XXV} + \underbrace{\frac{\partial}{\partial x_j}\left(\overline{\tau_{ij}\overline{u}_i}\right) - \overline{\tau_{ij}\frac{\partial \overline{u}_i}{\partial x_j}}}_{XXVI} \tag{3.27}$$

avec

- XXII - transport turbulent
- XXIII - production
- XXIV - diffusion par effets de pression
- XXV - effets visqueux
- XXVI - dissipation et diffusion sous-maille

On rappelle que, si le filtre utilisé n'est pas positif, l'*énergie cinétique sous-maille généralisée* q_{gsm}^2, définie comme la demi-trace du tenseur sous-maille:

$$q_{gsm}^2 = \tau_{kk}/2$$

peut localement admettre des valeurs négatives (voir section 3.3.5). Si le filtre est un opérateur de Reynolds, le tenseur sous-maille est alors réduit au tenseur de Reynolds sous-maille et l'énergie cinétique sous-maille généralisée est égale à l'énergie cinétique sous-maille, c'est-à-dire:

$$q_{sm}^2 \equiv \frac{1}{2}\overline{u_i' u_i'} = q_{gsm}^2 \equiv \tau_{kk}/2 \tag{3.28}$$

Ecriture dans l'espace spectral. Les deux versions de la décomposition de Leonard peuvent être transcrites dans l'espace spectral. En remarquant que la fluctuation $\widehat{\mathbf{u}}'(\mathbf{k})$ est définie comme:

$$\widehat{u}_i'(\mathbf{k}) = (1 - \widehat{G}(\mathbf{k}))\widehat{u}_i(\mathbf{k}) \tag{3.29}$$

le terme non-linéaire filtré $\widehat{G}(\mathbf{k})T_i(\mathbf{k})$ s'écrit, pour le cas de la décomposition triple:

$$\begin{aligned}
\widehat{G}(\mathbf{k})T_i(\mathbf{k}) = {} & M_{ijm}(\mathbf{k})\int\int \widehat{G}(\mathbf{p})\widehat{G}(\mathbf{q})\widehat{u}_j(\mathbf{p})\widehat{u}_m(\mathbf{q})\delta(\mathbf{k}-\mathbf{p}-\mathbf{q})d^3\mathbf{p}d^3\mathbf{q}\\
& - M_{ijm}(\mathbf{k})\int\int(1-\widehat{G}(\mathbf{k}))\widehat{G}(\mathbf{p})\widehat{G}(\mathbf{q})\\
& \times\widehat{u}_j(\mathbf{p})\widehat{u}_m(\mathbf{q})\delta(\mathbf{k}-\mathbf{p}-\mathbf{q})d^3\mathbf{p}d^3\mathbf{q}\\
& + M_{ijm}(\mathbf{k})\int\int \widehat{G}(\mathbf{k})\left(\widehat{G}(\mathbf{p})(1-\widehat{G}(\mathbf{q})) + \widehat{G}(\mathbf{q})(1-\widehat{G}(\mathbf{p}))\right)\\
& \times\widehat{u}_j(\mathbf{p})\widehat{u}_m(\mathbf{q})\delta(\mathbf{k}-\mathbf{p}-\mathbf{q})d^3\mathbf{p}d^3\mathbf{q}
\end{aligned}$$

$$+ \quad M_{ijm}(\mathbf{k}) \int \int \widehat{G}(\mathbf{k}) \Big((1 - \widehat{G}(\mathbf{q}))(1 - \widehat{G}(\mathbf{p})) \Big)$$

$$\times \widehat{u}_j(\mathbf{p})\widehat{u}_m(\mathbf{q})\delta(\mathbf{k} - \mathbf{p} - \mathbf{q})d^3\mathbf{p}d^3\mathbf{q} \qquad (3.30)$$

Le premier terme du second membre correspond à la contribution $\overline{u}_i\overline{u}_j$, le deuxième au tenseur de Leonard L, le troisième aux tensions croisées représentées par le tenseur C et le quatrième au tenseur de Reynolds sous-maille R. Ceci est illustré par la figure 3.1.

La décomposition double est obtenue en combinant les deux premiers termes du second membre de (3.30):

$$
\begin{aligned}
\widehat{G}(\mathbf{k})T_i(\mathbf{k}) \quad = \quad & M_{ijm}(\mathbf{k}) \int \int \widehat{G}(\mathbf{p})\widehat{G}(\mathbf{q})\widehat{G}(\mathbf{k})\widehat{u}_j(\mathbf{p})\widehat{u}_m(\mathbf{q})\delta(\mathbf{k} - \mathbf{p} - \mathbf{q})d^3\mathbf{p}d^3\mathbf{q} \\
+ \quad & M_{ijm}(\mathbf{k}) \int \int \widehat{G}(\mathbf{k}) \Big(\widehat{G}(\mathbf{p})(1 - \widehat{G}(\mathbf{q})) + \widehat{G}(\mathbf{q})(1 - \widehat{G}(\mathbf{p})) \Big) \\
& \times \widehat{u}_j(\mathbf{p})\widehat{u}_m(\mathbf{q})\delta(\mathbf{k} - \mathbf{p} - \mathbf{q})d^3\mathbf{p}d^3\mathbf{q} \\
+ \quad & M_{ijm}(\mathbf{k}) \int \int \widehat{G}(\mathbf{k}) \Big((1 - \widehat{G}(\mathbf{q}))(1 - \widehat{G}(\mathbf{p})) \Big) \\
& \times \widehat{u}_j(\mathbf{p})\widehat{u}_m(\mathbf{q})\delta(\mathbf{k} - \mathbf{p} - \mathbf{q})d^3\mathbf{p}d^3\mathbf{q} \qquad (3.31)
\end{aligned}
$$

Le premier terme du second membre correspond à la contribution $\overline{\overline{u}_i\overline{u}_j}$ dans l'espace physique et les deux derniers demeurent inchangés par rapport à la décomposition triple.

On remarque que la somme des contributions du tenseur croisé et du tenseur de Reynolds sous-maille se simplifie sous la forme:

$$C_{ij} + R_{ij} = M_{ijm}(\mathbf{k}) \int \int (1 - \widehat{G}(\mathbf{p})\widehat{G}(\mathbf{q}))\widehat{G}(\mathbf{k})\widehat{u}_j(\mathbf{p})\widehat{u}_m(\mathbf{q})\delta(\mathbf{k} - \mathbf{p} - \mathbf{q})d^3\mathbf{p}d^3\mathbf{q}$$
$$(3.32)$$

Les équations de quantité de mouvement correspondant à ces deux décompositions sont obtenues en remplaçant le second membre de l'équation (3.11) par les termes désirés. Pour la décomposition double, il vient:

$$
\begin{aligned}
\left(\frac{\partial}{\partial t} + 2\nu k^2 \right) \widehat{G}(\mathbf{k})\widehat{u}_i(\mathbf{k}) \quad = \quad & M_{ijm}(\mathbf{k}) \int \int \widehat{G}(\mathbf{p})\widehat{G}(\mathbf{q})\widehat{G}(\mathbf{k}) \\
& \times \widehat{u}_j(\mathbf{p})\widehat{u}_m(\mathbf{q})\delta(\mathbf{k} - \mathbf{p} - \mathbf{q})d^3\mathbf{p}d^3\mathbf{q} \\
+ \quad & M_{ijm}(\mathbf{k}) \int \int (1 - \widehat{G}(\mathbf{p})\widehat{G}(\mathbf{q}))\widehat{G}(\mathbf{k}) \\
& \times \widehat{u}_j(\mathbf{p})\widehat{u}_m(\mathbf{q})\delta(\mathbf{k} - \mathbf{p} - \mathbf{q})d^3\mathbf{p}d^3\mathbf{q}
\end{aligned}
$$
$$(3.33)$$

et, pour la décomposition triple:

$$\left(\frac{\partial}{\partial t} + 2\nu k^2\right)\widehat{G}(\mathbf{k})\widehat{u}_i(\mathbf{k}) = M_{ijm}(\mathbf{k})\int\int\widehat{G}(\mathbf{p})\widehat{G}(\mathbf{q})$$

$$\times\widehat{u}_j(\mathbf{p})\widehat{u}_m(\mathbf{q})\delta(\mathbf{k} - \mathbf{p} - \mathbf{q})d^3\mathbf{p}d^3\mathbf{q}$$

$$- \; M_{ijm}(\mathbf{k})\int\int(1 - \widehat{G}(\mathbf{k}))\widehat{G}(\mathbf{p})\widehat{G}(\mathbf{q})$$

$$\times\widehat{u}_j(\mathbf{p})\widehat{u}_m(\mathbf{q})\delta(\mathbf{k} - \mathbf{p} - \mathbf{q})d^3\mathbf{p}d^3\mathbf{q}$$

$$+ \; M_{ijm}(\mathbf{k})\int\int\widehat{G}(\mathbf{k})\left(\widehat{G}(\mathbf{p})(1 - \widehat{G}(\mathbf{q}))\right.$$

$$\left.+\widehat{G}(\mathbf{q})(1 - \widehat{G}(\mathbf{p}))\right)$$

$$\times\widehat{u}_j(\mathbf{p})\widehat{u}_m(\mathbf{q})\delta(\mathbf{k} - \mathbf{p} - \mathbf{q})d^3\mathbf{p}d^3\mathbf{q}$$

$$+ \; M_{ijm}(\mathbf{k})\int\int\widehat{G}(\mathbf{k})\left((1 - \widehat{G}(\mathbf{q}))(1 - \widehat{G}(\mathbf{p}))\right)$$

$$\times\widehat{u}_j(\mathbf{p})\widehat{u}_m(\mathbf{q})\delta(\mathbf{k} - \mathbf{p} - \mathbf{q})d^3\mathbf{p}d^3\mathbf{q} \qquad (3.34)$$

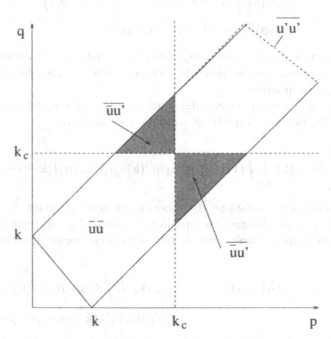

Fig. 3.1. Représentation des différents termes de la décomposition de Leonard dans l'espace spectral, dans le cas de l'utilisation d'un filtre porte de fréquence de coupure k_c.

Pour les deux décompositions, l'équation de quantité de mouvement peut être écrite sous la forme symbolique:

$$\left(\frac{\partial}{\partial t} + 2\nu k^2\right) \widehat{G}(\mathbf{k})\widehat{u}_i(\mathbf{k}) = T_{\mathrm{r}}(\mathbf{k}) + T_{\mathrm{sm}}(\mathbf{k}) \tag{3.35}$$

où $T_{\mathrm{r}}(\mathbf{k})$ désigne les termes de transfert calculés directement à partir des modes résolus et est donc équivalent à la contribution du terme $\overline{u}_i\overline{u}_j$ dans le cas de la décomposition triple et à celle du terme $\overline{\overline{u}_i\overline{u}_j}$ pour la décomposition double. Le terme $T_{\mathrm{sm}}(k)$ désigne les autres termes non-linéaires et correspond donc à la contribution du terme sous-maille, tel qu'il a été défini précédemment.

Soit $E(k)$ l'énergie contenue sur la sphère de rayon k. Elle est calculée comme:

$$E(k) = \frac{1}{2}k^2 \int \widehat{\mathbf{u}}(\mathbf{k}) \cdot \widehat{\mathbf{u}}^*(\mathbf{k})dS(\mathbf{k}) \tag{3.36}$$

où $dS(\mathbf{k})$ est l'élément de surface de la sphère et où l'astérisque désigne le nombre complexe conjugué. L'énergie cinétique des modes résolus contenue sur cette même sphère, notée $\overline{E}_{\mathrm{r}}(k)$, est définie par la relation:

$$\begin{aligned}\overline{E}_{\mathrm{r}}(k) &= \frac{1}{2}k^2 \int \widehat{G}(\mathbf{k})\widehat{\mathbf{u}}(\mathbf{k}) \cdot \widehat{G}(\mathbf{k})\widehat{\mathbf{u}}^*(\mathbf{k})dS(\mathbf{k}) \tag{3.37}\\ &= \widehat{G}^2(k)E(k) \tag{3.38}\end{aligned}$$

L'énergie cinétique des modes résolus $q_{\mathrm{r}}^2 = \overline{u}_i\overline{u}_i/2$ est retrouvée par sommation sur l'ensemble des nombres d'onde:

$$q_{\mathrm{r}}^2 = \int_0^\infty \overline{E}_{\mathrm{r}}(k)dk \tag{3.39}$$

Il est important de noter que $\overline{E}_{\mathrm{r}}(k)$ est reliée à l'énergie des modes résolus, qui n'est pas égale en général à la partie filtrée de l'énergie cinétique, associée quant à elle à la quantité notée $\overline{E}(k)$, définie comme:

$$\overline{E}(k) = \widehat{G}(k)E(k) \tag{3.40}$$

L'identité de ces deux quantités est vérifiée lorsque la fonction de transfert est telle que $\widehat{G}^2(k) = \widehat{G}(k)$, $\forall k$, c'est-à-dire lorsque le filtre utilisé est un projecteur. L'équation d'évolution de $\overline{E}_{\mathrm{r}}(k)$ est obtenue en multipliant l'équation de quantité de mouvement filtrée (3.11) par $k^2\widehat{G}(\mathbf{k})\widehat{\mathbf{u}}^*(\mathbf{k})$, puis en intégrant le résultat sur la sphère de rayon k. L'utilisation de la décomposition double permet d'obtenir l'équation suivante:

$$\begin{aligned}\left(\frac{\partial}{\partial t} + 2\nu k^2\right)\overline{E}_{\mathrm{r}}(k) &= \frac{1}{2}\int\int_\Delta \widehat{G}(\mathbf{p})\widehat{G}(\mathbf{q})\widehat{G}^2(\mathbf{k})S(\mathbf{k}|\mathbf{p},\mathbf{q})d\mathbf{p}d\mathbf{q}\\ &+ \frac{1}{2}\int\int_\Delta (1 - \widehat{G}(\mathbf{p})\widehat{G}(\mathbf{q}))\widehat{G}^2(\mathbf{k})S(\mathbf{k}|\mathbf{p},\mathbf{q})d\mathbf{p}d\mathbf{q}\end{aligned}$$

$$\tag{3.41}$$

et la décomposition triple:

$$
\begin{aligned}
\left(\frac{\partial}{\partial t} + 2\nu k^2\right)\overline{E}_{\mathrm{r}}(k) =\ & \frac{1}{2}\int\int_{\Delta}\widehat{G}(\mathbf{p})\widehat{G}(\mathbf{q})\widehat{G}(\mathbf{k})S(\mathbf{k}|\mathbf{p},\mathbf{q})d\mathbf{p}d\mathbf{q} \\
& -\frac{1}{2}\int\int\widehat{G}(\mathbf{k})(1-\widehat{G}(\mathbf{k}))\widehat{G}(\mathbf{p})\widehat{G}(\mathbf{q})S(\mathbf{k}|\mathbf{p},\mathbf{q})d\mathbf{p}d\mathbf{q} \\
& +\frac{1}{2}\int\int_{\Delta}\widehat{G}^2(\mathbf{k})\left(\widehat{G}(\mathbf{p})\right. \\
& \quad\times (1-\widehat{G}(\mathbf{q})) + \left.\widehat{G}(\mathbf{q})(1-\widehat{G}(\mathbf{p}))\right)S(\mathbf{k}|\mathbf{p},\mathbf{q})d\mathbf{p}d\mathbf{q} \\
& +\frac{1}{2}\int\int_{\Delta}\widehat{G}^2(\mathbf{k})\left((1-\widehat{G}(\mathbf{q}))(1-\widehat{G}(\mathbf{p}))\right) \\
& \quad\times S(\mathbf{k}|\mathbf{p},\mathbf{q})d\mathbf{p}d\mathbf{q}
\end{aligned}
\tag{3.42}
$$

où

$$
S(\mathbf{k}|\mathbf{p},\mathbf{q}) = 16\pi^2 kpq M_{ijm}(\mathbf{k})\widehat{u}_j(\mathbf{p})\widehat{u}_m(\mathbf{q})\widehat{u}_i(-\mathbf{k})\delta(\mathbf{k}-\mathbf{p}-\mathbf{q})
\tag{3.43}
$$

et où le symbole $\int\int_{\Delta}$ désigne l'intégration sur le domaine $|k-p| < q < k+p$.

A l'instar de ce qui a été fait pour les équations de quantité de mouvement, l'équation d'évolution de l'énergie cinétique des modes résolus peut être écrite sous la forme abrégée:

$$
\left(\frac{\partial}{\partial t} + 2\nu k^2\right)\overline{E}_{\mathrm{r}}(\mathbf{k}) = T_{\mathrm{r}}^e(\mathbf{k}) + T_{\mathrm{sm}}^e(\mathbf{k})
\tag{3.44}
$$

Les termes $T_{\mathrm{r}}^e(\mathbf{k})$ et $T_{\mathrm{sm}}^e(\mathbf{k})$ représentent respectivement les échanges d'énergie du mode $\mathbf{k}$ avec tous les autres modes associés aux termes calculables directement à partir des modes résolus et aux termes sous-maille. La propriété de conservation de l'énergie cinétique pour les fluides parfaits, *i.e.* dans le cas d'une viscosité nulle, implique:

$$
\int (T_{\mathrm{r}}^e(\mathbf{k}) + T_{\mathrm{sm}}^e(\mathbf{k}))d^3\mathbf{k} = 0
\tag{3.45}
$$

Les équations de quantité de mouvement pour les échelles non résolues sont obtenues par des manipulations algébriques strictement analogues à celles employées pour obtenir les équations relatives aux échelles résolues, mais en multipliant cette fois-ci l'équation (3.4) par $(1-\widehat{G}(\mathbf{k}))$ au lieu de $\widehat{G}(\mathbf{k})$. Ces équations s'écrivent:

$$
\left(\frac{\partial}{\partial t} + 2\nu k^2\right)(1-\widehat{G}(\mathbf{k}))\widehat{u}_i(\mathbf{k}) = (1-\widehat{G}(\mathbf{k}))T_i(\mathbf{k})
\tag{3.46}
$$

Des calculs similaires à ceux exposés précédemment conduisent à:

$$\left(\frac{\partial}{\partial t} + 2\nu k^2\right)\widehat{u}_i'(\mathbf{k}) = M_{ijm}(\mathbf{k})\int\int \widehat{G}(\mathbf{p})\widehat{G}(\mathbf{q})(1-\widehat{G}(\mathbf{k}))$$
$$\times\widehat{u}_j(\mathbf{p})\widehat{u}_m(\mathbf{q})\delta(\mathbf{k}-\mathbf{p}-\mathbf{q})d^3\mathbf{p}d^3\mathbf{q}$$
$$+ M_{ijm}(\mathbf{k})\int\int(1-\widehat{G}(\mathbf{k}))\left(\widehat{G}(\mathbf{p})(1-\widehat{G}(\mathbf{q}))\right.$$
$$\left.+\widehat{G}(\mathbf{q})(1-\widehat{G}(\mathbf{p}))\right)\widehat{u}_j(\mathbf{p})\widehat{u}_m(\mathbf{q})\delta(\mathbf{k}-\mathbf{p}-\mathbf{q})d^3\mathbf{p}d^3\mathbf{q}$$
$$+ M_{ijm}(\mathbf{k})\int\int(1-\widehat{G}(\mathbf{k}))\left((1-\widehat{G}(\mathbf{q}))(1-\widehat{G}(\mathbf{p}))\right)$$
$$\times\widehat{u}_j(\mathbf{p})\widehat{u}_m(\mathbf{q})\delta(\mathbf{k}-\mathbf{p}-\mathbf{q})d^3\mathbf{p}d^3\mathbf{q} \quad (3.47)$$

Le premier terme du second membre représente la contribution des interactions entre modes à grande échelle, le deuxième la contribution des interactions croisées et le dernier les interactions entre modes sous-maille.

Soit $\overline{E}_{sm}$ l'énergie contenue dans les modes sous-maille. Cette énergie est définie comme:

$$\overline{E}_{sm}(k) = \frac{1}{2}k^2\int(1-\widehat{G}(\mathbf{k}))\widehat{\mathbf{u}}(\mathbf{k})\cdot(1-\widehat{G}(\mathbf{k}))\widehat{\mathbf{u}}^*(\mathbf{k})dS(\mathbf{k}) \quad (3.48)$$
$$= (1-\widehat{G})^2(k)E(k) \quad (3.49)$$

et est différente, dans le cas général, de la fluctuation d'énergie cinétique $E'(k) = (1-\widehat{G})(k)E(k)$, l'égalité de ces deux quantités étant vérifiée lorsque le filtre est un opérateur de Reynolds. Des calculs simples permettent d'obtenir pour $\overline{E}_{sm}(k)$ l'équation d'évolution suivante:

$$\left(\frac{\partial}{\partial t} + 2\nu k^2\right)\overline{E}_{sm}(k) = \frac{1}{2}\int\int_\Delta \widehat{G}(\mathbf{p})\widehat{G}(\mathbf{q})(1-\widehat{G}(\mathbf{k}))^2 S(\mathbf{k}|\mathbf{p},\mathbf{q})d\mathbf{p}d\mathbf{q}$$
$$+ \frac{1}{2}\int\int_\Delta(1-\widehat{G}(\mathbf{k}))\left(\widehat{G}(\mathbf{p})(1-\widehat{G}(\mathbf{q}))\right.$$
$$\left.+\widehat{G}(\mathbf{q})(1-\widehat{G}(\mathbf{p}))\right)S(\mathbf{k}|\mathbf{p},\mathbf{q})d\mathbf{p}d\mathbf{q}$$
$$+ \frac{1}{2}\int\int_\Delta(1-\widehat{G}(\mathbf{k}))^2$$
$$\times(1-\widehat{G}(\mathbf{q}))(1-\widehat{G}(\mathbf{p}))S(\mathbf{k}|\mathbf{p},\mathbf{q})d\mathbf{p}d\mathbf{q} \quad (3.50)$$

où les notations utilisées sont les mêmes que pour l'équation d'évolution de l'énergie cinétique des modes résolus. L'énergie cinétique sous-maille q_{sm}^2 est obtenue en effectuant une sommation sur l'ensemble du spectre:

$$q_{sm}^2 = \int_0^\infty \overline{E}_{sm}(k)dk \quad (3.51)$$

3.3.2 Décomposition de Germano

On présente dans cette section la décomposition de Germano, qui est une généralisation de la décomposition de Leonard.

Définition et propriétés des moments centrés généralisés. Par souci de commodité, on note dans cette section $[\phi]_G$ la partie résolue du champ ϕ, définie comme dans le premier chapitre, où G est le noyau de convolution, *i.e.*

$$[\phi]_G(\mathbf{x}) \equiv \int_{-\infty}^{+\infty} G(\mathbf{x} - \boldsymbol{\xi})\phi(\boldsymbol{\xi})d^3\boldsymbol{\xi} \qquad (3.52)$$

On définit les *moments centrés généralisés* calculés avec le filtre G, notés τ_G comme [72, 74]:

$$\tau_G(\phi_1, \phi_2) = [\phi_1\phi_2]_G - [\phi_1]_G[\phi_2]_G \qquad (3.53)$$

$$\tau_G(\phi_1, \phi_2, \phi_3) = [\phi_1\phi_2\phi_3]_G - [\phi_1]_G\tau_G(\phi_2, \phi_3) - [\phi_2]_G\tau_G(\phi_1, \phi_3)$$
$$-[\phi_3]_G\tau_G(\phi_1, \phi_2) - [\phi_1]_G[\phi_2]_G[\phi_3]_G \qquad (3.54)$$

$$\tau_G(\phi_1, \phi_2, \phi_3, \phi_4) = \dots \qquad (3.55)$$

Les moments généralisés ainsi définis vérifient les propriétés suivantes:

$$\tau_G(\phi, \psi) = \tau_G(\psi, \phi) \qquad (3.56)$$

$$\tau_G(\phi, a) = 0, \qquad \text{pour a} = \text{constante} \qquad (3.57)$$

$$\tau_G(\phi, \psi, a) = 0, \qquad \text{pour a} = \text{constante} \qquad (3.58)$$

$$\partial\tau_G(\phi, \psi)/\partial s = \tau_G(\partial\phi/\partial s, \psi) + \tau_G(\phi, \partial\psi/\partial s), \quad s = \mathbf{x}, t \qquad (3.59)$$

Si l'on opère la décomposition $\phi = \phi_1 + \phi_2, \psi = \psi_1 + \psi_2$, il vient:

$$\tau_G(\psi_1+\psi_2, \phi_1+\phi_2) = \tau_G(\psi_1, \phi_1) + \tau_G(\psi_1, \phi_2) + \tau_G(\psi_2, \phi_1) + \tau_G(\psi_2, \phi_2) \quad (3.60)$$

Décomposition consistante - Equations associées. En appliquant la propriété (3.60) à la décomposition $\phi = [\phi]_G + \phi', \psi = [\psi]_G + \psi'$, il vient:

$$\tau_G([\phi]_G + \phi', [\psi]_G + \psi') = \tau_G([\phi]_G, [\psi]_G) + \tau_G(\phi', [\psi]_G)$$
$$+\tau_G([\phi]_G, \psi') + \tau_G(\phi', \psi') \qquad (3.61)$$

Cette décomposition est appelée *décomposition consistante*, car elle est cohérente avec la définition des moments centrés généralisés: elle garantit que tous les termes qui la composent sont de la même forme, ce qui n'est pas le cas pour la décomposition de Leonard. Les différents termes du second membre de l'équation (3.61) peuvent être interprétés comme des généralisations des termes de la décomposition triple de Leonard. En appliquant cette définition aux composantes du champs de vitesse, le tenseur sous-maille (3.21) apparaît sous une double forme:

$$
\begin{aligned}
\tau_G(u_i, u_j) &= [u_i u_j]_G - [u_i]_G [u_j]_G \\
&= L_{ij} + C_{ij} + R_{ij} \\
&= \mathcal{L}_{ij} + \mathcal{C}_{ij} + \mathcal{R}_{ij}
\end{aligned}
\tag{3.62}
$$

où les tenseurs $\mathcal{L}$, $\mathcal{C}$ et $\mathcal{R}$ sont définis comme:

$$
\begin{aligned}
\mathcal{L}_{ij} &= \tau_G([u_i]_G, [u_j]_G) & (3.63) \\
\mathcal{C}_{ij} &= \tau_G([u_i]_G, u'_j) + \tau_G(u'_i, [u_j]_G) & (3.64) \\
\mathcal{R}_{ij} &= \tau_G(u'_i, u'_j) & (3.65)
\end{aligned}
$$

et représentent respectivement les interactions entre les grandes échelles, les interactions croisées et les interactions entre échelles sous-maille. Ils représentent donc des généralisations des tenseurs définis par Leonard, mais ne sont pas identiques dans le cas général à ces derniers.

En faisant apparaître les moments centrés généralisés, les équations de quantité de mouvement filtrées s'écrivent sous la forme:

$$
\frac{\partial [u_i]_G}{\partial t} + \frac{\partial}{\partial x_j} ([u_i]_G [u_j]_G) = -\frac{\partial [p]_G}{\partial x_i} + \nu \frac{\partial}{\partial x_j} \left(\frac{\partial [u_i]_G}{\partial x_j} + \frac{\partial [u_j]_G}{\partial x_i} \right) - \frac{\partial \tau_G(u_i, u_j)}{\partial x_j}
\tag{3.66}
$$

Cette équation est équivalente à celle issue de la décomposition triple de Leonard. De même, l'équation d'évolution de l'énergie cinétique sous-maille (3.26) est récrite comme:

$$
\begin{aligned}
\frac{\partial q_{\text{sm}}^2}{\partial t} &= \frac{\partial}{\partial x_j} \left(\frac{1}{2} \tau_G(u_i, u_i, u_j) + \tau_G(p, u_j) - \nu \frac{\partial q_{\text{sm}}^2}{\partial x_j} \right) \\
&\quad - \nu \tau_G(\partial u_i / \partial x_j, \partial u_i / \partial x_j) - \tau_G(u_i, u_j) \frac{\partial [u_i]_G}{\partial x_j}
\end{aligned}
\tag{3.67}
$$

Il est aisé de vérifier que la structure des équations filtrées est indépendante, en terme de moments généralisés, du filtre utilisé. Cette propriété est appelée *propriété d'invariance* par filtrage.

3.3.3 Relation de Germano

Les tenseurs sous-maille correspondant à deux niveaux de filtrage différents peuvent être reliés par une relation exacte, dérivée par Germano [74].

Une application séquentielle de deux filtres F et G est notée:

$$[u_i]_{\mathrm{FG}} = [[u_i]_{\mathrm{F}}]_{\mathrm{G}} = [[u_i]_{\mathrm{G}}]_{\mathrm{F}} \qquad (3.68)$$

soit, de manière équivalente:

$$[u_i]_{\mathrm{FG}}(\mathbf{x}) = \int_{-\infty}^{+\infty} G(\mathbf{x} - \mathbf{y})d^3\mathbf{y} \int_{-\infty}^{+\infty} F(\mathbf{y} - \boldsymbol{\xi})u_i(\boldsymbol{\xi})d^3\boldsymbol{\xi} \qquad (3.69)$$

Ici, $[u_i]_{\mathrm{FG}}$ correspond au champ résolu pour le double filtrage FG. Le tenseur sous-maille associé au niveau FG est défini comme le moment généralisé suivant:

$$\tau_{\mathrm{FG}}(u_i, u_j) = [u_i u_j]_{\mathrm{FG}} - [u_i]_{\mathrm{FG}}[u_j]_{\mathrm{FG}} \qquad (3.70)$$

Cette expression est une extension triviale de la définition du tenseur sous-maille associé au niveau de filtrage G. Par définition, le tenseur sous-maille $\tau_{\mathrm{G}}([u_i]_{\mathrm{F}}, [u_j]_{\mathrm{F}})$ calculé à partir des échelles résolues pour le niveau de filtrage F s'écrit:

$$\tau_{\mathrm{G}}([u_i]_{\mathrm{F}}, [u_j]_{\mathrm{F}}) = [[u_i]_{\mathrm{F}}[u_j]_{\mathrm{F}}]_{\mathrm{G}} - [u_i]_{\mathrm{FG}}[u_j]_{\mathrm{FG}} \qquad (3.71)$$

Ces deux tenseurs sous-maille sont liés par la relation exacte suivante, appelée *relation de Germano*:

$$\tau_{\mathrm{FG}}(u_i, u_j) = [\tau_{\mathrm{F}}(u_i, u_j)]_{\mathrm{G}} + \tau_{\mathrm{G}}([u_i]_{\mathrm{F}}, [u_j]_{\mathrm{F}}) \qquad (3.72)$$

Cette relation peut être interprétée physiquement comme suit: le tenseur sous-maille au niveau de filtrage FG est égal à la somme du tenseur sous-maille au niveau F, filtré au niveau G et du tenseur sous-maille au niveau G, calculé à partir du champ résolu au niveau F. Cette relation est locale en espace et en temps et est indépendante du filtre utilisé.

3.3.4 Propriété d'invariance Galiléenne par translation

Un des principes de base de la modélisation en mécanique est la conservation des propriétés génériques des équations de départ. Cette section est consacrée à l'analyse, due à Speziale [198], de la préservation de la propriété d'invariance galiléenne pour les translations des équations de Navier-Stokes, d'abord par l'application d'un filtre, puis par l'emploi des différentes décompositions présentées plus haut.

Soit la transformation galiléenne de translation:

$$\mathbf{x}^\bullet = \mathbf{x} + \mathbf{V}t + \mathbf{b}, \quad t^\bullet = t \tag{3.73}$$

où $\mathbf{V}$ et $\mathbf{b}$ sont des vecteurs arbitraires, uniformes en espace et constants en temps. Si le référentiel $(\mathbf{x}, t)$ est associé à un repère inertiel, alors $(\mathbf{x}^\bullet, t^\bullet)$ l'est aussi. Soient $\mathbf{u}$ et $\mathbf{u}^\bullet$ les vecteurs vitesse exprimés respectivement dans le repère de base et dans le nouveau repère translaté. Le passage d'un repère à l'autre est défini par les relations:

$$\mathbf{u}^\bullet = \mathbf{u} + \mathbf{V} \tag{3.74}$$

$$\frac{\partial}{\partial x_i^\bullet} = \frac{\partial}{\partial x_i} \tag{3.75}$$

$$\frac{\partial}{\partial t^\bullet} = \frac{\partial}{\partial t} - V_i \frac{\partial}{\partial x_i} \tag{3.76}$$

La démonstration de l'invariance des équations de Navier-Stokes pour la transformation (3.73) est triviale et n'est pas reproduite ici. Cette propriété étant acquise, il reste à démontrer, pour prouver l'invariance des équations filtrées par une telle transformation, que le filtrage préserve cette propriété. Soit une variable ϕ telle que:

$$\phi^\bullet = \phi \tag{3.77}$$

Le filtrage dans le repère translaté s'écrit:

$$\overline{\phi}^\bullet = \int G(\mathbf{x}^\bullet - \mathbf{x}^{\bullet\prime})\phi^\bullet(\mathbf{x}^{\bullet\prime})d^3\mathbf{x}^{\bullet\prime} \tag{3.78}$$

Or, en utilisant les relations précédentes, il vient:

$$\mathbf{x}^\bullet - \mathbf{x}^{\bullet\prime} = (\mathbf{x} + \mathbf{V}t + \mathbf{b}) - (\mathbf{x}' + \mathbf{V}t + \mathbf{b}) = \mathbf{x} - \mathbf{x}' \tag{3.79}$$

$$d^3\mathbf{x}^{\bullet\prime} = \left| \frac{\partial x^{\bullet\prime}_i}{\partial x'_j} \right| d^3\mathbf{x}' = d^3\mathbf{x}' \tag{3.80}$$

et donc, par substitution, il vient l'égalité:

$$\overline{\phi}^\bullet = \int G(\mathbf{x} - \mathbf{x}')\phi(\mathbf{x}')d^3\mathbf{x}' = \overline{\phi} \tag{3.81}$$

ce qui achève la démonstration. L'invariance des équations de Navier-Stokes filtrées pour la transformation (3.73) implique que la somme des termes sous-maille et du terme de convection calculé directement à partir des grandes échelles est également invariante, mais non que chaque terme, pris individuellement, est invariant. On étudie dans ce qui suit les propriétés de chaque terme issu des décompositions de Leonard et de Germano.

Les relations précédentes impliquent:

$$\overline{\mathbf{u}^\bullet} = \overline{\mathbf{u}} + \mathbf{V}, \quad \overline{\mathbf{u}^\bullet}' = \mathbf{u}', \quad \overline{\mathbf{u}^{\bullet}{}'} = \overline{\mathbf{u}'} \tag{3.82}$$

ce qui traduit le fait que les fluctuations de vitesse sont invariantes par transformation galiléenne, alors que la vitesse totale ne l'est pas. Dans l'espace spectral, ceci correspond au fait que seul le mode constant n'est pas invariant par ce type de transformation, puisque, le champ $\mathbf{V}$ étant uniforme, il est seul affecté par le changement de repère[5].

Le tenseur de Leonard, dans le repère translaté, prend la forme:

$$
\begin{aligned}
L_{ij}^\bullet &= \overline{\overline{u_i^\bullet}\,\overline{u_j^\bullet}} - \overline{u_i^\bullet}\,\overline{u_j^\bullet} \tag{3.83}\\
&= L_{ij} + \left(\overline{V_i\overline{u}_j + V_j\overline{u}_i}\right) - \left(V_i\overline{u}_j + V_j\overline{u}_i\right) \tag{3.84}\\
&= L_{ij} - \left(V_i\overline{u}_j' + V_i\overline{u}_j'\right) \tag{3.85}
\end{aligned}
$$

Ce tenseur n'est donc pas invariant. Des analyses similaires montrent que:

$$
\begin{aligned}
C_{ij}^\bullet &= C_{ij} + \left(V_i\overline{u}_j' + V_i\overline{u}_j'\right) \tag{3.86}\\
R_{ij}^\bullet &= R_{ij} \tag{3.87}\\
L_{ij}^\bullet + C_{ij}^\bullet &= L_{ij} + C_{ij} \tag{3.88}
\end{aligned}
$$

Le tenseur C n'est donc pas invariant dans le cas général, alors que le tenseur R et les groupements $L+C$ et $L+C+R$ le sont. On voit apparaitre ici une différence entre la décomposition double et la décomposition triple: la première retient des groupements de termes (tenseur sous-maille et termes calculés directement) qui ne sont pas invariants individuellement, alors que les groupements de la décomposition triple le sont.

Les moments centrés généralisés sont invariants par construction. En effet, en combinant les relations (3.60) et (3.56), il vient immédiatement:

$$\tau_G^\bullet(u_i^\bullet, u_j^\bullet) = \tau_G(u_i, u_j) \tag{3.89}$$

Cette propriété entraine que tous les termes de la décomposition consistante de Germano sont invariants par transformation galiléenne, ce qui est *a fortiori* vrai pour les tenseurs $\mathcal{L}$, $\mathcal{C}$ et $\mathcal{R}$.

---

[5] Ce qui s'écrit:

$$\mathbf{V} = \text{cste} \implies \widehat{\mathbf{V}}(\mathbf{k}) = 0 \ \forall \mathbf{k} \neq 0$$

et donc

$$\widehat{\mathbf{u}^\bullet}(\mathbf{k}) = \widehat{\mathbf{u}}(\mathbf{k}) \ \forall \mathbf{k} \neq 0$$

$$\widehat{\mathbf{u}^\bullet}(0) = \widehat{\mathbf{u}}(0) + \widehat{\mathbf{V}}(0)$$

3.3.5 Conditions de réalisabilité

Un tenseur τ d'ordre deux est dit *réalisable*, ou défini semi-positif, si les inégalités suivantes sont vérifiées (sans sommation sur les indices répétés):

$$\tau_{\alpha\alpha} \geq 0, \quad \alpha = 1,2,3 \tag{3.90}$$

$$|\tau_{\alpha\beta}| \leq \sqrt{\tau_{\alpha\alpha}\tau_{\beta\beta}}, \quad \alpha,\beta = 1,2,3 \tag{3.91}$$

$$\det(\tau) \geq 0 \tag{3.92}$$

La positivité du filtre (comme définie par la relation 2.19) est une condition nécessaire et suffisante pour assurer la réalisabilité du tenseur sous-maille τ. On reproduit dans ci-dessous la démonstration donnée par Vreman *et al.* [212], qui est limitée au cas d'un filtre spatial $G(\mathbf{x} - \boldsymbol{\xi})$, sans restreindre la généralité du résultat.

Supposons d'abord que $G \geq 0$. Pour prouver que le tenseur τ est réalisable en toute position $\mathbf{x}$ du domaine fluide Ω, on définit le sous-domaine Ω_x, qui représente le support de l'application $\boldsymbol{\xi} \rightarrow G(\mathbf{x} - \boldsymbol{\xi})$. Soit F_x l'espace des fonctions réelles définies sur Ω_x. Comme G est positif, pour $\phi, \psi \in F_x$, l'application

$$(\phi, \psi)_x = \int_{\Omega_x} G(\mathbf{x} - \boldsymbol{\xi})\phi(\boldsymbol{\xi})\psi(\boldsymbol{\xi})d\boldsymbol{\xi} \tag{3.93}$$

définit un produit interne sur F_x. En utilisant la définition du filtrage, le tenseur sous-maille peut être récrit sous la forme:

$$
\begin{aligned}
\tau_{ij}(\mathbf{x}) &= \overline{u_i u_j}(\mathbf{x}) - \overline{u}_i(\mathbf{x})\overline{u}_j(\mathbf{x}) \\
&= \overline{u_i u_j}(\mathbf{x}) - \overline{u}_i(\mathbf{x})\overline{u}_j(\mathbf{x}) - \overline{u}_j(\mathbf{x})\overline{u}_i(\mathbf{x}) + \overline{u}_i(\mathbf{x})\overline{u}_j(\mathbf{x}) \\
&= \int_{\Omega_x} G(\mathbf{x} - \boldsymbol{\xi})u_i(\boldsymbol{\xi})u_j(\boldsymbol{\xi})d^3\boldsymbol{\xi} - \overline{u}_i(\mathbf{x})\int_{\Omega_x} G(\mathbf{x} - \boldsymbol{\xi})u_j(\boldsymbol{\xi})d^3\boldsymbol{\xi} \\
&\quad - \overline{u}_j(\mathbf{x})\int_{\Omega_x} G(\mathbf{x} - \boldsymbol{\xi})u_i(\boldsymbol{\xi})d^3\boldsymbol{\xi} - \overline{u}_i(\mathbf{x})\overline{u}_j(\mathbf{x})\int_{\Omega_x} G(\mathbf{x} - \boldsymbol{\xi})d^3\boldsymbol{\xi} \\
&= \int_{\Omega_X} G(\mathbf{x} - \boldsymbol{\xi})\left(u_i(\boldsymbol{\xi}) - \overline{u}_i(\mathbf{x})\right)\left(u_j(\boldsymbol{\xi}) - \overline{u}_j(\mathbf{x})\right) \\
&= (u_i^x, u_j^x)_x \tag{3.94}
\end{aligned}
$$

où la différence $u_i^x(\boldsymbol{\xi}) = u_i(\boldsymbol{\xi}) - \overline{u}_i(\mathbf{x})$ est définie sur Ω_x. Le tenseur τ apparaît donc comme une matrice de Gramm 3×3 de produits internes et est en conséquence toujours défini semi-positif. Ceci démontre que la condition énoncée est suffisante.

Supposons maintenant que la condition $G \geq 0$ n'est pas vérifiée pour un noyau continu par morceaux. Il existe alors un couple $(\mathbf{x}, \mathbf{y}) \in \Omega \times \Omega$, un $\epsilon \in \mathbb{R}^+$, $\epsilon > 0$, et un voisinage $V = \{\boldsymbol{\xi} \in \Omega, |\boldsymbol{\xi} - \mathbf{y}| < \epsilon\}$, tels que

$G(\mathbf{x} - \boldsymbol{\xi}) < 0$, $\forall \boldsymbol{\xi} \in V$. Pour une fonction u_1 définie sur Ω, telle que $u_1(\boldsymbol{\xi}) \neq 0$ si $\boldsymbol{\xi} \in V$ et $u_1(\boldsymbol{\xi}) = 0$ partout ailleurs, alors la composante τ_{11} est négative:

$$\tau_{11}(x) = \overline{u_1^2}(x) - (\overline{u}_1(x))^2 \leq \int_V G(\mathbf{x} - \boldsymbol{\xi}) \, (u_1(\boldsymbol{\xi}))^2 \, d^3\boldsymbol{\xi} < 0 \qquad (3.95)$$

Le tenseur τ n'est donc pas défini semi-positif, ce qui achève la démonstration.

3.4 Extension au cas inhomogène (filtres SOCF)

Les résultats des sections précédentes ont été obtenus en appliquant des filtres homogènes isotropes sur un domaine non-borné. On présente ici les équations obtenues par application des filtres commutants au second ordre (SOCF), ainsi que la technique proposée par Ghosal et Moin [78] pour réduire l'erreur de commutation.

3.4.1 Equations de Navier-Stokes filtrées

On se propose de généraliser ici l'approche de Leonard en appliquant des filtres SOCF. La décomposition du terme non-linéaire considérée ici à titre d'exemple est la décomposition triple, mais la décomposition double est également utilisable. Pour faciliter l'écriture des équations filtrées, on introduit l'opérateur $\mathcal{D}_i$, tel que:

$$\overline{\frac{\partial \psi}{\partial x_i}} = \mathcal{D}_i \psi \qquad (3.96)$$

D'après les résultats de la section 2.2.2, l'opérateur $\mathcal{D}_i$ est de la forme:

$$\mathcal{D}_i = \frac{\partial}{\partial x_i} - \alpha^{(2)} \overline{\Delta}^2 \Gamma_{ijk} \frac{\partial^2}{\partial x_i^2} + O(\overline{\Delta}^4) \qquad (3.97)$$

où le terme Γ est défini par la relation (2.80). En appliquant le filtre et en faisant apparaître le tenseur sous-maille $\tau_{ij} = \overline{u_i u_j} - \overline{u}_i \overline{u}_j$, il vient, pour l'équation de quantité de mouvement:

$$\frac{\partial \overline{u}_i}{\partial t} + \mathcal{D}_j(\overline{u}_i \overline{u}_j) = -\mathcal{D}_i \overline{p} + \nu \mathcal{D}_j \mathcal{D}_j \overline{u}_i - \mathcal{D}_j \tau_{ij} \qquad (3.98)$$

Pour mesurer les erreurs commises, on introduit les développements en fonction de $\overline{\Delta}$:

$$\overline{p} = \overline{p}^{(0)} + \overline{\Delta}^2 \overline{p}^{(1)} + ... \qquad (3.99)$$

$$\overline{\mathbf{u}} = \overline{\mathbf{u}}^{(0)} + \overline{\Delta}^2 \overline{\mathbf{u}}^{(1)} + ... \qquad (3.100)$$

Les termes qui correspondent aux puissances impaires de $\overline{\Delta}$ sont identiquement nuls du fait de la symétrie du noyau de convolution. En substituant cette décomposition dans (3.98), il vient, au premier ordre:

$$\frac{\partial \overline{u}_i^{(0)}}{\partial t} + \frac{\partial}{\partial x_j}\left(\overline{u}_i^{(0)}\overline{u}_j^{(0)}\right) = -\frac{\partial \overline{p}^{(0)}}{\partial x_i} + \nu\frac{\partial}{\partial x_j}\left(\frac{\partial \overline{u}_i^{(0)}}{\partial x_j} + \frac{\partial \overline{u}_j^{(0)}}{\partial x_i}\right) - \frac{\partial \tau_{ij}^{(0)}}{\partial x_j} \quad (3.101)$$

où $\tau_{ij}^{(0)}$ est le terme sous-maille calculé à partir du champ $\overline{\mathbf{u}}^{(0)}$. L'équation de continuité associée est:

$$\frac{\partial \overline{u}_i^{(0)}}{\partial x_i} = 0 \quad (3.102)$$

Ces équations sont identiques à celles obtenues dans le cas homogène, mais portent sur une variable contenant une erreur en $O(\overline{\Delta}^2)$ par rapport à la solution exacte.

3.4.2 Réduction de l'erreur de commutation

Pour réduire l'erreur commise, il est nécessaire de résoudre le problème portant sur le terme en $\overline{\Delta}^2$, c'est-à-dire de résoudre les équations d'évolution portant sur les variables $\overline{\mathbf{u}}^{(1)}$ et $\overline{p}^{(1)}$. Des développements simples conduisent au système:

$$\frac{\partial \overline{u}_i^{(1)}}{\partial t} + \frac{\partial}{\partial x_j}\left(\overline{u}_i^{(1)}\overline{u}_j^{(0)} + \overline{u}_i^{(0)}\overline{u}_j^{(1)}\right) = -\frac{\partial \overline{p}^{(1)}}{\partial x_i} + \nu\frac{\partial}{\partial x_j}\left(\frac{\partial \overline{u}_i^{(1)}}{\partial x_j} + \frac{\partial \overline{u}_j^{(1)}}{\partial x_i}\right)$$
$$-\frac{\partial \tau_{ij}^{(1)}}{\partial x_j} + \alpha^{(2)}f_i^{(1)} \quad (3.103)$$

où le terme de couplage $f_i^{(1)}$ est défini comme:

$$f_i^{(1)} = \Gamma_{jmn}\frac{\partial^2(\overline{u}_i^{(0)}\overline{u}_j^{(0)})}{\partial x_m \partial x_n} + \Gamma_{imn}\frac{\partial^2 \overline{p}^{(0)}}{\partial x_m \partial x_n} + \Gamma_{jmn}\frac{\partial^2 \tau_{ij}^{(0)}}{\partial x_m \partial x_n}$$
$$- \nu\frac{\partial \Gamma_{kmn}}{\partial x_k}\frac{\partial^2 \overline{u}_i^{(0)}}{\partial x_m \partial x_n} - 2\Gamma_{kmn}\frac{\partial^3 \overline{u}_i^{(0)}}{\partial x_k \partial x_m \partial x_n} \quad (3.104)$$

$$\frac{\partial \overline{u}_i^{(1)}}{\partial x_i} = 0 \quad (3.105)$$

La résolution de ce second problème permet de garantir la précision de la solution jusqu'à l'ordre $O(\overline{\Delta}^4)$.

3.5 Problème de fermeture

3.5.1 Position du problème

Comme il a déjà été dit dans le premier chapitre, la simulation des grandes échelles est une technique de réduction du nombre de degrés de liberté de la solution. Cette réduction est opérée en séparant les échelles qui composent la solution exacte en deux catégories: les échelles résolues et les échelles sous-maille. Cette sélection est réalisée au moyen de la technique de filtrage décrite plus haut.

La réduction de la complexité de la solution est obtenue en ne conservant lors de la résolution numérique que les grandes échelles, ce qui conduit à diminuer le nombre de degrés de liberté en espace et en temps de la solution. L'information liée aux petites échelles est en conséquence perdue. Par suite, tous les termes qui les font apparaître, c'est-à-dire les termes en $\mathbf{u}'$ dans l'espace physique et en $(1-\widehat{G})$ dans l'espace spectral, ne peuvent être calculés directement. Ces termes sont regroupés dans le tenseur sous-maille τ. Cette sélection d'échelles fixe le niveau de résolution du modèle mathématique.

Toutefois, pour que la dynamique des échelles résolues demeure correcte, les termes sous-maille doivent être pris en compte, donc être modélisés. La modélisation consiste à approcher les termes de couplage à partir de l'information contenue dans les seules échelles résolues. Le problème de modélisation est double:

1. Puisque les échelles sous-maille sont absentes de la simulation, leur existence, localement en espace et en temps, n'est pas connue et n'est pas décidable. Il se pose donc le problème de savoir, en chaque point et à chaque instant, si la solution exacte contient des échelles plus petites que la résolution imposée par le filtre. Pour pouvoir apporter une réponse à cette question, il est nécessaire d'introduire des informations supplémentaires, qui peuvent prendre deux formes. La première forme consiste à utiliser des hypothèses supplémentaires, dérivées des connaissances acquises sur la mécanique des fluides, qui permettent de lier l'existence de modes sous-maille à certaines propriétés des échelles résolues. La seconde consiste à enrichir la simulation en introduisant de nouvelles inconnues directement reliées aux modes sous-maille, comme par exemple leur énergie cinétique.

2. Une fois l'existence des modes sous-maille déterminée, il est nécessaire de rendre compte de leurs interactions avec les échelles résolues. La qualité de la simulation dépendra de la fidélité avec laquelle le modèle sous-maille rendra compte de ces interactions.

Les différentes stratégies de modélisation, ainsi que les modèles développés sont présentés dans ce qui suit.

D'autres techniques visant à minimiser la complexité algorithmique de la simulation existent. L'une d'elle consiste à optimiser le nombre de degrés de liberté utilisés pour représenter l'écoulement, en adaptant la résolution spatio-temporelle, c'est-à-dire les échelles de coupure en espace et en temps, à la structure de la solution, de manière à capturer toutes les échelles qui la composent. Parmi ces techniques, on peut citer les méthodes d'inconnues incrémentales [32] et les méthodes de raffinement automatique de maillage (*Automatic Mesh Refinement - AMR*) [173]. Le choix est ici le dual de celui qui est à la base de la simulation des grandes échelles: la résolution est variable et toutes les échelles sont résolues, alors que cette dernière fixe la résolution et modélise certaines échelles.

Toutes ces approches sont confrontées au même problème de la détermination de l'existence d'échelles non-résolues. Ce point est crucial, car il représente un préalable à l'application d'un modèle sous-maille ou à l'enrichissement du maillage et nécessite la détermination d'indicateurs. Rappelons que, puisque la solution exacte est *a priori* inconnue, ces indicateurs incorporent une information extérieure à la simulation, sous forme implicite (hypothèses sur la solution) ou explicite (ajout de degrés de liberté supplémentaires).

Ces techniques peuvent être interprétées comme des techniques d'asservissement du système dynamique de dimension finie que représente la solution calculée. Les modèles sous-maille sont alors les actuateurs de la boucle d'asservissement.

3.5.2 Postulats

Il n'a été jusqu'à présent fait aucune hypothèse concernant la nature de l'écoulement, mises à part celles qui ont permis de démontrer les équations de quantité de mouvement et de continuité. La modélisation sous-maille est classiquement effectuée en prenant l'hypothèse suivante:

Hypothèse 3.1. *Si des échelles sous-maille existent, alors l'écoulement est localement (en espace et en temps) turbulent.*

En conséquence, les modèles sous-maille seront bâtis à partir des propriétés connues de la turbulence.

Il est à noter que des théories utilisant d'autres hypothèses de base existent. On peut citer par exemple la description des suspensions sous la forme d'un fluide aux propriétés modifiées [110]: les particules solides sont supposées avoir des caractéristiques prédéfinies (masse, forme, répartition spatiale ...) et être d'une taille caractéristique très inférieure à la longueur de coupure du filtre, c'est-à-dire à l'échelle à laquelle on désire décrire directement la dynamique de l'écoulement. Leurs actions sont prises en compte de façon globale, ce qui repésente une très forte économie par rapport à une description individuelle de chaque particule. Les différentes descriptions obtenues par des techniques d'homogénéisation entrent également dans ce cadre.

3.5.3 Modélisation fonctionnelle et modélisation structurelle

Remarques préalables. Avant de discuter des différentes voies de modélisation des termes sous-maille, il est nécessaire de se fixer des contraintes afin d'orienter les choix [182]. La modélisation sous-maille doit se faire en respectant deux contraintes:

1. Une *contrainte physique*: le modèle doit être consistant du point de vue du phénomène modélisé, c'est-à-dire:
   - Conserver les propriétés fondamentales de l'équation de départ, comme l'invariance galiléenne ;
   - Être nul là où la solution exacte ne présente pas de petites échelles correspondant aux échelles sous-maille ;
   - Induire un effet de même nature (par exemple dispersif ou dissipatif) que les termes modélisés ;
   - Ne pas détruire la dynamique des échelles résolues, donc en particulier ne pas inhiber les mécanismes moteurs de l'écoulement ;

2. Une *contrainte numérique*: un modèle sous-maille ne peut être pensé que comme inclus dans une méthode de simulation numérique et doit donc, en conséquence:
   - Être d'un coût algorithmique acceptable, donc en particulier être local en temps et en espace ;
   - Ne pas déstabiliser la simulation numérique ;
   - Être réalisable de façon discrète, c'est-à-dire que les effets physiques induits théoriquement par le modèle ne doivent pas être inhibés par la discrétisation.

Stratégies de modélisation. Le problème de la modélisation sous-maille consiste à prendre en compte dans l'équation d'évolution du champ filtré $\overline{u}$ les effets d'interaction avec le champ fluctuant u' représentés par le terme $\nabla \cdot \tau$. Deux stratégies de modélisation se présentent alors [182]:

- La *modélisation structurelle* du terme sous-maille, qui consiste à approcher au mieux le tenseur τ en le construisant à partir d'une évaluation de u' ou d'un développement formel en série. L'hypothèse de modélisation consiste donc à se donner une relation de la forme $u' = \mathcal{H}(\overline{u})$ ou $\tau = \mathcal{H}(\overline{u})$;
- La *modélisation fonctionnelle*, qui consiste à modéliser l'action des termes sous-maille sur la quantité $\overline{u}$ et non pas le tenseur τ lui-même, c'est-à-dire introduire un terme ayant un effet similaire (par exemple dissipatif ou dispersif) ne possédant pas nécessairement la même structure (par exemple, ne possédant pas les mêmes axes propres). L'hypothèse de fermeture peut alors s'écrire sous la forme $\nabla \cdot \tau = \mathcal{H}(\overline{u})$.

Ces deux voies de modélisation ne requièrent pas les mêmes connaissances préalables sur la dynamique des équations traitées et n'offrent pas, *a priori*, le même potentiel concernant la qualité des résultats obtenus.

L'approche structurelle ne nécessite pas de connaissance sur la nature de l'interaction inter-échelles, mais elle demande une connaissance suffisante de la structure des petites échelles de la solution pour pouvoir déterminer une des relations $u' = \mathcal{H}(\overline{u})$ ou $\tau = \mathcal{H}(\overline{u})$. Pour qu'une telle modélisation soit possible, il est nécessaire qu'une des deux conditions suivantes soit réalisée:

- La dynamique de l'équation traitée mène à une forme universelle des petites échelles (et donc à une totale indépendance structurelle de celles-ci vis-à-vis des structures simulées, leur niveau énergétique restant seul à déterminer) ;
- La dynamique de l'équation traitée induit une corrélation inter-échelles suffisamment forte et simple pour que la structure des échelles sous-maille puisse être déduite de l'information contenue dans le champ résolu.

La modélisation de l'interaction inter-échelles par la seule prise en compte de son effet, quant à elle, ne nécessite pas de connaissances a priori sur la structure des échelles sous-maille, mais impose de connaître la nature de cette interaction [54] [101]. De plus, pour qu'une telle approche soit praticable, il est nécessaire que l'effet des petites échelles sur les grosses ait un caractère universel, donc indépendant des grandes échelles de l'écoulement.

4. Modélisation fonctionnelle (cas isotrope)

Il semble illusoire de vouloir décrire la structure des échelles du mouvement et leurs interactions dans tous les cas de figure imaginables du fait de la très grande disparité des phénomènes physiques rencontrés. Il est donc nécessaire de restreindre cette description à des cas qui, par leur nature, comportent des échelles trop petites pour que les moyens informatiques actuels permettent de les résoudre entièrement et qui soient en même temps accessibles à l'analyse théorique. Aussi cette description sera-t-elle axée sur les interactions entre échelles dans le cas de la *turbulence homogène isotrope pleinement développée*[1], qui est d'ailleurs le seul accessible par l'analyse théorique et qui est en conséquence l'unique cadre théorique utilisé aujourd'hui pour le développement de modèles sous-maille. Les tentatives d'extension aux cas anisotropes et/ou inhomogènes font l'objet du chapitre 5. Les propos seront principalement orientés sur les aspects relatifs à la simulation des grandes échelles. Pour une description détaillée des propriétés de la turbulence homogène isotrope, on pourra se référer aux ouvrages de Lesieur [119] et de Batchelor [14]. Des rappels sont présentés dans l'annexe A.

4.1 Phénoménologie des interactions entre échelles

Il est important de noter ici le cadre des restrictions qui portent sur les résultats qui vont être présentés. Il s'agit ici de résultats concernant les écoulements tridimensionnels et qui donc ne couvrent pas le domaine de la physique des écoulements bidimensionnels (au sens d'écoulements à deux directions[2] et non pas d'écoulements à deux composantes[3]), qui possèdent une dynamique totalement différente [103, 104, 105, 118, 134]. La modélisation

---

[1] C'est-à-dire dont les propriétés statistiques sont invariantes par translation, par rotation et par symétrie.

[2] Ce sont les écoulements tels qu'il existe une direction x pour laquelle on a la propriété:
$$\frac{\partial \mathbf{u}}{\partial x} \equiv 0$$

[3] Ce sont les écoulement tels qu'il existe un repère dans lequel le champ de vitesse possède une composante identiquement nulle.

dans le cas bidimensionnel mène à des modèles spécifiques [11, 180, 181] qui ne seront pas présentés. Pour des précisions sur la turbulence bidimensionnelle, on pourra également se reporter à [119].

4.1.1 Hypothèse d'isotropie locale - Conséquences

Dans le cas de la turbulence pleinement développée, la description statistique fournie par Kolmogorov des petites échelles de l'écoulement, basée sur l'*hypothèse d'isotropie locale*, est demeurée très longtemps la plus utilisée.

En introduisant la notion d'isotropie locale, Kolmogorov suppose que les petites échelles appartenant à la zone inertielle du spectre d'énergie d'un écoulement turbulent pleinement développé inhomogène sont:

– *Statistiquement isotropes*, donc entièrement caractérisées par une vitesse et un temps caractéristiques;
– *Sans mémoire temporelle*, donc en équilibre énergétique avec les grandes échelles de l'écoulement par réajustement instantané.

Cette isotropie des petites échelles de l'écoulement implique qu'elles sont statistiquement indépendantes des grandes échelles énergétiques qui, elles, sont caractéristiques de chaque écoulement et donc anisotropes. Des travaux expérimentaux [145] ont montré que, pour des écoulements cisaillés, cette hypothèse n'était pas valide pour l'ensemble des échelles appartenant à la zone inertielle, mais seulement pour celles dont la taille est de l'ordre de l'échelle de Kolmogorov. Ces travaux ont également montré que l'existence d'une zone inertielle ne dépendait pas de l'hypothèse d'isotropie locale. Les causes de cette persistance de l'anisotropie dans la zone inertielle, due aux interactions existant entre les différentes échelles de l'écoulement, seront évoquées dans le chapitre 5. Des travaux, menés à partir de simulations numériques directes, ont d'autre part démontré que l'hypothèse d'équilibre entre échelles résolues et échelles de sous-maille peut être mise en défaut, au moins temporairement, lorsque l'écoulement est sujet à un forçage instationnaire [166]. Ceci est dû au fait que les temps de relaxation de ces deux gammes d'échelles sont différents. Dans le cas d'écoulements de parois (canal plan, couche limite) brutalement accélérés, les échelles sous-maille réagissent plus rapidement que les échelles résolues, puis relaxent vers une solution d'équilibre plus rapidement que ces dernières.

L'existence d'une zone du spectre, correspondant aux plus hautes fréquences, pour laquelle les échelles du mouvement sont statistiquement isotropes justifie l'étude des interactions entre modes dans le cas idéal de la turbulence homogène isotrope. Les résultats ne pourront être utilisés en toute rigueur pour la détermination de modèles sous-maille que si la coupure associée au filtre se situe dans cette zone, car alors la dynamique des échelles non-résolues correspond bien à celle de la turbulence homogène isotrope. Il est à noter que cette dernière condition implique que la résolution de la dynamique, si elle n'est pas complète, demeure néanmoins très fine, ce qui, *a priori* limite le gain en complexité que l'on peut attendre de la technique de simulation des grandes échelles.

D'autre part, l'hypothèse d'isotropie locale est formulée pour des écoulements turbulents pleinement développés à des très grands nombres de Reynolds. Comme elle affirme l'universalité du comportement des petites échelles pour ces écoulements, elle garantit la possibilité d'employer la technique de simulation des grandes échelles en toute rigueur, si la fréquence de coupure du filtre est choisie suffisamment grande. En revanche, l'application des résultats issus de cette analyse pour des écoulements différents, comme des écoulements en transition, n'est pas justifiée *a priori*.

4.1.2 Interactions entres échelles résolues et échelles sous-maille

Pour étudier les interactions entre les échelles résolues et les échelles sous-maille, on se munit d'un filtre *isotrope* caractérisé par un nombre d'onde de coupure k_c. Les échelles sous-maille sont celles représentées par les modes $\mathbf{k}$ tels que $k \geq k_c$.

Dans le cas de la turbulence homogène isotrope pleinement développée, la description statistique des interactions inter-échelles est réduite à celle des échanges d'énergie cinétique. En conséquence, seule l'information associée à l'amplitude des fluctuations est conservée et aucune information liée à la phase n'est prise en compte.

Ces échanges sont analysés au moyen de plusieurs outils:

– Les théories analytiques de la turbulence, appelées également fermetures en deux points, qui, moyennant certaines hypothèses, permettent une description des interactions triadiques. Elles permettent donc d'exprimer complètement le terme non linéaire $S(\mathbf{k}|\mathbf{p}, \mathbf{q})$ défini par la relation (3.43). Pour une description des ces théories, on pourra se reporter à l'ouvrage de Lesieur [119]. On peut également citer l'analyse de Waleffe [214, 215], dont certaines conclusions sont présentées dans ce qui suit.
– Les simulations numériques directes, qui fournissent une description complète de la dynamique.

Typologie des interactions triadiques. Les développements de la section 3.1.2 (voir également l'annexe A) font apparaître que le mode $\hat{\mathbf{u}}(\mathbf{k})$ n'interagit qu'avec les modes dont les vecteurs d'onde $\mathbf{p}$ et $\mathbf{q}$ forment un triangle fermé avec $\mathbf{k}$. Les triades de vecteurs d'onde $(\mathbf{k}, \mathbf{p}, \mathbf{q})$ ainsi définies sont classées en plusieurs groupes [237], qui sont représentés sur la figure 4.1:

– Les *triades locales*, pour lesquelles

$$\frac{1}{a} \leq \max\left\{\frac{p}{k}, \frac{q}{k}\right\} \leq a, \qquad a = O(1)$$

qui correspondent à des interactions entre vecteurs d'onde de modules proches, donc à des interactions entre échelles de tailles peu différentes;

– Les *triades non-locales*, qui regroupent toutes les interactions n'entrant pas dans la première catégorie, qui correspondent donc aux interactions entre échelles de tailles très différentes. On adopte ici la terminologie proposée dans [21], qui distingue deux sous-classes de triades non-locales, en nommant *triades distantes* les interactions correspondant aux triades pour lesquelles $k \ll p \sim q$ ou $k \sim q \gg p$. Il faut noter que ces dénominations ne sont pas univoques, car d'autres auteurs appellent non-locales les triades définies précédemment comme distantes [119, 122].

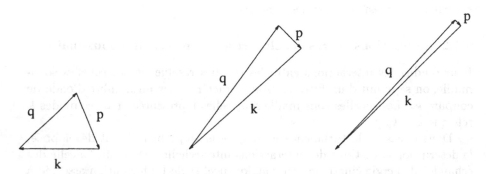

TRIADE LOCALE   TRIADE NON-LOCALE   TRIADE DISTANTE

Fig. 4.1. Repésentation des différents types de triades.

Par extension, un phénomène sera qualifié de local s'il met en jeu des vecteurs d'onde **k** et **p** tels que $1/a \leq p/k \leq a$ et de non local (ou distant) dans le cas contraire.

Analyse canonique. On présente dans cette section les résultats issus de l'analyse du cas théorique le plus simple, appelée ici *analyse canonique*, qui consiste à faire les deux hypothèses suivantes:

1. *Hypothèse concernant l'écoulement*: le spectre d'énergie $E(\mathbf{k})$ de la solution exacte est un spectre de Kolmogorov. C'est-à-dire:

$$E(\mathbf{k}) = K_0 \varepsilon^{2/3} k^{-5/3}, \quad k \in [0, \infty] \tag{4.1}$$

Notons que ce spectre n'est pas intégrable, puisqu'il correspond à une énergie cinétique infinie.

2. *Hypothèse concernant le filtre*: le filtre est un filtre porte. Le tenseur sous-maille se réduit donc au tenseur de Reynolds sous-maille.

En étudiant les transferts énergétiques $T_{sm}^e(k)$ (voir la relation (3.44)) entre les modes situés de part et d'autre d'un nombre d'onde de coupure k_c situé dans la zone inertielle du spectre au moyen du modèle de champ d'épreuve (*Test Field Model* - TFM), Kraichnan [105] a mis en évidence l'existence de

deux bandes spectrales, représentées sur la figure 4.2, pour lesquelles les interactions avec les petites échelles (p et/ou $q \geq k_c$) sont de natures différentes.

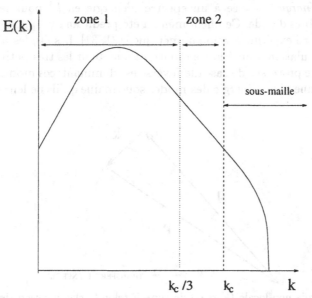

Fig. 4.2. Représentation des zones d'interaction entre échelles résolues et échelles
sous-maille.

1. Dans la première (zone 1 de la figure 4.2), qui correspond aux modes
   $k \ll k_c$, le mécanisme dynamique dominant est un déplacement aléatoire
   du moment associé à **k** par les perturbations associées à **p** et **q**. Ce
   phénomène, analogue aux effets de la viscosité moléculaire, entraîne
   une décroissance de l'énergie cinétique associée à **k** et, puisque celle-ci
   est globalement conservée, il en résulte une augmentation de l'énergie
   cinétique associée à **p** et **q**. Il s'agit donc ici d'un *transfert non-local
   d'énergie associé à des interactions triadiques non-locales*. Ces transferts,
   qui induisent un amortissement des fluctuations, sont associés aux triades
   de type F selon la classification de Waleffe [214, 215]. Ces triades sont
   représentées sur la figure 4.3.
   Des analyses postérieures, utilisant le modèle d'approximation par interaction directe (*Direct Interaction Approximation* - DIA) et le modèle
   EDQNM (*Eddy Damped Quasi-Normal Markovian*) [31, 38, 122, 123], ou
   encore les analyses de Waleffe [214, 215], ont affiné cette représentation
   en mettant en évidence l'existence de deux mécanismes concurrents
   dans la zone $k \ll k_c$. Le premier correspond au drainage de l'énergie
   des grandes échelles par les petites déjà mis en évidence par Kraichnan. Le second mécanisme, d'intensité beaucoup plus faible, est un retour d'énergie des petites échelles **p** et **q** vers la grande échelle **k**. Ce

mécanisme correspond lui aussi à un transfert non-local d'énergie associé à des interactions triadiques non-locales de type R selon la classification de Waleffe (voir figure 4.4). Il représente une *cascade inverse stochastique d'énergie* associée à un spectre d'énergie en k^4 pour les très petits nombres d'onde. Ce phénomène a été prédit analytiquement [122] et vérifié par l'expérimentation numérique [121, 31]. Les études analytiques et les simulations numériques montrent que, pour les très petits nombres d'onde, ce processus de cascade inverse est dominant: ces modes reçoivent en moyenne plus d'énergie des modes sous-maille qu'ils ne leur en cèdent.

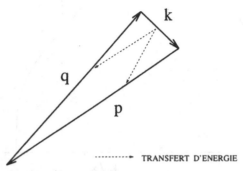

TRANSFERT D'ENERGIE

Fig. 4.3. Triade non-locale $(\mathbf{k}, \mathbf{p}, \mathbf{q})$ de type F selon la classification de Waleffe et transferts non-locaux d'énergie associés. L'énergie cinétique du mode correspondant au plus petit vecteur d'onde $\mathbf{k}$ est distribuée aux deux autres modes $\mathbf{p}$ et $\mathbf{q}$, créant une cascade directe d'énergie dans la zone $k \ll k_c$.

2. Dans la seconde zone (zone 2 de la figure 4.2), qui correspond aux modes $\mathbf{k}$ tels que $(k_c - k) \ll k_c$, les mécanismes déjà présents dans la zone 1 persistent. Le transfert d'énergie vers les petites échelles est à l'origine de la *cascade directe d'énergie cinétique* .
De plus, il apparaît un autre mécanisme qui met en jeu des triades telles que p ou $q \ll k_c$. Ce nouveau mécanisme fait que les interactions entre les échelles de cette zone et les échelles sous-maille sont beaucoup plus intenses que dans la première. Prenons $q \ll k_c$. Ce mécanisme est un cisaillement cohérent des petites échelles $\mathbf{k}$ et $\mathbf{p}$ par le gradient de vitesse associé à $\mathbf{q}$. Il en résulte un processus de diffusion en nombre d'onde entre $\mathbf{k}$ et $\mathbf{p}$ à travers la coupure, une des structures étant étirée (phénomène d'étirement tourbillonnaire), l'autre étant racourcie. On observe ici un *transfert local d'énergie entre* $\mathbf{k}$ *et* $\mathbf{p}$ *associé à des interactions triadiques non-locales*, dû aux triades de type R (voir figure 4.4). L'analyse de ce phénomène est affinée par Waleffe: une très grande partie de l'énergie est transférée localement du nombre d'onde intermédiaire situé juste avant la coupure vers le plus grand nombre d'onde situé juste après la coupure et la fraction restante de l'énergie est transférée vers le plus petit nombre

d'onde. Ces résultats ont été corroborés par des résultats numériques [31, 55, 56] et d'autres analyses théoriques [38, 123].

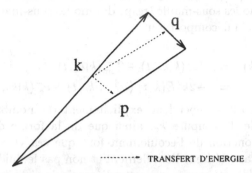

Fig. 4.4. Triade non-locale $(\mathbf{k}, \mathbf{p}, \mathbf{q})$ de type R selon la classification de Waleffe et transferts d'énergie associés, dans le cas $q \ll k_c$. L'énergie cinétique du mode correspondant au vecteur d'onde intermédiaire $\mathbf{k}$ est distribuée localement au plus grand vecteur d'onde $\mathbf{p}$ et non-localement au plus petit vecteur d'onde $\mathbf{q}$. Le premier transfert est à l'origine de l'intensification du couplage dans la bande spectrale $(k_c - k) \ll k_c$, alors que le second est à l'origine de la cascade inverse d'énergie cinétique.

Les échanges énergétiques $T_{sm}^e(k)$ (voir la relation (3.44)) entre le mode $\mathbf{k}$ et les modes sous-maille peuvent être représentés sous une forme analogue à la dissipation moléculaire. Pour cela, en suivant Heisenberg (voir [201] pour une description de la théorie de Heisenberg), on définit une *viscosité effective* $\nu_e(k|k_c)$, qui représente les échanges énergétiques entre le mode k et les modes situés au-delà de la coupure k_c, telle que:

$$T_{sm}^e(k) = -2\nu_e(k|k_c)k^2 E(k) \qquad (4.2)$$

Il est à remarquer que cette viscosité est réelle, i.e. $\nu_e(k|k_c) \in \mathbb{R}$ et que la prise en compte d'une information liée à la phase conduirait à la définition d'un terme complexe, possédant une partie imaginaire *a priori* non-nulle, ce qui peut sembler plus naturel pour représenter un couplage de nature dispersive. Un tel terme est obtenu en travaillant non pas à partir de l'équation de l'énergie cinétique, mais à partir de l'équation de quantité de mouvement[4].

Les deux cascades d'énergie, directe et inverse, peuvent être représentées séparément en introduisant des viscosités effectives distinctes, qui sont construites de manière à assurer des transferts d'énergies équivalents à ceux de ces cascades. On obtient les deux formes suivantes:

$$\nu_e^+(k|k_c, t) = -\frac{T_{sm}^+(k|k_c, t)}{2k^2 E(k, t)} \qquad (4.3)$$

---

[4] Cette possibilité n'est ici que mentionnée, car il n'existe pas de travaux relatifs publiés à ce jour.

$$\nu_e^-(k|k_c, t) = -\frac{T_{sm}^-(k|k_c, t)}{2k^2 E(k, t)} \tag{4.4}$$

où $T_{sm}^+(k|k_c, t)$ (resp. $T_{sm}^-(k|k_c, t)$) est le terme de transfert d'énergie du mode k *vers* les modes sous-maille (resp. des modes sous-maille *vers* le mode k). Ceci conduit à la décomposition:

$$
\begin{aligned}
T_{sm}^e(k) &= T_{sm}^+(k|k_c, t) + T_{sm}^-(k|k_c, t) &\tag{4.5}\\
&= -2k^2 E(k, t) \left(\nu_e^+(k|k_c, t) + \nu_e^-(k|k_c, t)\right) &\tag{4.6}
\end{aligned}
$$

Ces deux viscosités dépendent explicitement du nombre d'onde k et du nombre d'onde de coupure k_c, ainsi que de la forme du spectre. Ces dépendances en fonction de l'écoulement font que ces viscosités n'en sont pas, puisqu'elles caractérisent l'écoulement et non pas le fluide. Elles sont de signe opposé: $\nu_e^+(k|k_c, t)$ assure une perte d'énergie des échelles résolues et est en conséquence positive, comme la viscosité moléculaire, alors que $\nu_e^-(k|k_c, t)$, qui représente un gain d'énergie des échelles résolues, est négative.

Les études théoriques [105, 123] et numériques [31] donnent des conclusions concordantes sur la forme de ces deux viscosités. Leur comportement est présenté sur la figure 4.5 dans le cas canonique.

On peut noter que ces deux viscosités deviennent très fortes pour les nombres d'onde proches de la coupure. Ces deux viscosités effectives divergent comme $(k_c - k)^{-2/3}$ lorsque k tend vers k_c. Toutefois, leur somme $\nu_e(k|k_c, t)$ reste finie et Leslie *et al.* [123] proposent l'estimation:

$$\nu_e(k_c|k_c, t) = 5,24\nu_e^+(0|k_c, t) \tag{4.7}$$

L'interaction avec les échelles sous-maille est donc particulièrement importante dans la dynamique des plus petites échelles résolues. Plus précisément, l'analyse théorique de Kraichnan conduit à la conclusion qu'environ 75% des transferts d'énergie d'un mode **k** s'effectuent avec les modes situés dans la bande spectrale $[k/2, 2k]$. Des simulations numériques directes à faible nombre de Reynolds n'ont pas permis d'observer des transferts en dehors de cette bande spectrale [55, 236, 237]. La différence d'avec l'analyse théorique provient de ce que cette dernière est réalisée dans la limite des nombres de Reynolds infinis.

Dans la limite des très petits nombres d'onde, on a les comportements asymptotiques:

$$2k^2 E(k, t)\nu_e^+(k|k_c, t) \quad \propto \quad k^{1/3} \tag{4.8}$$

$$2k^2 E(k, t)\nu_e^-(k|k_c, t) \quad \propto \quad k^4 \tag{4.9}$$

La viscosité effective associée à la cascade d'énergie prend la valeur asymptotique constante:

$$\nu_e^+(0|k_c, t) = 0,292\varepsilon^{1/3}k_c^{-4/3} \tag{4.10}$$

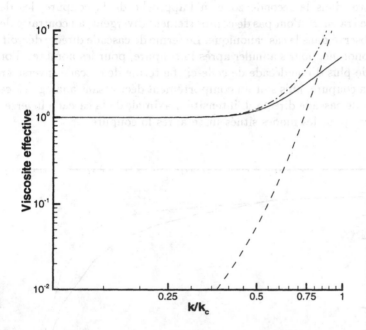

Fig. 4.5. Représentation des viscosités effectives dans le cas canonique - Pointillé-tireté : $\nu_e^+(k|k_c,t)$. Tireté: $-\nu_e^-(k|k_c,t)$. Trait plein: $\nu_e^+(k|k_c,t) + \nu_e^-(k|k_c,t)$.

Dépendance en fonction du filtre. L'analyse précédente a été étendue au cas du filtre gaussien par Leslie et Quarini [123]. Le spectre considéré est toujours un spectre de type Kolmogorov. Le terme de Leonard est maintenant non-nul. Les résultats de l'analyse montrent des différences très marquées avec l'analyse canonique. Deux zones du spectre sont cependant toujours distinguables au regard de l'évolution des viscosités effectives ν_e^+ et ν_e^-, qui sont représentées sur la figure 4.6:

- Dans la première zone (*i.e.* $k \ll k_c$), les termes de transfert observent toujours un comportement asymptotique constant, indépendant du nombre d'onde considéré, comme dans le cas canonique. Le terme de cascade inverse est négligeable devant le terme de cascade directe.
- Par contre, dans la seconde zone, à l'approche de la coupure, les deux termes de transfert n'ont pas de comportement divergent, au contraire de ce qui est observé dans le cas canonique. Le terme de cascade directe décroît de façon monotone, pour s'annuler après la coupure, pour les nombres d'onde séparés de plus d'une décade de celle-ci. Le terme de cascade inverse croît jusqu'à la coupure, puis suit un comportement décroissant analogue à celui du terme de cascade directe. L'intensité maximale de la cascade inverse est enregistrée pour les modes situés juste après la coupure.

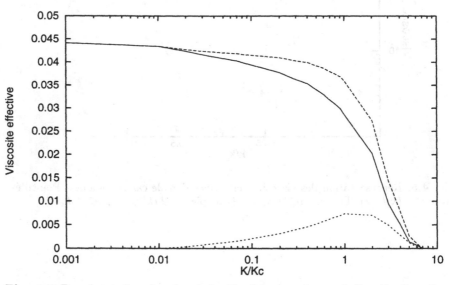

Fig. 4.6. Représentation des viscosités effectives dans le cas de l'application d'un filtre gaussien à un spectre de Kolmogorov - Pointillé long: $\nu_e^+(k|k_c, t)$. Pointillé court: $-\nu_e^-(k|k_c, t)$. Trait plein: $\nu_e^+(k|k_c, t) + \nu_e^-(k|k_c, t)$.

A la différence du filtre porte employé pour l'analyse canonique, le filtre gaussien permet de définir des termes de Leonard et des termes croisés non-

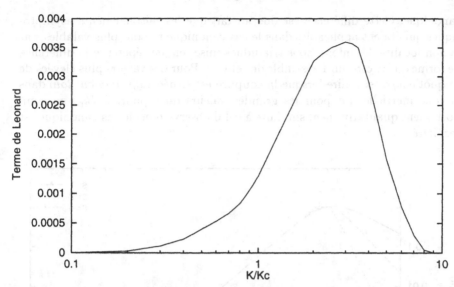

Fig. 4.7. Représentation de la viscosité effective correspondant au terme de Leonard dans le cas de l'application d'un filtre gaussien à un spectre de Kolmogorov.

identiquement nuls. La viscosité effective associée à ces termes est représentée sur la figure 4.7. On observe qu'elle est négligeable pour tous les modes éloignés de plus d'une décade de la coupure. Comme pour le terme de cascade inverse, l'amplitude maximale est observée pour les modes situés juste après la coupure. Enfin, ce terme reste inférieur à ceux de cascade directe et de cascade inverse pour tous les nombres d'onde.

Dépendance en fonction de la forme du spectre. Les résultats de l'analyse canonique s'avèrent être également dépendants de la forme du spectre considérée. L'analyse est répétée pour le cas de l'application du filtre porte à un spectre dit *de production*, de la forme:

$$E(\mathbf{k}) = A_{\mathrm{s}}(k/k_{\mathrm{p}}) K_0 \varepsilon^{2/3} k^{-5/3} \tag{4.11}$$

avec

$$A_{\mathrm{s}}(x) = \frac{x^{s+5/3}}{1 + x^{s+5/3}} \tag{4.12}$$

et où k_{p} est le nombre d'onde qui correspond au maximum du spectre d'énergie [123]. La forme du spectre ainsi défini est représentée sur la figure 4.8 pour plusieurs valeurs du paramètre s.

L'évolution de la viscosité effective totale ν_{e} pour différentes valeurs du quotient $k_{\mathrm{c}}/k_{\mathrm{p}}$ est représentée schématiquement sur la figure 4.9. Pour les faibles valeurs de ce quotient, c'est-à-dire lorsque la coupure est située au début de la zone inertielle, on observe que la viscosité peut décroître à l'approche de la coupure, alors qu'elle est strictement croissante dans le cas

canonique. Cette différence est due au fait que les raisonnements asymptotiques qui étaient applicables dans le cas canonique ne sont plus valables, car
la non-localité des interactions triadiques mises en jeu répercute la différence
de forme du spectre sur l'ensemble de celui-ci. Pour des valeurs plus élevées de
ce quotient, c'est-à-dire lorsque la coupure est située *suffisamment loin* dans
la zone inertielle, *i.e.* pour les grandes valeurs du rapport k_c/k_p, un comportement qualitativement similaire à celui observé dans le cas canonique est
recouvré[5].

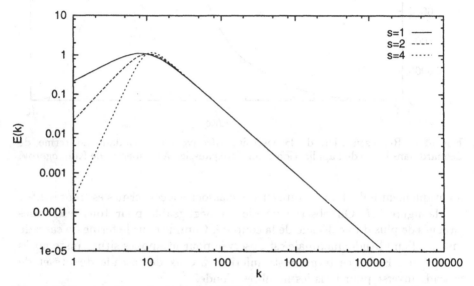

Fig. 4.8. Spectre de production pour différentes valeurs du paramètre de forme s.

Pour $k_c = k_p$, aucun accroissement des transferts énergétiques n'est noté
lorsque k tend vers k_c. Le comportement se rapproche de celui noté lors de
l'analyse canonique au fur et à mesure que le rapport k_p/k_c diminue.

4.1.3 Synthèse

Les différentes analyses opérées dans le cadre de la turbulence homogène
isotrope pleinement développée montrent que:

1. L'interaction des petites et des grandes échelles se traduit par deux
   mécanismes principaux:
   - Un drainage de l'énergie des échelles résolues par les échelles sous-
     maille (phénomène de cascade directe d'énergie) ;
   - Une faible remontée d'énergie vers les échelles résolues, proportionnelle
     à k^4 (phénomène de cascade inverse);

---

[5] En pratique, $k_c/k_p=8$ semble convenir.

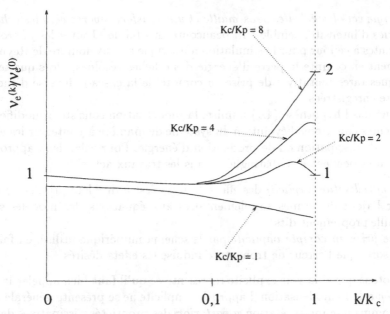

Fig. 4.9. Représentation de la viscosité effective totale $\nu_e(k|k_c)$ dans le cas de l'application d'un filtre porte à un spectre de production, pour différentes valeurs du quotient k_c/k_p normalisée par sa valeur à l'origine.

2. Les interactions entre les échelles sous-maille et les plus petites des échelles résolues dépendent du filtre utilisé et de la forme du spectre. Dans certains cas, le couplage avec les échelles sous-maille se renforce pour les nombres d'onde voisins de la coupure et le transfert d'énergie vers les modes sous-maille s'intensifie.

4.2 Hypothèse de base de la modélisation fonctionnelle

Tous les modèles sous-maille entrant dans cette catégorie font appel plus ou moins implicitement à l'hypothèse suivante:

Hypothèse 4.1. *L'action des échelles sous-maille sur les échelles résolues est essentiellement une action énergétique, donc le seul bilan des transferts énergétiques entre ces deux gammes d'échelles suffit à décrire l'action des échelles sous-maille.*

En utilisant cette hypothèse comme base pour la modélisation, on néglige donc une partie de l'information contenue dans les petites échelles comme par exemple l'information structurelle liée à l'anisotropie. Comme il a été vu précédemment, les échanges énergétiques entre échelles sous-maille et échelles résolues se décomposent principalement en deux mécanismes: *un transfert d'énergie vers les échelles sous-maille et un transfert inverse vers les échelles résolues* d'intensité, semble-t-il, beaucoup plus faible. Toutes les approches existantes à ce jour pour la simulation numérique à haut nombre de Reynolds prennent en compte la perte d'énergie des échelles résolues, alors que seules quelques rares tentatives de prise en compte de la cascade inverse d'énergie ont été enregistrées.

Une fois l'hypothèse (4.1) admise, la modélisation consiste à modifier les différentes équations d'évolution du système de manière à y intégrer les effets désirés de dissipation ou de production d'énergie. Pour cela, deux approches différentes peuvent être distinguées dans les travaux actuels:

– La *modélisation explicite* des effets désirés, c'est-à-dire leur prise en compte par l'ajout de termes supplémentaires aux équations: les modèles sous-maille proprement dits ;
– Une *prise en compte implicite* par le schéma numérique utilisé, en faisant en sorte que l'erreur de troncature induise les effets désirés.

Notons que si la voie explicite représente ce qu'il faut bien appeler la voie *classique* de la modélisation, l'approche implicite ne se présente généralement que comme une interprétation *a posteriori* des propriétés dissipatives de certaines méthodes numériques employées.

4.3 Modélisation du processus de cascade directe d'énergie

On décrit dans cette section les principaux modèles fonctionnels du mécanisme de cascade d'énergie. Les modèles dérivés dans l'espace de Fourier, conçus pour les simulations basées sur des méthodes numériques spectrales et les modèles dérivés dans l'espace physique, adaptés pour les autres méthodes numériques, sont présentés séparément.

4.3.1 Modèles spectraux

Les modèles appartenant à cette catégorie sont tous des modèles de viscosité effective, inspirés des analyses de Kraichnan pour le cas canonique présentées plus haut. Sont décrits dans ce qui suit les modèles suivants:

1. Le modèle Chollet-Lesieur (p.70), qui, basé sur les résultats de l'analyse canonique (zone inertielle du spectre avec une pente en -5/3, filtre porte, pas d'effets associés à un spectre de type production), donne une expression analytique de la viscosité effective en fonction du nombre d'onde considéré et du nombre d'onde de coupure. Il permet de rendre compte des effets locaux à la coupure, c'est-à-dire de l'augmentation du transfert d'énergie vers les échelles sous-maille. Ce modèle fait apparaître explicitement une dépendance de la viscosité effective en fonction de l'énergie

cinétique à la coupure: cela garantit que lorsque tous les modes de la solution exacte sont résolus, le modèle sous-maille s'annule automatiquement. Le fait que cette information soit locale en fréquence permet au modèle de prendre en compte (au moins partiellement) les phénomènes de déséquilibre spectral qui interviennent au niveau des échelles résolues[6], sans toutefois relaxer les hypothèses sous-jacentes à l'analyse canonique: seule l'amplitude des transferts est variable, pas leur forme présupposée.

2. Le modèle de viscosité effective constante (p.70), qui est une simplification du précédent et qui repose sur les mêmes hypothèses. La viscosité effective est alors indépendante du nombre d'onde et est calculée de manière à assurer la même valeur moyenne que le modèle Chollet-Lesieur. Plus simple à calculer, ce modèle ne rend pas compte des effets locaux à la coupure.

3. Le modèle spectral dynamique (p.71), qui est une extension du modèle Chollet-Lesieur pour les spectres ayant une pente différente de celle du cas canonique (i.e. -5/3). On prend en compte ici une information plus riche: alors que le modèle Chollet-Lesieur n'est basé que sur le niveau d'énergie à la coupure, le modèle spectral dynamique incorpore également la pente du spectre à la coupure. Cette amélioration permet notamment d'annuler le modèle sous-maille dans certains cas pour lesquels l'énergie cinétique à la coupure est non-nulle, mais où le transfert d'énergie cinétique vers les modes sous-maille est nul[7]. Ce modèle rend également compte des effets locaux à la coupure. Les autres hypothèse de base sous-jacentes au modèle Chollet-Lesieur sont conservées.

4. Le modèle Lesieur-Rogallo (p.71), qui, en calculant l'intensité des transferts par une procédure dynamique, représente une extension du modèle Chollet-Lesieur pour les écoulements en déséquilibre spectral: des variations de la nature des transferts vers les échelles sous-maille peuvent être prises en compte. La procédure dynamique consiste à incorporer au modèle une information relative aux transferts d'énergie qui interviennent avec les plus hautes fréquences résolues. Toutefois, les hypothèses relatives au filtre ne sont pas relaxées.

5. Les modèles basés sur les théories analytiques de la turbulence (p.72), qui calculent la viscosité effective sans faire d'hypothèse sur la forme du spectre des échelles résolues, sont donc très généraux. Par contre, la forme du spectre des échelles sous-maille est supposée être celle d'une zone inertielle canonique. Ces modèles, qui permettent de prendre en compte des phénomènes physiques très complexes, nécessitent un effort de mise en oeuvre et de calcul très supérieurs aux modèles précédents. Les hypothèses relatives au filtre sont les mêmes que pour les modèles précédents.

---

[6] Ceci par leur action sur les transferts entre modes résolus et les variations induites sur le niveau d'énergie à la coupure.

[7] Comme c'est par exemple le cas pour les écoulements bidimensionnels.

Modèle Chollet-Lesieur. A la suite des investigations de Kraichnan, Chollet et Lesieur [38] ont proposé, en utilisant les résultats de la fermeture EDQNM sur le cas canonique, un modèle de viscosité effective. Le terme de transfert sous-maille complet, incluant la cascade inverse, s'écrit:

$$T_{sm}^{e}(k|k_c) = -2k^2 E(k)\nu_e(k|k_c) \qquad (4.13)$$

où la viscosité effective $\nu_e(k|k_c)$ est définie comme le produit:

$$\nu_e(k|k_c) = \nu_e^{+}(k|k_c)\nu_e^{\infty} \qquad (4.14)$$

Le terme constant ν_e^{∞}, indépendant de k, correspond à la valeur asymptotique de la viscosité effective, pour les nombres d'onde petits devant le nombre d'onde de coupure k_c. Cette valeur est évaluée au moyen de l'énergie à la coupure $E(k_c)$:

$$\nu_e^{\infty} = 0,441 K_0^{-3/2}\sqrt{\frac{E(k_c)}{k_c}} \qquad (4.15)$$

La fonction $\nu_e(k|k_c)$ rend compte des variations de la viscosité effective à proximité de la coupure. Les auteurs proposent la forme suivante, obtenue en approchant la solution exacte par une loi de forme exponentielle:

$$\nu_e^{+}(k|k_c) = 1 + \frac{K_0^{-3/2}}{\nu_e^{\infty}}15,2\exp(-3,03k_c/k) \qquad (4.16)$$

Cette forme permet l'obtention d'une viscosité effective quasiment indépendante de k pour les nombres d'onde petits devant k_c et une augmentation finie de celle-ci près de la coupure. La prise en compte de la cascade inverse par ce modèle est limitée: la viscosité effective reste strictement positive pour tous les nombres d'onde, alors que pour les très petits nombres d'onde, le mécanisme de cascade inverse est dominant, ce qui correspondrait à des valeurs négatives de la viscosité effective.

Modèle de viscosité effective constante. Une forme simplifiée de la viscosité effective (4.14), indépendante du nombre d'onde k, peut être dérivée [120]. En moyennant la viscosité effective selon k et en faisant l'hypothèse que les modes sous-maille sont en état d'équilibre énergétique, il vient:

$$\nu_e(k|k_c) = \nu_e = \frac{2}{3}K_0^{-3/2}\sqrt{\frac{E(k_c)}{k_c}} \qquad (4.17)$$

Modèle spectral dynamique. La valeur asymptotique de la viscosité effective (4.15) a été étendue au cas des spectres de pente $-m$ par Métais et Lesieur [146], au moyen de la fermeture EDQNM. Pour un spectre proportionnel à $k^{-m}, m \le 3$, il vient:

$$\nu_e^\infty(m) = 0,31 \frac{5-m}{m+1} \sqrt{3-m} K_0^{-3/2} \sqrt{\frac{E(k_c)}{k_c}} \qquad (4.18)$$

Pour $m > 3$, le transfert d'énergie s'annule, induisant la nullité de la viscosité effective. On retrouve ici un comportement proche de celui de la turbulence bidimensionnelle.

Modèle Lesieur-Rogallo. En introduisant un nouveau niveau de filtrage, qui correspond au nombre d'onde $k_m < k_c$, Lesieur et Rogallo [121] proposent un algorithme dynamique d'adaptation du modèle Chollet-Lesieur. La contribution au transfert $T(\mathbf{k}), k < k_c$, correspondant aux triades $(\mathbf{k}, \mathbf{p}, \mathbf{q})$ telles que p et/ou q soit dans l'intervalle $[k_m, k_c]$ peut être calculée explicitement au moyen de transformées de Fourier. Cette contribution est notée $T_{\text{sub}}(k|k_m, k_c)$ et on lui associe la viscosité effective:

$$\nu_e(k|k_m, k_c) = -\frac{T_{\text{sub}}(k|k_m, k_c)}{2k^2 E(k)} \qquad (4.19)$$

La viscosité effective qui correspond aux interactions avec les nombres d'onde situés au-delà de k_m est la somme:

$$\nu_e(k|k_m) = \nu_e(k|k_m, k_c) + \nu_e(k|k_c) \qquad (4.20)$$

Cette relation correspond exactement à l'égalité de Germano et a été dérivée antérieurement par les auteurs. Les deux termes $\nu_e(k|k_m)$ et $\nu_e(k|k_c)$ sont ensuite modélisés par le modèle Chollet-Lesieur. On fait l'hypothèse que lorsque $k < k_m$, alors $k \ll k_c$, ce qui conduit à $\nu_e^+(k|k_m) = \nu_e^+(0)$. La relation (4.20) mène alors à l'égalité:

$$\nu_e^+(k|k_c) = \nu_e(k|k_m, k_c) \sqrt{\frac{k_c}{E(k_c)}} + \nu_e^+(0) \left(\frac{k_m}{k_c}\right)^{4/3} \qquad (4.21)$$

Le facteur $\nu_e^+(0)$ est évalué en considérant que, pour $k \ll k_m$, on a les relations:

$$\nu_e^+(k|k_m) \approx \nu_e^+(0), \quad \nu_e(k|k_m, k_c) \approx \nu_e(0|k_m, k_c) \qquad (4.22)$$

ce qui conduit à:

$$\nu_e^+(0) = \nu_e(0|k_m, k_c) \sqrt{\frac{k_c}{E(k_c)}} \left[1 - \left(\frac{k_m}{k_c}\right)^{4/3}\right]^{-1} \qquad (4.23)$$

Modèles basés sur les théories analytiques de la turbulence. Les modèles de viscosité effective présentés précédemment reposent tous sur une approximation du profil de viscosité effective obtenu dans le cas canonique et sont donc intrinsèquement liés aux hypothèses sous-jacentes, notamment celles qui portent sur la forme du spectre d'énergie. Pour relaxer cette contrainte, une solution consiste à calculer directement la viscosité effective à partir du spectre calculé, au moyen des théories analytiques de la turbulence. Cette approche a été mise en œuvre par Aupoix [5], Chollet [34, 35], ou encore Bertoglio [16].

Plus récemment, en suivant les recommandations de Leslie et Quarini, qui préconisent de modéliser séparément les deux mécanismes de cascade directe et de cascade inverse, Chasnov [31] a proposé en 1991 un modèle de viscosité effective ne prenant en compte que les effets de drainage d'énergie, la cascade inverse étant modélisée séparément (voir section 4.4). Partant d'une analyse EDQNM, Chasnov propose de calculer la viscosité effective $\nu_e(k|k_c)$ comme:

$$\nu_e(k|k_c) = \frac{1}{2k^2} \int_{k_c}^{\infty} dp \int_{p-k}^{p} dq \Theta_{kpq} \left(\frac{p^2}{q}(xy+z^3)E(q) + \frac{q^2}{p}(xz+y^3)E(p) \right)$$
(4.24)

où x, y et z sont des facteurs géométriques associés à la triade $(\mathbf{k}, \mathbf{p}, \mathbf{q})$ et Θ_{kpq} un temps de relaxation. Ces termes sont explicités dans l'annexe B. Pour calculer cette intégrale, la forme du spectre d'énergie au-delà de la coupure k_c doit être connue. Cette information, qui n'est pas connue *a priori*, doit être spécifiée par ailleurs. En pratique, Chasnov utilise un spectre de Kolmogorov s'étendant de la coupure à l'infini. Pour simplifier les calculs, la relation (4.24) n'est pas utilisée sur l'intervalle $[k_c \leq p \leq 3k_c]$. Pour les nombres d'onde $p > 3k_c$, la forme asymptotique simplifiée suivante, déjà proposée par Kraichnan, est employée:

$$\nu_e(k|k_c) = \frac{1}{15} \int_{k_c}^{\infty} dp \Theta_{kpq} \left(5E(p) + p\frac{\partial E(p)}{\partial p} \right)$$
(4.25)

4.3.2 Modèles dans l'espace physique

Concept de viscosité sous-maille. La modélisation explicite du mécanisme de cascade directe d'énergie vers les échelles sous-maille est réalisée en utilisant l'hypothèse:

Hypothèse 4.2. *Le mécanisme de transfert d'énergie des échelles résolues vers les échelles sous-maille est analogue aux mécanismes moléculaires représentés par le terme de diffusion faisant apparaître la viscosité ν.*

Cette hypothèse équivaut à supposer que les échelles sous-maille ont un comportement analogue au mouvement brownien, superposé au mouvement des échelles résolues. Or, en théorie cinétique des gaz, l'agitation moléculaire extrait de l'énergie de l'écoulement par le biais de la viscosité moléculaire. La modélisation du mécanisme de cascade d'énergie se fera donc au moyen d'un terme ayant une structure mathématique semblable à celle de la diffusion moléculaire, où la viscosité moléculaire sera remplacée par une viscosité sous-maille notée ν_{sm}. Comme proposé par Boussinesq, ce choix de la forme mathématique du modèle sous-maille se traduit par:

$$-\nabla \cdot \tau^d = \nabla \cdot \left(\nu_{sm}(\nabla \overline{\mathbf{u}} + \nabla^T \overline{\mathbf{u}})\right) \qquad (4.26)$$

où τ^d est le déviateur de τ, i.e.:

$$\tau_{ij}^d \equiv \tau_{ij} - \frac{1}{3}\tau_{kk}\delta_{ij} \qquad (4.27)$$

Le tenseur sphérique complémentaire $\frac{1}{3}\tau_{kk}\delta_{ij}$ est additionné au terme de pression statique filtré et ne nécessite en conséquence aucune modélisation. Cette décomposition est nécessaire puisque le tenseur $(\nabla \overline{\mathbf{u}} + \nabla^T \overline{\mathbf{u}})$ est à trace nulle: on ne peut modéliser qu'un tenseur lui aussi à trace nulle. Ceci conduit à la définition de la pression modifiée Π:

$$\Pi = \overline{p} + \frac{1}{3}\tau_{kk} \qquad (4.28)$$

Il est important de noter que la pression modifiée et la pression filtrée $\overline{p}$ peuvent prendre des valeurs très différentes, lorsque l'énergie cinétique sous-maille généralisée devient importante [99]. La fermeture consiste donc maintenant à déterminer la relation:

$$\nu_{sm} = \mathcal{N}(\overline{\mathbf{u}}) \qquad (4.29)$$

A la forme conservative (4.26) on peut substituer la formulation non-conservative du terme sous-maille:

$$-\nabla \cdot \tau^d = \nu_{sm}\nabla^2 \overline{\mathbf{u}} + \nabla \nu_{sm} \cdot (\nabla \overline{\mathbf{u}} + \nabla^T \overline{\mathbf{u}}) \qquad (4.30)$$

Ces deux formes sont strictement équivalentes dans le cas continu, mais peuvent avoir des propriétés différentes dans le cas discret. La seconde met en évidence le fait que l'emploi d'une viscosité sous-maille variable en espace induit deux effets:

1. Un effet *dissipatif*, attaché au terme de type Laplacien, qui est l'effet désiré pour ce modèle fonctionnel.
2. Un effet *dispersif*, lié aux gradients spatiaux de la viscosité sous-maille. L'analyse théorique ne fournit aucun renseignement sur ce mécanisme, qui n'est en conséquence pas *contrôlé* lors de la modélisation.

L'emploi de l'hypothèse (4.2) et d'un modèle ayant la structure présentée ci-dessus appelle quelques commentaires.

L'obtention d'une viscosité sous-maille scalaire nécessite de faire l'hypothèse:

Hypothèse 4.3. *Il suffit d'une échelle de longueur caractéristique l_0 et d'un temps caractéristique t_0 pour décrire les échelles sous-maille.*

Il vient ensuite par un raisonnement dimensionnel similaire à celui de Prandtl:

$$\nu_{\text{sm}} \propto \frac{l_0^2}{t_0} \qquad (4.31)$$

Les modèles de la forme (4.26) sont locaux en espace et en temps, ce qui est une nécessité pour qu'ils soient utilisables en pratique. Ce caractère local, similaire à celui des termes de diffusion moléculaire, implique [7, 105, 238]:

Hypothèse 4.4 (Hypothèse de séparation d'échelles). *Il existe une séparation totale entre les échelles sous-maille et les échelles résolues.*

Un spectre vérifiant cette hypothèse est présenté sur la figure 4.10.

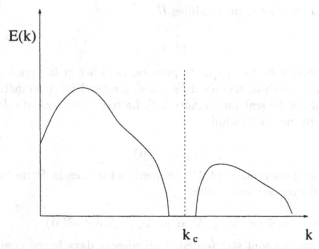

Fig. 4.10. Spectre d'énergie correspondant à une séparation d'échelle totale pour le nombre d'onde de coupure k_c.

En nommant L_0 et T_0 les échelles caractéristiques respectivement en espace et en temps du champ résolu, cette hypothèse peut être reformulée comme:

$$\frac{l_0}{L_0} \ll 1, \quad \frac{t_0}{T_0} \ll 1 \qquad (4.32)$$

Cette hypothèse est vérifiée dans le cas de la viscosité moléculaire. Le rapport entre la taille de la plus petite échelle dynamiquement active, η_K et le libre parcours moyen ξ_{fp} des molécules d'un gaz est évalué comme:

$$\frac{\xi_{\text{fp}}}{\eta_{\text{K}}} \simeq \frac{\text{Ma}}{Re^{1/4}} \tag{4.33}$$

où Ma est le nombre de Mach, défini comme le rapport de la vitesse du fluide sur la vitesse du son et Re le nombre de Reynolds [204]. Dans la plupart des cas rencontrés, ce rapport est inférieur à 10^{-3}, ce qui assure la pertinence de l'utilisation d'un modèle de milieu continu. Pour des applications mettant en jeu des gaz raréfiés, ce rapport peut prendre des valeurs beaucoup plus fortes, de l'ordre de 1, et les équations de Navier-Stokes ne sont plus alors un modèle adéquat pour décrire la dynamique du fluide.

Le filtrage de la simulation des grandes échelles n'introduit pas une telle séparation entre échelles résolues et échelles sous-maille, car le spectre d'énergie turbulent est continu. Les échelles caractéristiques des plus petites échelles résolues sont en conséquence très proches de celles des plus grandes échelles sous-maille[8]. Cette continuité est à l'origine de l'existence de la zone du spectre située près de la coupure, dans laquelle la viscosité effective varie rapidement en fonction du nombre d'onde. Cette différence de nature avec la viscosité moléculaire fait que la viscosité sous-maille n'est pas une caractéristique du fluide, mais une caractéristique de l'écoulement. Notons que Yoshizawa [225, 227], en utilisant une technique de renormalisation, a démontré que dans le cas le plus général la viscosité sous-maille est définie comme un tenseur d'ordre 4 non-local en espace et en temps. L'utilisation de l'hypothèse de séparation d'échelles s'avère donc être indispensable pour la construction de modèles locaux, bien qu'elle soit contraire à l'hypothèse de similarité d'échelles de Bardina *et al.* [10], qui est discutée dans le chapitre 6.

Le problème de modélisation consiste à déterminer les échelles caractéristiques l_0 et t_0.

Typologie des modèles. Les modèles de viscosité sous-maille, au regard des quantités qu'ils font intervenir, peuvent être classés selon trois catégories [7]:

1. Les modèles basés sur les échelles résolues (p.76): la viscosité sous-maille est évaluée au moyen de quantités globales reliées aux échelles résolues. L'existence d'échelles sous-maille, en un point de l'espace et à un temps donnés, devra donc être déduite des caractéristiques globales des échelles résolues, ce qui nécessite l'introduction d'hypothèses.

2. Les modèles basés sur l'énergie à la coupure (p.79): la viscosité sous-maille est calculée à partir de l'énergie de la plus haute fréquence résolue. Il s'agit ici d'une information contenue dans le champ résolu, mais localisée en fréquence et donc *a priori* plus pertinente pour décrire les phénomènes à la coupure que les quantités globales, donc non-localisées en fréquence, qui interviennent dans les modèles de la classe précédente. L'existence

---

[8] Ceci est *a fortiori* vrai pour les filtres diffus, comme le filtre gaussien et le filtre boîte, qui autorisent un recouvrement en fréquence entre les échelles résolues et les échelles sous-maille.

des échelles sous-maille est associée à une valeur non-nulle de l'énergie à la coupure[9].

3. Les modèles basés sur les échelles sous-maille (p.80), qui font intervenir des informations directement reliées aux échelles sous-maille. L'existence des échelles sous-maille n'est plus déterminée, comme dans les cas précédents, à partir d'hypothèses sur les caractéristiques des échelles résolues, mais directement à partir de ces informations supplémentaires. D'autre part, puisqu'ils sont plus riches, ces modèles permettent *a priori* une meilleure description de ces échelles que les modèles précédents.

Ces classes de modèles sont présentées dans ce qui suit. Tous les développements sont basés sur l'analyse des transferts énergétiques dans le cas canonique. Pour pouvoir appliquer les modèles formulés à partir de ces analyses à des écoulements plus réalistes, comme les écoulements homogènes isotropes associés à une spectre de type production, on fait l'hypothèse que la fréquence de coupure associée au filtre est située *suffisamment loin* dans la zone inertielle pour que ces analyses demeurent valides (se référer à la section 4.1.2). L'emploi de ces modèles sous-maille pour des écoulements turbulents développés quelconques (anisotropes, inhomogènes) est justifié par l'hypothèse d'isotropie locale: on suppose alors que la coupure intervient dans la gamme d'échelles qui vérifient cette hypothèse.

Le cas correspondant à un écoulement homogène isotrope associé à un spectre de production est représenté sur la figure 4.11. Trois flux d'énergie sont définis: le taux d'injection d'énergie cinétique turbulente dans l'écoulement par les mécanismes moteurs (forçage, instabilités), noté ε_I, le taux de transfert d'énergie cinétique à travers la coupure, noté $\tilde{\varepsilon}$ et enfin le taux de dissipation d'énergie cinétique par les effets visqueux, noté ε.

Modèles basés sur les échelles résolues. Ces modèles sont de la forme générique:

$$\nu_{\rm sm} = \nu_{\rm sm}\left(\overline{\Delta}, \tilde{\varepsilon}\right) \tag{4.34}$$

où $\overline{\Delta}$ est la longueur de coupure caractéristique du filtre et $\tilde{\varepsilon}$ le flux d'énergie instantané à travers la coupure. On fait donc ici implicitement l'hypothèse que les modes sous-maille existent, c'est-à-dire que la solution exacte n'est pas entièrement représentée par le champ filtré, lorsque ce flux est non-nul.

---

[9] Cette hypothèse est basée sur le fait que le spectre d'énergie $E(k)$ d'un écoulement turbulent isotrope en équilibre spectral, correspondant à un spectre de Kolmogorov, est une fonction monotone décroissante continue du nombre d'onde k. Si il existe un nombre d'onde k^* tel que $E(k^*) = 0$, alors $E(k) = 0$, $\forall k > k^*$. D'autre part, si l'énergie est non-nulle à la coupure, alors il existe des modes sous-maille, i.e. si $E(k_{\rm c}) \neq 0$ alors il existe un voisinage $\Omega_{k_{\rm c}} = [k_{\rm c}, k_{\rm c} + \epsilon_{\rm c}]$, $\epsilon_{\rm c} > 0$ tel que $E(k_{\rm c}) \geq E(k) \geq 0 \,\forall k \in \Omega_{k_{\rm c}}$.

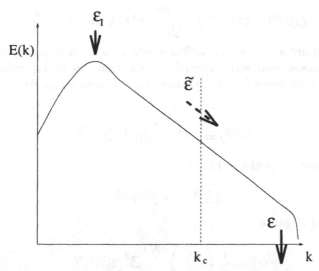

Fig. 4.11. Représentation de la dynamique de l'énergie cinétique dans l'espace spectral. L'énergie est injectée au taux ε_I. Le taux de transfert à travers la coupure située au nombre d'onde k_c est noté $\tilde{\varepsilon}$. Le taux de dissipation par les effets visqueux est noté ε. L'hypothèse d'équilibre local se traduit par l'égalité $\varepsilon_I = \tilde{\varepsilon} = \varepsilon$.

Première méthode. Une analyse dimensionnelle simple montre que:

$$\nu_{\mathrm{sm}} \propto \tilde{\varepsilon}^{1/3} \overline{\Delta}^{4/3} \tag{4.35}$$

Les raisonnements effectués dans le cadre des hypothèses de Kolmogorov pour le cas de la turbulence homogène isotrope mènent, pour le cas d'un spectre inertiel infini de la forme:

$$E(k) = K_0 \langle \varepsilon \rangle^{2/3} k^{-5/3}, \quad K_0 \sim 1,4 \tag{4.36}$$

où ε est le taux de dissipation d'énergie cinétique, à l'égalité:

$$\langle \nu_{\mathrm{sm}} \rangle = \frac{A}{K_0 \pi^{4/3}} \langle \tilde{\varepsilon} \rangle^{1/3} \overline{\Delta}^{4/3} \tag{4.37}$$

où la constante A est évaluée par le modèle TFM comme $A = 0,438$ et comme $A = 0,441$ par la théorie EDQNM [7]. L'opérateur $\langle \rangle$ désigne une moyenne d'ensemble. Cette opération de moyenne statistique est intrinsèquement associée à une moyenne spatiale du fait des hypothèses d'homogénéité et d'isotropie spatiales de l'écoulement. Cette notation est utilisée dans ce qui suit pour symboliser le fait que les raisonnements réalisés dans le cadre de la turbulence homogène isotrope ne portent que sur des moyennes d'ensemble et non sur des valeurs locales dans l'espace physique. Le problème est alors d'évaluer le flux moyen $\langle \tilde{\varepsilon} \rangle$. Dans le cas homogène isotrope, on a:

$$\langle 2|\overline{S}|^2\rangle = \langle 2\overline{S}_{ij}\overline{S}_{ij}\rangle = \int_0^{k_c} 2k^2 E(k)dk, \quad k_c = \frac{\pi}{\overline{\Delta}} \tag{4.38}$$

Si la coupure k_c est située suffisamment loin dans la zone inertielle, la relation ci-dessus peut être exprimée en fonction des seules grandeurs caractéristiques attachées à cette dernière. En utilisant un spectre de la forme (4.36), il vient:

$$\langle 2|\overline{S}|^2\rangle = \pi^{4/3} K_0 \frac{3}{2}\langle\varepsilon\rangle^{2/3} \overline{\Delta}^{-4/3} \tag{4.39}$$

En utilisant l'hypothèse [124][10]:

$$\langle|\overline{S}|^{3/2}\rangle \simeq \langle|\overline{S}|\rangle^{3/2} \tag{4.40}$$

on obtient l'égalité:

$$\langle\varepsilon\rangle = \frac{1}{\pi^2}\left(\frac{3K_0}{2}\right)^{-3/2} \overline{\Delta}^2 \langle 2|\overline{S}|^2\rangle^{3/2} \tag{4.41}$$

Pour pouvoir évaluer le taux de dissipation $\langle\varepsilon\rangle$ à partir de l'information contenue dans les échelles résolues, on fait l'hypothèse:

Hypothèse 4.5 (Hypothèse d'équilibre local). *L'écoulement est en situation d'équilibre spectral constant. Il n'y a donc pas d'accumulation d'énergie à une fréquence quelconque et la forme du spectre d'énergie reste invariante au cours du temps.*

Ceci implique un ajustement instantané des toutes les échelles de la solution au mécanisme d'injection d'énergie cinétique, donc l'égalité entre la production, la dissipation et le flux d'énergie à travers la coupure, soit:

$$\langle\varepsilon_I\rangle = \langle\tilde{\varepsilon}\rangle = \langle\varepsilon\rangle \tag{4.42}$$

En se servant de cette égalité et des relations (4.37) et (4.41), on obtient la relation de fermeture:

$$\langle\nu_{sm}\rangle = \left(C\overline{\Delta}\right)^2 \langle 2|\overline{S}|^2\rangle^{1/2} \tag{4.43}$$

où la constante C est évaluée comme:

$$C = \frac{\sqrt{A}}{\pi\sqrt{K_0}}\left(\frac{3K_0}{2}\right)^{-1/4} \sim 0,148 \tag{4.44}$$

---

[10] La marge d'erreur mesurée à partir de simulations numériques directes de turbulence homogène isotrope est de l'ordre de 20 % [141].

Deuxième méthode. L'hypothèse d'équilibre local permet d'écrire:

$$\langle \varepsilon \rangle = \langle \bar{\varepsilon} \rangle \equiv \langle -\overline{S}_{ij}\tau_{ij} \rangle = \langle \nu_{\mathrm{sm}} 2\overline{S}_{ij}\overline{S}_{ij} \rangle \tag{4.45}$$

L'idée est alors de supposer que:

$$\langle \nu_{\mathrm{sm}} 2\overline{S}_{ij}\overline{S}_{ij} \rangle = \langle \nu_{\mathrm{sm}} \rangle \langle 2\overline{S}_{ij}\overline{S}_{ij} \rangle \tag{4.46}$$

En posant *a priori* que la viscosité sous-maille est de la forme (4.43) et en utilisant la relation (4.39), une nouvelle valeur de la constante C est obtenue:

$$C = \frac{1}{\pi} \left(\frac{3K_0}{2} \right)^{-3/4} \sim 0,18 \tag{4.47}$$

On note que la valeur de la constante est indépendante du nombre d'onde de coupure k_c, mais son mode de calcul montre qu'une dépendance en fonction de la forme du spectre est à attendre.

Forme alternative. Cette modélisation induit une dépendance en fonction de la longueur de coupure $\overline{\Delta}$ et du tenseur des déformations $\overline{S}$ du champ de vitesse résolu. Dans le cas homogène isotrope, on a l'égalité:

$$\langle 2|\overline{S}|^2 \rangle = \langle \overline{\omega} \cdot \overline{\omega} \rangle, \quad \overline{\omega} = \nabla \times \overline{\mathbf{u}} \tag{4.48}$$

Par substitution, il vient la forme équivalente [135]:

$$\langle \nu_{\mathrm{sm}} \rangle = \left(C\overline{\Delta} \right)^2 \langle \overline{\omega} \cdot \overline{\omega} \rangle^{1/2} \tag{4.49}$$

Ces deux versions font intervenir les gradients du champ de vitesse résolu. Ceci pose un problème de consistance physique, puisque la viscosité sous-maille est non-nulle dès que le champ de vitesse présente des variations spatiales, même s'il est laminaire et que toutes les échelles sont résolues. L'hypothèse qui lie l'existence de modes sous-maille à celle des gradients du champ moyen ne permet donc pas de tenir compte de l'intermittence à grande échelle et conduit en conséquence au développements de modèles qui, *a priori*, ne seront efficaces que pour traiter les écoulements complètement turbulents et partout sous-résolus[11]. Un mauvais comportement est donc prévisible pour le traitement des écoulements intermittents, ou turbulents faiblement développés (*i.e.* dont le spectre ne fait pas apparaître de zone inertielle), dû à une action trop forte du modèle.

Modèles basés sur l'énergie à la coupure. Les modèles de cette catégorie sont basés sur l'hypothèse intrinsèque que, si l'énergie à la coupure est non-nulle, alors il existe des modes sous-maille.

---

[11] Au sens où des modes sous-maille existent en chaque point et à chaque pas de temps.

Première méthode. En utilisant la relation (4.37) et en supposant que la coupure intervient au sein d'une zone inertielle, c'est-à-dire:

$$E(k_c) = K_0 \langle \varepsilon \rangle^{2/3} k_c^{-5/3} \qquad (4.50)$$

par substitution, il vient:

$$\langle \nu_{sm} \rangle = \frac{A}{\sqrt{K_0}} \sqrt{\frac{E(k_c)}{k_c}}, \; k = \pi/\overline{\Delta} \qquad (4.51)$$

Ce modèle pose le problème de la détermination de l'énergie à la coupure dans l'espace physique, mais en revanche assure la nullité de la viscosité sous-maille si l'écoulement est bien résolu, c'est-à-dire si le mode de plus haute fréquence capté par le maillage est nul. Ce type de modèle assure donc une meilleure consistance physique que les modèles basés sur les grandes échelles. Il est à noter que ce modèle est équivalent au modèle spectral de viscosité effective constante.

Deuxième méthode. Comme pour le cas des modèles basés sur les grandes échelles, il existe une seconde façon de déterminer la constante du modèle. En combinant les relations (4.45) et (4.50), il vient:

$$\langle \nu_{sm} \rangle = \frac{2}{3 K_0^{3/2}} \sqrt{\frac{E(k_c)}{k_c}} \qquad (4.52)$$

Modèles basés sur les échelles sous-maille. On considère ici des modèles de la forme:

$$\langle \nu_{sm} \rangle = \langle \nu_{sm} \rangle \left(\overline{\Delta}, \langle q_{sm}^2 \rangle, \langle \varepsilon \rangle \right) \qquad (4.53)$$

où $\langle q_{sm}^2 \rangle$ est l'énergie cinétique des échelles sous-maille et $\langle \varepsilon \rangle$ le taux de dissipation d'énergie cinétique[12]. Ces modèles contiennent plus d'information sur les modes sous-maille que ceux qui appartiennent aux deux catégories décrites précédemment et l'introduction d'échelles caractéristiques propres aux modes sous-maille par le biais de $\langle q_{sm}^2 \rangle$ et $\langle \varepsilon \rangle$ permet de s'affranchir de l'hypothèse d'équilibre local (4.5). Cette capacité de gérer le déséquilibre énergétique se traduit par la relation:

$$\langle \widetilde{\varepsilon} \rangle \equiv \langle -\tau_{ij} \overline{S}_{ij} \rangle \neq \langle \varepsilon \rangle \qquad (4.54)$$

qui est à rapprocher de (4.42).

Dans le cas d'une zone inertielle s'étendant à l'infini au-delà de la coupure, on a la relation:

---

[12] D'autres modèles, faisant intervenir d'autres quantités associées aux échelles sous-maille, comme une échelle de longueur ou de temps, sont bien évidemment envisageables. On se limite ici à des classes de modèles pour lesquels des résultats pratiques existent.

$$\langle q_{sm}^2 \rangle \equiv \langle \frac{1}{2}\overline{u_i' u_i'} \rangle = \int_{k_c}^{\infty} E(k)dk = \frac{3}{2} K_0 \langle \varepsilon \rangle^{2/3} k_c^{-2/3} \qquad (4.55)$$

dont on déduit:

$$\langle \varepsilon \rangle = \frac{k_c}{(3K_0/2)^{3/2}} \langle q_{sm}^2 \rangle^{3/2} \qquad (4.56)$$

En introduisant cette dernière égalité dans la relation (4.37), il vient la forme génerale:

$$\langle \nu_{sm} \rangle = C_\alpha \langle \varepsilon \rangle^{\alpha/3} \langle q_{sm}^2 \rangle^{(1-\alpha)/2} \overline{\Delta}^{1+\alpha/3} \qquad (4.57)$$

avec

$$C_\alpha = \frac{A}{K_0 \pi^{4/3}} \left(\frac{3K_0}{2} \right)^{(\alpha-1)/2} \pi^{(1-\alpha)/3} \qquad (4.58)$$

et où α est un paramètre réel de pondération. Pour certaines valeurs de α, des formes intéressantes sont retrouvées:

– pour $\alpha = 1$, on obtient:

$$\langle \nu_{sm} \rangle = \frac{A}{K_0 \pi^{4/3}} \overline{\Delta}^{4/3} \langle \varepsilon \rangle^{1/3} \qquad (4.59)$$

Cette forme ne fait intervenir que la dissipation et est analogue à celle des modèles basés sur les échelles résolues. Dans le cas de l'utilisation de l'hypothèse d'équilibre local, ces deux types de modèles sont formellement équivalents.

– pour $\alpha = 0$, il vient:

$$\langle \nu_{sm} \rangle = \sqrt{\frac{2}{3}} \frac{A}{\pi K_0^{3/2}} \overline{\Delta} \left(\langle q_{sm}^2 \rangle \right)^{1/2} \qquad (4.60)$$

Ce modèle ne fait intervenir que l'énergie cinétique des échelles sous-maille. Il est en cela formellement analogue à la définition du coefficient de diffusion d'un gaz parfait dans le cadre de la théorie cinétique des gaz. Dans le cas d'un spectre inertiel s'étendant à l'infini au-delà de la coupure, ce modèle est strictement équivalent au modèle basé sur l'énergie à la coupure, puisque dans ce cas précis on a la relation:

$$\frac{3}{2} k_c E(k_c) = \langle q_{sm}^2 \rangle \qquad (4.61)$$

− pour $\alpha = -3$, il vient:

$$\langle \nu_{sm} \rangle = \frac{4A}{9K_0^3} \frac{\left(\langle q_{sm}^2 \rangle\right)^2}{\langle \varepsilon \rangle} \tag{4.62}$$

Ce modèle est formellement analogue au modèle statistique de turbulence $k - \varepsilon$ pour les équations de Navier-Stokes moyennées et ne fait pas apparaître explicitement la longueur de coupure associée au filtre.

Le problème de fermeture consiste à déterminer les quantités $\langle \varepsilon \rangle$ et $\langle q_{sm}^2 \rangle$. Pour cela, on peut introduire une ou plusieurs équations d'évolution pour ces quantités, ou encore les déduire à partir de l'information contenue dans le champ résolu. Ces quantités représentent les échelles sous-maille, il est justifié de penser que si elles sont correctement évaluées, la viscosité sous-maille sera négligeable lorsque l'écoulement est numériquement bien résolu. Toutefois, il faut noter que ces modèles nécessitent a priori plus de calculs que les modèles basés sur les échelles résolues, ce qui est normal puisqu'ils produisent plus d'information sur les échelles sous-maille.

Extension à d'autres formes du spectre. Les développements précédents sont réalisés à partir d'un spectre de Kolmogorov, qui ne rend compte que de l'existence d'une zone de similitude des spectres réels. Cette démarche peut être étendue à d'autres formes de spectre, plus réalistes, prenant notamment en compte les effets de viscosité. Plusieurs extensions des modèles basés sur les grandes échelles ont ainsi été proposées par Voke [209]. La dissipation totale $\langle \varepsilon \rangle$ peut être décomposée comme la somme de la dissipation associée aux grandes échelles, notée $\langle \varepsilon_r \rangle$ et de la dissipation associée aux échelles sous-maille, notée $\langle \varepsilon_{sm} \rangle$ (voir figure 4.12):

$$\langle \varepsilon \rangle = \langle \varepsilon_r \rangle + \langle \varepsilon_{sm} \rangle \tag{4.63}$$

Ces trois quantités étant évaluées comme:

$$\langle \varepsilon \rangle = \langle 2(\nu_{sm} + \nu)|\overline{S}|^2 \rangle \tag{4.64}$$

$$\langle \varepsilon_r \rangle = 2\nu\langle |\overline{S}|^2 \rangle = 2\nu \int_0^{k_c} k^2 E(k)dk \tag{4.65}$$

$$\langle \varepsilon_{sm} \rangle = 2\langle \nu_{sm}|\overline{S}|^2 \rangle = C_s \overline{\Delta}^2 \left(2\langle |\overline{S}|^2 \rangle\right)^{3/2} \tag{4.66}$$

il vient:

$$\frac{\langle \varepsilon_r \rangle}{\langle \varepsilon \rangle} = \frac{1}{1 + \tilde{\nu}}, \quad \tilde{\nu} = \frac{\langle \nu_{sm} \rangle}{\nu} \tag{4.67}$$

La valeur de ce rapport est évaluée en calculant analytiquement le terme $\langle \varepsilon_r \rangle$ à partir des formes du spectre choisies, ce qui permet de calculer ensuite la viscosité sous-maille $\langle \nu_{sm} \rangle$.

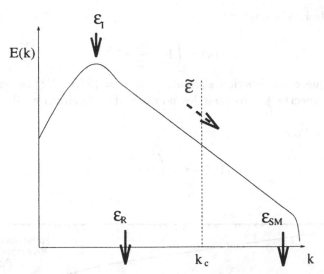

Fig. 4.12. Représentation de la dynamique de l'énergie cinétique dans l'espace spectral. L'énergie est injectée au taux ε_I. Le taux de transfert à travers la coupure située au nombre d'onde k_c est noté $\tilde{\varepsilon}$. Les taux de dissipation sous forme de chaleur par les effets visqueux associés aux échelles situées avant et après la coupure k_c sont notés respectivement ε_r et ε_{sm}.

On définit les trois paramètres suivants:

$$\kappa = \frac{k}{k_\mathrm{d}} = k \left(\frac{\nu^3}{\langle \varepsilon \rangle} \right)^{1/4}, \quad \kappa_c = \frac{k_c}{k_\mathrm{d}} \tag{4.68}$$

$$r = \frac{\overline{\Delta}^2 \sqrt{2|\overline{S}|^2}}{\nu} \tag{4.69}$$

où k_d est le nombre d'onde associé à l'échelle de Kolmogorov (voir annexe A). Des substitutions algébriques mènent à:

$$\kappa = \pi r^{-1/2}(1 + \tilde{\nu})^{-1/4} \tag{4.70}$$

Les spectres étudiés ici sont de la forme générique:

$$E(k) = K_0 \varepsilon^{2/3} k^{-5/3} f(\kappa) \tag{4.71}$$

où f est une fonction d'amortissement pour les grands nombres d'onde. Des formes usuelles de cette fonction sont:

– spectre de Heisenberg-Chandrasekhar:

$$f(\kappa) = \left[1 + \left(\frac{3K_0}{2} \right)^3 \kappa^4 \right]^{-4/3} \tag{4.72}$$

– spectre de Kovasznay:

$$f(\kappa) = \left(1 - \frac{K_0}{2}\kappa^{4/3}\right)^2 \tag{4.73}$$

Notons que cette fonction s'annule pour $\kappa = (2/K_0)^{3/4}$, ce qui oblige à forcer le spectre à zéro pour les nombres d'onde situés au-delà de cette limite.

– spectre de Pao:

$$f(\kappa) = \exp\left(-\frac{3K_0}{2}\kappa^{4/3}\right) \tag{4.74}$$

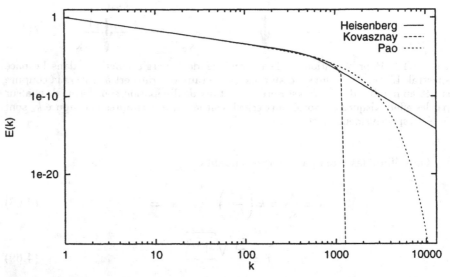

Fig. 4.13. Représentation des spectres de Heisenberg-Chandrasekhar, de Kovasznay et de Pao, pour $k_d = 1000$.

Ces trois formes de spectre sont représentées sur la figure 4.13. Une intégration analytique conduit à

– Pour le spectre de Heisenberg-Chandrasekhar:

$$\frac{\langle \varepsilon_r \rangle}{\langle \varepsilon \rangle} = \kappa_c^{4/3}\left[\left(\frac{2}{3K_0}\right)^3 + \kappa_c^4\right]^{-1/3} \tag{4.75}$$

soit:

$$\langle \nu_{sm} \rangle = \nu\left\{\kappa_c^{-4/3}\left[\left(\frac{2}{3K_0}\right)^3 + \kappa_c^4\right]^{1/3} - 1\right\} \tag{4.76}$$

– Pour le spectre de Kovazsnay:

$$\frac{\langle \varepsilon_r \rangle}{\langle \varepsilon \rangle} = 1 - \left(1 - \frac{K_0}{2} \kappa_c^{4/3} \right)^3 \qquad (4.77)$$

soit:

$$\langle \nu_{sm} \rangle = \nu \left\{ \left[1 - \left(1 - \frac{K_0}{2} \kappa_c^{4/3} \right)^3 \right]^{-1} - 1 \right\} \qquad (4.78)$$

– Pour le spectre de Pao:

$$\frac{\langle \varepsilon_r \rangle}{\langle \varepsilon \rangle} = 1 - \exp \left(\frac{3K_0}{2} \kappa_c^{4/3} \right)^3 \qquad (4.79)$$

soit:

$$\langle \nu_{sm} \rangle = \nu \left\{ \left[1 - \exp \left(\frac{3K_0}{2} \kappa_c^{4/3} \right)^3 \right]^{-1} - 1 \right\} \qquad (4.80)$$

Ces nouvelles estimations de la viscosité sous-maille $\langle \nu_{sm} \rangle$ permettent de prendre en compte les effets visqueux, mais nécessitent de se donner *a priori* la forme du spectre ainsi que la valeur du rapport κ_c entre le nombre d'onde de coupure k_c et le nombre d'onde k_d associé à l'échelle de Kolmogorov.

Prise en compte des effets locaux à la coupure. Les modèles de viscosité sous-maille dans l'espace physique, tels qu'ils ont été développés, ne rendent pas compte de l'accroissement de l'intensité du couplage avec les modes sous-maille lorsque l'on considère des modes situés près de la coupure. Ces modèles sont donc analogues au modèle de viscosité effective constante. Pour rendre compte de ces effets à proximité de la coupure, Chollet [36], Ferziger [65], Lesieur et Métais [120], Deschamps [53], Winckelmans *et al.* [218] proposent d'introduire des termes de dissipation d'ordre élevé, qui auront une action forte sur les hautes fréquences du champ résolu, sans toutefois affecter les basses fréquences.

Chollet [36], en remarquant que le terme de transfert d'énergie T_{sm}^e peut s'écrire sous la forme générale:

$$T_{sm}^e(k|k_c) = -2\nu_e^{(n)}(k|k_c) k^{2n} E(k) \qquad (4.81)$$

où $\nu_e^{(n)}(k|k_c)$ est une *hyper-viscosité*, propose dans l'espace physique de modéliser le terme sous-maille comme la somme d'un modèle de viscosité sous-maille classique et d'une dissipation du sixième ordre. Ce nouveau modèle s'écrit:

$$\nabla \cdot \tau = -\langle \nu_{sm} \rangle \left(C_1 \nabla^2 + C_2 \nabla^6 \right) \overline{\mathbf{u}} \qquad (4.82)$$

où C_1 et C_2 sont des constantes. Ferziger propose d'introduire une dissipation du quatrième ordre en ajoutant au tenseur sous-maille τ le tenseur $\tau^{(4)}$, défini comme:

$$\tau_{ij}^{(4)} = \frac{\partial}{\partial x_j}\left(\nu_{sm}^{(4)}\frac{\partial^2 \overline{u}_i}{\partial x_k \partial x_k}\right) + \frac{\partial}{\partial x_i}\left(\nu_{sm}^{(4)}\frac{\partial^2 \overline{u}_j}{\partial x_k \partial x_k}\right) \qquad (4.83)$$

ou encore:

$$\tau_{ij}^{(4)} = \frac{\partial^2}{\partial x_k \partial x_k}\left(\nu_{sm}^{(4)}\left(\frac{\partial \overline{u}_i}{\partial x_j} + \frac{\partial \overline{u}_j}{\partial x_i}\right)\right) \qquad (4.84)$$

où la super-viscosité $\nu_{sm}^{(4)}$ est définie par des arguments dimensionnels comme:

$$\nu_{sm}^{(4)} = C_m \overline{\Delta}^4 |\overline{S}| \qquad (4.85)$$

Le terme sous-maille complet qui apparaît dans les équations de quantité de mouvement s'écrit alors:

$$\tau_{ij} = \tau_{ij}^{(2)} + \tau_{ij}^{(4)} \qquad (4.86)$$

où $\tau_{ij}^{(2)}$ est un modèle de viscosité sous-maille décrit précédemment. Une forme similaire est proposée par Lesieur et Métais: après avoir défini le champ de vitesse $\mathbf{u}^\circ$ comme:

$$\mathbf{u}^\circ = \nabla^{2p}\overline{\mathbf{u}} \qquad (4.87)$$

ces deux auteurs proposent la forme composite:

$$\tau_{ij} = -\nu_{sm}\overline{S}_{ij} + (-1)^{p+1}\nu_{sm}^\circ S_{ij}^\circ \qquad (4.88)$$

où ν_{sm}° est l'hyperviscosité obtenue en appliquant un modèle de viscosité sous-maille au champ $\mathbf{u}^\circ$ et S° le tenseur des taux de déformation calculé à partir de ce même champ. La constante du modèle sous-maille utilisé doit être modifiée de manière à vérifier la relation d'équilibre local, *i.e.*

$$\langle -\tau_{ij}\overline{S}_{ij}\rangle = \langle \varepsilon \rangle$$

Il est à remarquer que des dissipations sous-maille ainsi définies comme la somme d'une dissipation du deuxième ordre et d'une dissipation du quatrième ordre sont formellement similaires de certains schémas numériques conçus pour la capture des forts gradients, comme le schéma de Jameson [92].

Différents modèles de viscosité sous-maille appartenant aux trois catégories définies précédemment vont maintenant être décrits. Il s'agit:

1. Du modèle de Smagorinsky (p.87), qui est un modèle basé sur les échelles résolues. Ce modèle, très simple à implanter, souffre des défauts déjà cités des modèles basés sur les grandes échelles.

2. Du modèle de fonction structure d'ordre 2 de la vitesse (p.88), qui est une extension dans l'espace physique des modèles basés sur l'énergie à la coupure. Théoriquement basé sur une information locale en fréquence, ce modèle devrait être à même de mieux traiter l'intermittence à grande échelle que le modèle de Smagorinsky. Toutefois, l'impossibilité de localiser l'information à la fois en espace et en fréquence (voir la discussion plus loin) réduit son efficacité.

3. D'un modèle basé sur l'énergie cinétique des modes sous-maille (p.90). Cette énergie est considérée comme une variable supplémentaire du problème et est évaluée en résolvant une équation d'évolution. Puisqu'il contient une information relative aux échelles sous-maille, ce modèle est *a priori* mieux à même de traiter l'intermittence à grande échelle que les précédents. De plus, il permet de relaxer l'hypothèse d'équilibre local, donc de mieux prendre en compte les déséquilibres spectraux. Par contre, il nécessite l'introduction d'hypothèses supplémentaires (modélisation, conditions aux limites).

4. Du modèle de Yoshizawa (p.91), qui inclut une équation d'évolution supplémentaire sur une quantité reliée à une échelle caractéristique sous-maille, ce qui permet de le classer parmi les modèles basés sur les échelles sous-maille. Il possède les mêmes avantages et inconvénients que le modèle précédent.

5. Du modèle d'Echelles Mixtes (p.92), qui fait intervenir à la fois des informations liées aux modes sous-maille et aux échelles résolues, sans toutefois faire appel à des équations d'évolution supplémentaires: l'information sur les échelles sous-maille est déduite de celle contenue dans les échelles résolues par une extrapolation en fréquence. Ce modèle représente un niveau de complexité (et de qualité) intermédiaire entre les modèles basés sur les grandes échelles et ceux qui font intervenir des variables supplémentaires.

Modèle de Smagorinsky. Le modèle de Smagorinsky [197] est un modèle basé sur les grandes échelles. Il est généralement utilisé sous une forme locale dans l'espace physique, c'est-à-dire variable dans l'espace, afin d'obtenir une meilleure adaptation à l'écoulement calculé. Il est obtenu par la *localisation* en espace et en temps des relations statistiques données dans la section précédente. Cette utilisation locale de relations vraies en moyenne d'ensemble n'a pas de justification particulière, puisque celles-ci ne font que garantir que les transferts d'énergie à travers la coupure sont exprimés correctement en moyenne et non localement.

Ce modèle s'écrit:

$$\nu_{\mathrm{sm}}(\mathbf{x}, t) = \left(C_{\mathrm{s}} \overline{\Delta} \right)^2 \left(2 |\overline{S}(\mathbf{x}, t)|^2 \right)^{1/2} \tag{4.89}$$

La valeur théorique constante C_{s} est évaluée par les relations (4.44) ou (4.47). Il faut toutefois noter qu'en pratique, la valeur de cette constante est ajustée de manière à améliorer les résultats: Clark *et al.* [41] utilisent $C_{\mathrm{s}} = 0,2$

pour un cas de turbulence homogène isotrope, alors que pour un écoulement de canal plan Deardorff [50] emploie $C_s = 0, 1$. Des études réalisées à partir de données expérimentales sur des écoulements cisaillés donnent des évaluations similaires ($C_s \simeq 0, 1 - 0, 12$) [140, 161]. Cette diminution de la valeur de la constante par rapport à sa valeur théorique est due au fait que le gradient du champ est maintenant non nul et qu'il contribue au terme $|\overline{S}(\mathbf{x}, t)|$. Pour maintenir la relation d'équilibre local, il est nécessaire de réduire la valeur de la constante. Il est à noter que cette nouvelle valeur de la constante ne permet que de garantir que, sur l'ensemble du champ, la bonne quantité d'énergie cinétique résolue sera dissipée en moyenne: la qualité du niveau de dissipation local n'est pas contrôlée.

Modèle de fonction structure d'ordre 2 de la vitesse. Ce modèle est une transposition dans l'espace physique du modèle de viscosité effective constante due à Métais et Lesieur et peut en conséquence être interprété comme un modèle basé sur l'énergie à la coupure exprimé dans l'espace physique. Les auteurs [146] proposent d'évaluer l'énergie à la coupure $E(k_c)$ au moyen de la fonction structure d'ordre 2 de la vitesse. Celle-ci est définie comme:

$$F_2(\mathbf{x}, r, t) = \int_{|\mathbf{x}'|=r} \left[\mathbf{u}(\mathbf{x}, t) - \mathbf{u}(\mathbf{x} + \mathbf{x}', t) \right]^2 d^3\mathbf{x}' \qquad (4.90)$$

Dans le cas de la turbulence homogène isotrope, on a la relation:

$$F_2(r, t) = \int F_2(\mathbf{x}, r, t) d^3\mathbf{x} = 4 \int_0^\infty E(k, t) \left(1 - \frac{\sin(kr)}{kr} \right) dk \qquad (4.91)$$

En utilisant un spectre de Kolmogorov, le calcul de (4.91) conduit à:

$$F_2(r, t) = \frac{9}{5} \Gamma(1/3) K_0 \varepsilon^{2/3} r^{2/3} \qquad (4.92)$$

soit, en exprimant la dissipation ε en fonction de $F_2(r, t)$ dans l'expression du spectre de Kolmogorov:

$$E(k) = \frac{5}{9\Gamma(1/3)} F_2(r, t) r^{-2/3} k^{-5/3} \qquad (4.93)$$

Pour dériver un modèle sous-maille, il est maintenant nécessaire d'évaluer la fonction structure d'ordre 2 à partir des seules échelles résolues. Pour cela, on opère la décomposition:

$$F_2(r, t) = \overline{F}_2(r, t) + C_0(r, t) \qquad (4.94)$$

où $\overline{F}_2(r, t)$ est calculé à partir des échelles résolues et $C_0(r, t)$ correspond à la contribution des échelles sous-maille:

$$C_0(r, t) = 4 \int_{k_c}^\infty E(k, t) \left(1 - \frac{\sin(kr)}{kr} \right) dk \qquad (4.95)$$

En remplaçant la quantité $E(k,t)$ dans l'équation (4.95) par sa valeur (4.93), il vient:

$$C_0(r,t) = F_2(r,t) \left(\frac{r}{\overline{\Delta}}\right)^{-2/3} H_{sf}(r/\overline{\Delta}) \tag{4.96}$$

où H_{sf} est la fonction

$$H_{sf}(x) = \frac{20}{9\Gamma(1/3)} \left[\frac{3}{2\pi^{2/3}} + x^{2/3}\mathrm{Im}\left\{\exp(i5\pi/6)\Gamma(-5/3, i\pi x)\right\}\right] \tag{4.97}$$

Cette relation, une fois reportée dans (4.94), permet l'évaluation de l'énergie à la coupure. Le modèle de fonction structure prend la forme:

$$\langle \nu_{\mathrm{sm}}(r)\rangle = A(r/\overline{\Delta})\overline{\Delta}\sqrt{F_2(r,t)} \tag{4.98}$$

avec

$$A(x) = \frac{2K_0^{-3/2}}{3\pi^{4/3}\sqrt{(9/5)\Gamma(1/3)}}x^{-4/3}\left(1 - x^{-2/3}H_{sf}(x)\right)^{-1/2} \tag{4.99}$$

Comme pour le modèle de Smagorinsky, un modèle local en espace peut être obtenu en utilisant localement la relation (4.93) pour prendre en compte l'intermittence locale de la turbulence. Le modèle s'écrit alors:

$$\nu_{\mathrm{sm}}(\mathbf{x},r) = A(r/\overline{\Delta})\overline{\Delta}\sqrt{\overline{F_2(\mathbf{x},r,t)}} \tag{4.100}$$

Dans le cas où $r = \overline{\Delta}$, le modèle prend la forme simplifiée:

$$\nu_{\mathrm{sm}}(\mathbf{x},\overline{\Delta},t) = 0,105\overline{\Delta}\sqrt{\overline{F_2(\mathbf{x},\overline{\Delta},t)}} \tag{4.101}$$

Un lien avec les modèles basés sur les gradients des échelles résolues peut être établi, en remarquant que:

$$\mathbf{u}(\mathbf{x},t) - \mathbf{u}(\mathbf{x}+\mathbf{x}',t) = -\mathbf{x}' \cdot \nabla\mathbf{u}(\mathbf{x},t) + 0(|\mathbf{x}'|^2) \tag{4.102}$$

Cette dernière relation montre que la fonction $\overline{F_2}$ est homogène à une norme du gradient du champ de vitesse résolu. Si cette fonction est évaluée au cours de la simulation d'une manière similaire à celle mise en œuvre pour calculer le tenseur des taux de déformation résolus pour le modèle de Smagorinsky, on peut s'attendre à *a priori* à ce que le modèle fonction de structure souffre de certaines des faiblesses de ce dernier: l'information contenue dans le modèle sera locale en espace, donc non-locale en fréquence, ce qui induit une mauvaise estimation de l'énergie cinétique à la coupure et une perte de précision du modèle dans le traitement de l'intermittence à grande échelle et des déséquilibres spectraux.

Modèle basé sur l'énergie cinétique sous-maille. Un modèle basé sur les échelles sous-maille, de la forme (4.60), a été développé indépendamment par plusieurs auteurs [86, 189, 229, 230, 151]. La viscosité sous-maille est calculée à partir de l'énergie cinétique des modes sous-maille q_{sm}^2 :

$$\nu_{sm}(\mathbf{x}, t) = C_m \overline{\Delta} \sqrt{q_{sm}^2(\mathbf{x}, t)} \tag{4.103}$$

où, pour rappel:

$$q_{sm}^2(\mathbf{x}, t) = \frac{1}{2} \overline{\left(u_i(\mathbf{x}, t) - \overline{u}_i(\mathbf{x}, t)\right)^2} \tag{4.104}$$

La constante C_m est évaluée par la relation (4.60). Cette énergie constitue une variable supplémentaire du problème et est évaluée en résolvant une équation d'évolution. Cette équation est obtenue à partir de l'équation d'évolution exacte (3.26), dont les termes inconnus sont modélisés en suivant les propositions de Lilly [124], ou par une méthode de renormalisation. Les différents termes sont modélisés comme suit (se référer par exemple à l'ouvrage de McComb [132]):

– Le terme de diffusion est modélisé par une hypothèse de gradient, en posant que le terme non-linéaire est proportionnel au gradient de l'énergie cinétique q_{sm}^2 (relation de Kolmogorov-Prandtl):

$$\frac{\partial}{\partial x_j} \left(\frac{1}{2} \overline{u_i' u_i' u_j'} + \overline{u_j' p} \right) = C_2 \frac{\partial}{\partial x_j} \left(\overline{\Delta} \sqrt{q_{sm}^2} \frac{\partial q_{sm}^2}{\partial x_j} \right) \tag{4.105}$$

– Le terme de dissipation est modélisé, en utilisant des raisonnements dimensionnels, par :

$$\varepsilon = \frac{\nu}{2} \overline{\frac{\partial u_i'}{\partial x_j} \frac{\partial u_i'}{\partial x_j}} = C_1 \frac{(q_{sm}^2)^{3/2}}{\overline{\Delta}} \tag{4.106}$$

L'équation d'évolution résultante est:

$$\frac{\partial q_{sm}^2}{\partial t} + \underbrace{\frac{\partial \overline{u}_j q_{sm}^2}{\partial x_j}}_{I} = \underbrace{-\tau_{ij} \overline{S}_{ij}}_{II} \underbrace{- C_1 \frac{q_{sm}^{2 \ 3/2}}{\overline{\Delta}}}_{III} + \underbrace{C_2 \frac{\partial}{\partial x_j} \left(\overline{\Delta} \sqrt{q_{sm}^2} \frac{\partial q_{sm}^2}{\partial x_j} \right)}_{IV} + \underbrace{\nu \frac{\partial^2 q_{sm}^2}{\partial x_j \partial x_j}}_{V}$$
$$\tag{4.107}$$

où C_1 et C_2 sont deux constantes positives et les différents termes représentent:

– I - advection par les modes résolus
– II - production par les modes résolus
– III - dissipation turbulente
– IV - diffusion turbulente
– V - dissipation visqueuse

En utilisant une théorie analytique de la turbulence, Yoshizawa [229, 230] et Horiuti [86] proposent $C_1 = 1$ et $C_2 = 0, 1$.

Modèle de Yoshizawa. La dérivation des modèles basés sur les grandes échelles, telle qu'elle a été exposée précédemment, ne fait intervenir qu'une seule échelle de longueur $\overline{\Delta}$, qui est la longueur de coupure du filtre. La longueur caractéristique associée aux échelles sous-maille, notée Δ_{f}, est supposée proportionnelle à celle-ci et les développements de la section 4.3.2 montrent que:

$$\Delta_{\mathrm{f}} = C_{\mathrm{s}}\overline{\Delta} \qquad (4.108)$$

L'imposition d'une valeur constante du coefficient C_{s}, comme par exemple dans le cas du modèle de Smagorinsky, ne permet pas de prendre en compte des variations de la structure des modes sous-maille. Pour remédier à cela, Yoshizawa [226, 228] propose de différencier ces deux échelles caractéristiques et d'introduire une équation d'évolution supplémentaire pour évaluer Δ_{f}. Cette longueur peut être évaluée à partir de la dissipation ε et de l'énergie cinétique sous-maille q_{sm}^2 par la relation:

$$\Delta_{\mathrm{f}} = C_1 \frac{(q_{\mathrm{sm}}^2)^{3/2}}{\varepsilon} + C_2 \frac{(q_{\mathrm{sm}}^2)^{3/2}}{\varepsilon^2} \frac{D q_{\mathrm{sm}}^2}{Dt} - C_3 \frac{(q_{\mathrm{sm}}^2)^{5/2}}{\varepsilon^3} \frac{D\varepsilon}{Dt} \qquad (4.109)$$

où D/Dt est la dérivée particulaire associée aux grandes échelles. Une analyse menée avec la technique TSDIA [228] permet de déterminer les valeurs des constantes qui apparaissent dans l'équation (4.109): $C_1 = 1,84$, $C_2 = 4,95$ et $C_3 = 2,91$. On écrit maintenant la relation de proportionnalité entre les deux longueurs comme:

$$\Delta_{\mathrm{f}} = (1 + r(\mathbf{x},t))\overline{\Delta} \qquad (4.110)$$

En évaluant l'énergie cinétique sous-maille comme:

$$q_{\mathrm{sm}}^2 = \left(\overline{\Delta}\varepsilon/C_1\right)^{2/3} \qquad (4.111)$$

les relations (4.109) et (4.110) conduisent à:

$$r = C_4 \overline{\Delta}^{2/3} \varepsilon^{-4/3} \frac{D\varepsilon}{Dt} \qquad (4.112)$$

avec $C_4 = 0,04$. En utilisant l'hypothèse d'équilibre local, il vient:

$$\varepsilon = -\tau_{ij}\overline{S}_{ij} \simeq C_5 \Delta_{\mathrm{f}}^2 |\overline{S}|^3 \qquad (4.113)$$

où $C_5 = 6,52.10^{-3}$. Cette définition complète le calcul du facteur r et de la longueur Δ_{f}. Cette variation de la longueur caractéristique Δ_{f} peut être réinterprétée comme une variation de la constante du modèle de Smagorinsky:

$$C_{\mathrm{s}} = C_{\mathrm{s}0}\left(1 - C_{\mathrm{a}}|\overline{S}|^{-2}\frac{D|\overline{S}|}{Dt} + C_{\mathrm{b}}\overline{\Delta}^2 |\overline{S}|^{-2}\frac{\partial}{\partial x_j}\left(|\overline{S}|^{-2}\frac{\partial|\overline{S}|}{\partial x_j}\right)\right) \qquad (4.114)$$

Les constantes C_{s0}, C_a et C_b sont évaluées par Yoshizawa [228] et Murakami [157] respectivement comme 0,16, 1,8 et 0,047. En pratique, C_b est prise égale à 0 et la constante C_s est bornée pour assurer la stabilité de la simulation: $0,1 \leq C_s \leq 0,27$. Morinishi et Kobayashi [155] préconisent l'emploi des valeurs $C_a = 32$ et $C_{s0} = 0,1$.

Modèle d'échelles mixtes. Des modèles possédant une *triple dépendance* en fonction de la longueur de coupure, des grosses et des petites structures du champ résolu, ont été définis par Ta Phuoc et Sagaut [182, 183]. Ces modèles, qui forment la *famille à un paramètre des modèles d'échelles mixtes*, sont dérivés en réalisant une moyenne géométrique pondérée des modèles basés sur les grandes échelles et de ceux basés sur l'énergie à la coupure:

$$\nu_{sm}(\alpha)(\mathbf{x},t) = C_m \left| \mathcal{F}(\overline{\mathbf{u}}(\mathbf{x},t)) \right|^\alpha \, (q_c^2)^{\frac{1-\alpha}{2}}(\mathbf{x},t) \, \overline{\Delta}^{1+\alpha} \tag{4.115}$$

avec

$$\mathcal{F}(\overline{\mathbf{u}}(\mathbf{x},t)) = \overline{S}(\mathbf{x},t) \text{ ou } \nabla \times \overline{\mathbf{u}}(\mathbf{x},t) \tag{4.116}$$

Il est à noter que l'on utilise ici des versions localisées des modèles, de manière à mieux traiter les écoulements ne vérifiant pas la propriété d'homogénéité spatiale. L'énergie cinétique q_c^2 est évaluée dans l'espace physique par la formule:

$$q_c^2(\mathbf{x},t) = \frac{1}{2}(\overline{u}_i(\mathbf{x},t))' \, (\overline{u}_i(\mathbf{x},t))' \tag{4.117}$$

Le champ $(\overline{\mathbf{u}})'$, appelé *champ d'épreuve*, représente la partie haute-fréquence du champ de vitesse résolu, défini à l'aide d'un second filtre nommé *filtre test*, repéré par le symbole *tilde*, auquel est associée la longueur de coupure $\widetilde{\overline{\Delta}} > \overline{\Delta}$ (voir figure 4.14):

$$(\overline{\mathbf{u}})' = \overline{\mathbf{u}} - \widetilde{\overline{\mathbf{u}}} \tag{4.118}$$

Le modèle résultant peut être interprété de deux manières différentes:

– Comme un modèle basé sur l'*énergie cinétique des échelles sous-maille*, c'est-à-dire la seconde forme des modèles basés sur les échelles sous-maille dans la section 4.3.2, si l'on utilise l'hypothèse de similarité d'échelles de Bardina (décrite dans le chapitre 6), qui permet de poser:

$$q_c^2 \simeq q_{sm}^2 \tag{4.119}$$

où q_{sm}^2 est l'énergie cinétique des échelles sous-maille. Cette hypothèse peut être affinée dans le cadre de l'analyse canonique. En supposant que les deux coupures ont lieu dans la zone inertielle du spectre, il vient:

$$q_c^2 = \int_{k_c'}^{k_C} E(k)dk = \frac{3}{2}K_0\varepsilon^{2/3}\left(k_c'^{-2/3} - k_c^{-2/3}\right) \tag{4.120}$$

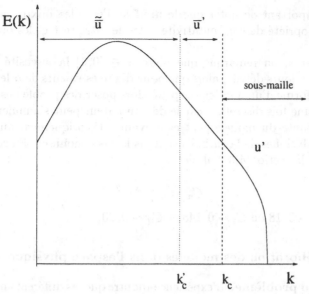

Fig. 4.14. Découpage spectral associé au double filtrage (filtre porte). $\widetilde{\overline{u}}$: champ résolu au sens du filtre test, $(\overline{u})'$: champ d'épreuve, u': échelles non résolues au sens du filtre initial.

où k_c et k'_c sont les nombres d'onde associés respectivement à $\overline{\Delta}$ et $\widetilde{\overline{\Delta}}$. On déduit alors la relation:

$$q_c^2 = \beta q_{\text{sm}}^2, \quad \beta = \left[\left(\frac{k'_c}{k_c}\right)^{-2/3} - 1\right] \tag{4.121}$$

On peut remarquer que l'approximation est exacte si $\beta = 1$, c'est-à-dire si:

$$k'_c = \frac{1}{\sqrt{8}}k_c \tag{4.122}$$

Cette approximation est également utilisée par Bardina *et al.* [10] et Yoshizawa *et al.* [231] pour dériver des modèles basés sur l'énergie cinétique sous-maille sans employer d'équation de transport supplémentaire.
– Comme un modèle basé sur l'*énergie à la coupure*, donc comme une généralisation dans l'espace physique du modèle spectral de viscosité effective constante. En effet, en utilisant les mêmes hypothèses que précédemment, il vient:

$$q_c^2 = \frac{3}{2}\beta k_c E(k_c) \tag{4.123}$$

Ici aussi, l'approximation est exacte si $k'_c = k_c/\sqrt{8}$.

Il est important de noter que le modèle d'échelles mixtes ne fait appel à aucune propriété de commutativité entre le filtre test et les opérateurs de dérivation.

Par ailleurs, on remarque que pour $\alpha \in [0, 1]$ la viscosité sous-maille $\nu_{sm}(\alpha)$ est toujours définie, alors que pour d'autres valeurs de α le modèle apparaît sous forme d'un quotient et peut alors poser des problèmes de stabilité numérique une fois discrétisé, car le dénominateur peut s'annuler.

La constante du modèle peut être évaluée théoriquement au moyen des théories analytiques de la turbulence dans le cas canonique. En reprenant les résultats de la section 4.3.2, il vient:

$$C_m = C_q^{1-\alpha} C_s^{2\alpha} \qquad (4.124)$$

avec $C_s \sim 0,18$ ou $C_s \sim 0,148$ et $C_q \sim 0,20$.

4.3.3 Amélioration des modèles dans l'espace physique

Position du problème. L'expérience montre que les différents modèles donnent de bons résultats lorsqu'ils sont appliqués à des écoulements turbulents homogènes et que la coupure est placée suffisamment loin dans la zone inertielle du spectre, c'est-à-dire lorsqu'une grande partie de l'énergie cinétique totale est contenue dans les échelles résolues[13].

Dans d'autres cas, comme les écoulements en transition, les écoulements fortement anisotropes, les écoulements fortement sous-résolus ou encore les écoulements en fort déséquilibre énergétique, le comportement des modèles sous-maille est beaucoup moins satisfaisant. Si l'on fait abstraction des problèmes liés à la résolution numérique des équations, deux causes principales peuvent être isolées:

1. Les caractéristiques de ces écoulements ne correspondent pas aux hypothèses à partir desquelles les modèles ont été dérivés, ce qui entraine que ceux-ci sont mis en défaut. Deux possibilités s'offrent alors: dériver des modèles à partir de nouvelles hypothèses physiques, ou aménager les modèles existants de façon plus ou moins empirique. La première voie est *a priori* la plus rigoureuse, mais les descriptions de la turbulence pour d'autres cadres que celui de la turbulence homogène isotrope font défaut. Toutefois, quelques tentatives de prise en compte de l'anisotropie appartenant à cette catégorie ont été enregistrées, qui font l'objet du chapitre 5. Une autre solution consiste, si la physique des modèles est mise en défaut, à réduire l'importance de ceux-ci, c'est-à-dire à augmenter la fréquence de coupure pour capturer directement une partie plus importante de la physique de l'écoulement. Ceci conduit à augmenter le nombre de degrés

---

[13] Certains auteurs estiment cette part entre 80 % et 90 %. Un autre critère parfois évoqué est que l'échelle de coupure doit être de l'ordre de la micro-échelle de Taylor.

de liberté et à trouver un compromis entre les techniques d'enrichissement de maillage et les efforts portant sur la modélisation sous-maille.

2. Pour les simulations dans l'espace physique, la dérivation de modèles basés sur l'énergie à la coupure ou les échelles sous-maille (sans équation d'évolution supplémentaire) se heurte au principe d'incertitude généralisé de Gabor-Heisenberg [58, 182], qui stipule que la précision de l'information ne peut être améliorée à la fois en espace et en fréquence. Ceci est illustré par la figure 4.15. Une très bonne localisation en fréquence implique une forte non-localité en espace, ce qui réduit les possibilités de prise en compte de l'intermittence et interdit le traitement des écoulements fortement inhomogènes. A l'inverse, une très bonne localisation de l'information en espace interdit une bonne résolution spectrale, ce qui conduit à de fortes erreurs, par exemple lors du calcul de l'énergie à la coupure. Or cette localisation en fréquence est très importante, puisqu'elle seule permet de détecter la présence des échelles sous-maille. Il est important de rappeler ici que la simulation des grandes échelles est basée sur une sélection en fréquence des modes qui composent la solution exacte. On voit ici apparaître les problèmes induits par la localisation de relations exactes en moyenne d'ensemble, cette dernière pouvant correspondre à une moyenne spatiale. Deux solutions sont envisageables: la mise au point d'un compromis acceptable entre la précision en espace et en fréquence, ou l'enrichissement de l'information contenue dans la simulation, soit en y adjoignant des variables supplémentaires, comme c'est le cas pour les modèles basés sur l'énergie cinétique des modes sous-maille, soit en tenant compte d'hypothèses supplémentaires lors de la dérivation des modèles.

On présente dans ce qui suit les techniques développées pour améliorer les résultats des simulations, sans toutefois modifier profondément la structure des modèles sous-maille. Toutes ces modifications ont pour but une meilleure adaptation du modèle sous-maille à l'état local de l'écoulement et visent à pallier le manque de localisation en fréquence de l'information.

Sont décrits dans ce qui suit:

1. Les procédures dynamiques de calcul des constantes des modèles sous-maille (p.98): ces constantes sont calculées de manière à réduire localement en espace et en temps, au sens des moindres carrés, une estimation *a priori* de l'erreur commise avec le modèle considéré. Cette estimation est effectuée au moyen de la relation de Germano et nécessite l'emploi d'un filtre analytique. Il est à noter que les procédures dynamiques ne modifient pas le modèle, en ce sens que sa forme (par exemple viscosité sous-maille) reste la même: on ne fait ici que minimiser une norme de l'erreur associée à la forme du modèle considéré. Les erreurs intrinsèquement com-

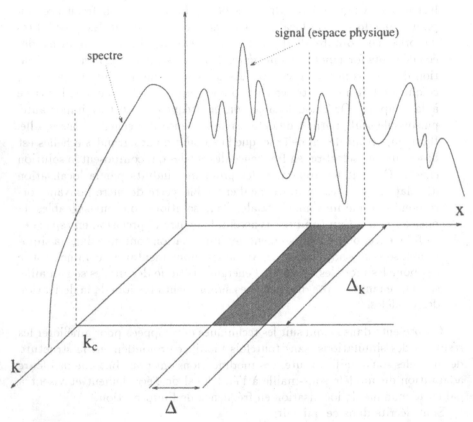

Fig. 4.15. Représentation de la résolution dans le plan espace-fréquence. A la résolution en espace $\overline{\Delta}$ est associée une résolution en fréquence Δ_k. Le principe d'incertitude de Gabor-Heisenberg stipule que le produit $\overline{\Delta} \times \Delta_k$ reste constant, i.e. que la surface du domaine grisé conserve une même valeur (d'après [58], avec la permission de F. Ducros).

mises en se donnant une forme *a priori* du tenseur sous-maille[14] ne sont pas modifiées. Ces procédures, *a priori* très attrayantes, posent toutefois des problèmes de stabilité numérique et peuvent induire des surcoûts de calcul non-négligeables. Cette variation de la constante en chaque point et à chaque pas de temps permet de minimiser l'erreur localement pour chaque degré de liberté, alors que la détermination d'une valeur constante n'offre l'accès qu'à une minimisation globale moins efficace. Ceci est illustré par la discussion donnée précédemment de la valeur de la constante du modèle de Smagorinsky.

2. Les senseurs structurels (p.105), qui conditionnent l'existence des échelles sous-maille à la vérification de certaines contraintes par les plus hautes fréquences des échelles résolues. Plus précisément, on considère ici que les échelles sous-maille existent si les plus hautes fréquences résolues vérifient des propriétés topologiques attendues dans le cas de la turbulence homogène isotrope. Lorsque ces critères sont vérifiés, ont fait l'hypothèse que les plus hautes fréquences résolues ont une dynamique proche de celle des échelles contenues dans la zone inertielle. En invoquant la continuité du spectre d'énergie (voir la note p.76), on déduit alors qu'il existe des échelles non-résolues et le modèle sous-maille est alors employé. Dans le cas contraire, le modèle est annulé.

3. La technique d'accentuation (p.107), qui consiste à augmenter artificiellement la contribution des plus hautes fréquences résolues lors de l'évaluation de la viscosité sous-maille. Cette technique permet une meilleure localisation en fréquence de l'information incluse dans le modèle et donc de mieux traiter les phénomènes d'intermittence: le modèle n'est sensible qu'aux plus hautes fréquences résolues. Ce résultat est obtenu en appliquant un filtre passe-haut en fréquence au champ résolu.

4. Les fonctions d'amortissement pour les régions de proche paroi (p.109), qui permettent de tenir compte de certaines modifications de la dynamique de la turbulence et des échelles caractéristiques des modes sous-maille dans les couches limites. Ils sont établis de manière à annuler les modèles de viscosité sous-maille dans la zone de proche paroi, de manière à ce que ces derniers n'inhibent pas les mécanismes moteurs qui prennent place dans cette zone. Ces modèles sont limités dans leur généralité: ils présupposent une forme particulière de la dynamique de l'écoulement dans la zone considérée. D'autre part, ils imposent de connaître la position relative de chaque point par rapport à la paroi solide, ce qui peut poser des problèmes en pratique, par exemple lorsque des techniques

---

[14] Par exemple, les modèles de viscosité sous-maille décrits plus haut induisent tous une dépendance linéaire entre le tenseur sous-maille et le tenseur des échelles résolues:

$$\tau_{ij}^{d} = -\nu_{sm} \overline{S}_{ij}$$

multidomaines sont mises en œuvre, ou lorsqu'il existe plusieurs parois. Enfin, il ne représentent qu'une correction en amplitude des modèles de viscosité sous-maille pour la cascade directe d'énergie: ils ne sont pas à même de rendre compte d'éventuelles modifications de la forme de ce mécanisme, ou de l'émergence de nouveaux mécanismes.

Les trois techniques "généralistes" d'adaptation des modèles de viscosité sous-maille (procédure dynamique, senseur structurel, accentuation) sont toutes basées sur l'extraction d'un *champ d'épreuve* à partir des échelles résolues, par l'application d'un *filtre test* à ces dernières. Ce champ correspond aux plus hautes fréquences captées par la simulation et l'on voit donc que toutes ces techniques sont basées sur une localisation en fréquence de l'information contenue dans les modèles sous-maille. La perte de localité en espace se traduit par le fait que le nombre de voisins impliqués dans le calcul du modèle sous-maille est augmenté à cause de l'emploi du filtre test.

Procédures dynamiques de calcul des constantes - Modèles dynamiques.

Procédure dynamique Germano-Lilly. Pour mieux adapter les modèles à la structure locale de l'écoulement, Germano *et al.* [75] ont proposé un algorithme d'adaptation du modèle de Smagorinsky par un ajustement automatique de la constante en chaque point et à chaque pas de temps. Cette procédure, décrite ci-dessous, est applicable à tous les modèles qui font apparaître explicitement une constante arbitraire C_d, qui sera désormais dépendante du temps et de l'espace: $C_d = C_d(\mathbf{x}, t)$.

La procédure dynamique est basée sur la relation de Germano (3.72), récrite ici sous la forme:

$$L_{ij} = T_{ij} - \tilde{\tau}_{ij} \qquad (4.125)$$

avec:

$$\tau_{ij} \equiv L_{ij} + C_{ij} + R_{ij} = \overline{u_i u_j} - \overline{u_i}\,\overline{u_j} \qquad (4.126)$$

$$T_{ij} \equiv \widetilde{\overline{u_i u_j}} - \widetilde{\overline{u}_i}\,\widetilde{\overline{u}_j} \qquad (4.127)$$

$$L_{ij} \equiv \widetilde{\overline{u}_i\,\overline{u}_j} - \widetilde{\overline{u}}_i\,\widetilde{\overline{u}}_j \qquad (4.128)$$

$$\qquad (4.129)$$

où le symbole *tilde* désigne le filtre test. Les tenseurs τ et T sont respectivement les tenseurs sous-maille correspondant au premier et au second niveau de filtrage. Ce dernier niveau de filtrage est associé à la longueur caractéristique $\widetilde{\overline{\Delta}}$, avec $\widetilde{\overline{\Delta}} > \overline{\Delta}$. Le tenseur L, quant à lui, peut être calculé directement à partir du champ résolu.

On fait ensuite l'hypothèse que les deux tenseurs sous-maille τ et T peuvent être modélisés au moyen du même modèle, qui comprendra la même constante C_d pour les deux niveaux de filtrage. Formellement, ceci s'écrit:

$$\tau_{ij} - \frac{1}{3}\tau_{kk}\delta_{ij} = C_{\mathrm{d}}\beta_{ij} \qquad (4.130)$$

$$T_{ij} - \frac{1}{3}T_{kk}\delta_{ij} = C_{\mathrm{d}}\alpha_{ij} \qquad (4.131)$$

où les tenseurs α et β désignent les déviateurs des tenseurs sous-maille obtenus en utilisant le modèle sous-maille privé de sa constante. Par exemple, pour le modèle de Smagorinsky, il vient:

$$\beta_{ij} = -2\overline{\Delta}^2 |\overline{S}|\overline{S}_{ij} \qquad (4.132)$$

$$\alpha_{ij} = -2\widetilde{\Delta}^2 |\widetilde{S}|\widetilde{S}_{ij} \qquad (4.133)$$

En introduisant les deux formulations ci-dessus dans la relation (4.125), il vient:

$$L_{ij} - \frac{1}{3}L_{kk}\delta_{ij} = C_{\mathrm{d}}\alpha_{ij} - \widetilde{C_{\mathrm{d}}\beta_{ij}} \qquad (4.134)$$

Cette équation n'est pas directement utilisable pour la détermination de la constante C_{d}, car le deuxième terme ne fait apparaître la constante qu'au travers d'un produit filtré [179]. Pour pouvoir poursuivre la modélisation, il est nécessaire de faire l'approximation:

$$\widetilde{C_{\mathrm{d}}\beta_{ij}} = C_{\mathrm{d}}\widetilde{\beta}_{ij} \qquad (4.135)$$

ce qui revient à considérer que C_{d} est constante sur un intervalle au moins égal à la longueur de coupure du filtre test. Le paramètre C_{d} sera donc calculé de manière à minimiser l'erreur commise, qui est évaluée au moyen du résidu E_{ij}:

$$E_{ij} = L_{ij} - \frac{1}{3}L_{kk}\delta_{ij} - C_{\mathrm{d}}\alpha_{ij} + C_{\mathrm{d}}\widetilde{\beta}_{ij} \qquad (4.136)$$

Cette définition est composée de six relations indépendantes, ce qui permet, a priori, de déterminer six valeurs de la constante[15]. Pour ne conserver qu'un seule relation et donc déterminer une valeur unique de la constante, Germano et al. proposent de contracter la relation (4.136) avec le tenseur des contraintes résolues. La valeur recherchée de la constante est solution du problème:

$$\frac{\partial E_{ij}\overline{S}_{ij}}{\partial C_{\mathrm{d}}} = 0 \qquad (4.137)$$

Cette méthode peut être efficace, mais pose des problème d'indétermination lorsque le tenseur $\overline{S}_{ij}$ s'annule. Pour pallier ce problème, Lilly [125]

---

[15] Ce qui conduirait à définir un modèle de viscosité sous-maille tensoriel.

propose de calculer la constante C_d par une méthode de moindres carrés. La constante C_d est maintenant solution du problème:

$$\frac{\partial E_{ij} E_{ij}}{\partial C_\mathrm{d}} = 0 \qquad (4.138)$$

soit:

$$C_\mathrm{d} = \frac{m_{ij} L_{ij}}{m_{kl} m_{kl}} \qquad (4.139)$$

avec

$$m_{ij} = \alpha_{ij} - \tilde{\beta}_{ij} \qquad (4.140)$$

La constante C_d ainsi calculée possède les propriétés suivantes:

– *Elle peut prendre des valeurs négatives*, donc le modèle peut localement avoir un effet anti-dissipatif, caractéristique souvent interprétée comme une modélisation du mécanisme de cascade inverse d'énergie. Ce point est détaillé dans la section 4.4.
– *Elle n'est pas bornée*, puisqu'elle apparaît sous forme d'une fraction dont le dénominateur peut s'annuler[16].

Ces deux propriétés ont des conséquences pratiques importantes sur la résolution numérique, puisqu'elles sont toutes deux potentiellement destructrices de la stabilité de la simulation. Des tests numériques ont notamment montré que la constante peut garder des valeurs négatives sur des intervalles de temps longs, entraînant une croissance exponentielle des fluctuations haute fréquence du champ résolu. Un traitement *ad hoc* de la constante doit donc être effectué pour garantir de bonnes propriétés numériques du modèle. Ce traitement de la constante peut être réalisé de différentes manières: moyenne globale dans les directions d'homogénéité statistique [75, 222], en temps ou locale en espace [234], limitation en utilisant des bornes arbitraires [234], ou encore par des combinaisons de ces méthodes [222, 234]. Notons que les procédures de moyennage peuvent être définies de deux manières non équivalentes [235]: en effectuant la moyenne sur le dénominateur et le numérateur séparément, ce qui se note symboliquement:

$$C_\mathrm{d} = \frac{\langle m_{ij} L_{ij} \rangle}{\langle m_{kl} m_{kl} \rangle} \qquad (4.141)$$

soit en effectuant la moyenne sur le quotient, c'est-à-dire sur la constante elle-même:

---

[16] Ce problème est lié à l'implémentation du modèle lors de la simulation. Dans le cas continu, si le dénominateur tend vers zéro, alors le numérateur s'annule également. Ce sont les erreurs de calculs qui mènent à un problème de division par zéro.

$$C_{\mathrm{d}} = \langle C_{\mathrm{d}} \rangle = \langle \frac{m_{ij} L_{ij}}{m_{kl} m_{kl}} \rangle \tag{4.142}$$

Le processus de moyenne en temps s'écrit:

$$C_{\mathrm{d}}(\mathbf{x}, (n+1)\Delta t) = a_1 C_{\mathrm{d}}(\mathbf{x}, (n+1)\Delta t) + (1 - a_1) C_{\mathrm{d}}(\mathbf{x}, n\Delta t) \tag{4.143}$$

où Δt est le pas de temps utilisé pour la simulation et a_1 une constante. Enfin, le procédé de limitation de la constante est destiné à garantir que les deux conditions suivantes sont vérifiées:

$$\nu + \nu_{\mathrm{sm}} \geq 0 \tag{4.144}$$

$$C_{\mathrm{d}} \leq C_{\max} \tag{4.145}$$

La première condition permet d'assurer que la dissipation résolue totale $\varepsilon = \nu \overline{S}_{ij} \overline{S}_{ij} - \tau_{ij} \overline{S}_{ij}$ reste positive ou nulle. La seconde permet d'imposer une borne supérieure. En pratique, $C_{\max}$ est de l'ordre de la valeur théorique de la constante de Smagorinsky, *i.e.* $C_{\max} \simeq (0,2)^2$.

Les modèles dont la constante est calculée par cette procédure sont qualifiés comme dynamiques, puisqu'ils s'adaptent automatiquement à l'état local de l'écoulement. L'usage veut que le modèle de Smagorinsky couplé à cette procédure soit appelé le *modèle dynamique*, car cette combinaison est la première à avoir été éprouvée et demeure la plus répandue parmi les modèles dynamiques.

Procédure dynamique Lagrangienne. Les procédures de régularisation de la constante basées sur des moyennes dans les directions homogènes ont le défaut de ne pas pouvoir être employées dans les configurations complexes, qui sont totalement inhomogènes. Pour pallier ce problème, une technique consiste à réaliser cette moyenne le long des trajectoires des particules fluides. Cette nouvelle procédure [142], appelée procédure dynamique Lagrangienne, a l'avantage d'être applicable à toutes les configurations.

La trajectoire d'une particule fluide, qui, à l'instant t, se trouve à la position $\mathbf{x}$, est notée, pour les instants t' antérieurs à t, comme:

$$\mathbf{z}(t') = \mathbf{x} - \int_{t'}^{t} \overline{\mathbf{u}}[\mathbf{z}(t''), t''] dt'' \tag{4.146}$$

Le résidu (4.136) s'écrit sous la forme Lagrangienne suivante:

$$E_{ij}(\mathbf{z}, t') = L_{ij}(\mathbf{z}, t') - C_{\mathrm{d}}(\mathbf{x}, t) m_{ij}(\mathbf{z}, t') \tag{4.147}$$

On remarque que la valeur de la constante est fixée au point $\mathbf{x}$ à l'instant t, ce qui revient à faire la même opération de linéarisation que pour la procédure Germano-Lilly. La valeur de la constante qui doit être utilisée pour calculer le modèle sous-maille au point $\mathbf{x}$ à l'instant t est déterminée en minimisant l'erreur le long des trajectoires des particules fluides. Ici aussi, on se ramène à un problème bien posé en définissant un résidu scalaire E_{lag}. Celui-ci est défini comme l'intégrale pondérée le long des trajectoires du résidu proposé par Lilly:

$$E_{\text{lag}} = \int_{-\infty}^{t} E_{ij}(\mathbf{z}(t'), t') E_{ij}(\mathbf{z}(t'), t') W(t - t') dt' \tag{4.148}$$

où la fonction de pondération $W(t - t')$ est introduite pour contrôler l'effet de mémoire. La constante est solution du problème:

$$\frac{\partial E_{\text{lag}}}{\partial C_{\text{d}}} = \int_{-\infty}^{t} 2 E_{ij}(\mathbf{z}(t'), t') \frac{\partial E_{ij}(\mathbf{z}(t'), t')}{\partial C_{\text{d}}} W(t - t') dt' = 0 \tag{4.149}$$

soit:

$$C_{\text{d}}(\mathbf{x}, t) = \frac{\mathcal{J}_{\text{LM}}}{\mathcal{J}_{\text{MM}}} \tag{4.150}$$

où

$$\mathcal{J}_{\text{LM}}(\mathbf{x}, t) = \int_{-\infty}^{t} L_{ij} m_{ij}(\mathbf{z}(t'), t') W(t - t') dt' \tag{4.151}$$

$$\mathcal{J}_{\text{MM}}(\mathbf{x}, t) = \int_{-\infty}^{t} m_{ij} m_{ij}(\mathbf{z}(t'), t') W(t - t') dt' \tag{4.152}$$

Ces expressions sont non-locales en temps, ce qui les rend inexploitables pour la simulation, car elles nécessitent de conserver en mémoire toute l'histoire de la simulation, ce qui dépasse les capacités de stockage des supercalculateurs actuels. Pour remédier à cela, on choisit une fonction de mémoire W à décroissance rapide:

$$W(t - t') = \frac{1}{T_{\text{lag}}} \exp\left(-\frac{t - t'}{T_{\text{lag}}}\right) \tag{4.153}$$

où T_{lag} est le temps de corrélation Lagrangien. Cette forme de la fonction de mémoire permet d'obtenir les équations d'évolution suivantes:

$$\frac{D\mathcal{J}_{\text{LM}}}{Dt} \equiv \frac{\partial \mathcal{J}_{\text{LM}}}{\partial t} + \bar{u}_i \frac{\partial \mathcal{J}_{\text{LM}}}{\partial x_i} = \frac{1}{T_{\text{lag}}} \left(L_{ij} m_{ij} - \mathcal{J}_{\text{LM}}\right) \tag{4.154}$$

$$\frac{D\mathcal{J}_{\text{MM}}}{Dt} \equiv \frac{\partial \mathcal{J}_{\text{MM}}}{\partial t} + \bar{u}_i \frac{\partial \mathcal{J}_{\text{MM}}}{\partial x_i} = \frac{1}{T_{\text{lag}}} \left(m_{ij} m_{ij} - \mathcal{J}_{\text{MM}}\right) \tag{4.155}$$

dont la résolution permet le calcul de la constante du modèle sous-maille, en chaque point et à chaque pas de temps. Le temps de corrélation T_{lag} est estimé, par des tests en turbulence homogène isotrope, comme:

$$T_{\text{lag}}(\mathbf{x}, t) = 1, 5\, \overline{\overline{\Delta}} \left(\mathcal{J}_{\text{MM}} \mathcal{J}_{\text{LM}} \right)^{-1/8} \qquad (4.156)$$

ce qui revient à considérer que le temps de corrélation est réduit dans les zones de fort cisaillement, où $\mathcal{J}_{\text{MM}}$ est grand, et dans les zones où les transferts non-linéaires sont forts, c'est-à-dire où $\mathcal{J}_{\text{LM}}$ est grand.

Cette procédure ne garantit pas la positivité de la constante et doit en conséquence être couplée avec une procédure de régularisation. Meneveau *et al.* [142] préconisent une procédure de limitation de la constante.

Procédure dynamique localisée contrainte. Une autre généralisation de la procédure dynamique Germano-Lilly pour les cas non-homogènes a été proposée par Ghosal *et al.* [77]. Cette nouvelle procédure est basée sur la minimisation d'un problème intégral et non pas local en espace comme dans le cas de la procédure Germano-Lilly, ce qui permet de ne plus avoir recours à la linéarisation de la constante lorsqu'on applique le filtre test. On cherche maintenant la constante C_{d} qui minimise la fonctionnelle $\mathcal{F}[C_{\text{d}}]$, avec:

$$\mathcal{F}[C_{\text{d}}] = \int E_{ij}(\mathbf{x}) E_{ij}(\mathbf{x}) d^3\mathbf{x} \qquad (4.157)$$

où E_{ij} est défini à partir de la relation (4.134) et non par la relation (4.136) , comme c'était le cas pour les versions précédemment exposées de la procédure dynamique. La constante recherchée est telle que la variation de $\mathcal{F}[C_{\text{d}}]$ soit nulle:

$$\delta\mathcal{F}[C_{\text{d}}] = 2 \int E_{ij}(\mathbf{x}) \delta E_{ij}(\mathbf{x}) d^3\mathbf{x} = 0 \qquad (4.158)$$

soit, en remplaçant E_{ij} par sa valeur:

$$\int \left(-\alpha_{ij} E_{ij} \delta C_{\text{d}} + E_{ij} \widetilde{\beta_{ij} \delta C_{\text{d}}} \right) d^3\mathbf{x} = 0 \qquad (4.159)$$

En exprimant le produit de convolution associé au filtre test, il vient:

$$\int \left(-\alpha_{ij} E_{ij} + \beta_{ij} \int E_{ij}(\mathbf{y}) G(\mathbf{x} - \mathbf{y}) d^3\mathbf{y} \right) \delta C_{\text{d}}(\mathbf{x}) d^3\mathbf{x} = 0 \qquad (4.160)$$

d'où l'on déduit l'équation d'Euler-Lagrange suivante:

$$-\alpha_{ij} E_{ij} + \beta_{ij} \int E_{ij}(\mathbf{y}) G(\mathbf{x} - \mathbf{y}) d^3\mathbf{y} = 0 \qquad (4.161)$$

Cette équation peut être récrite sous la forme d'une équation intégrale de Fredholm de seconde espèce pour la constante C_{d}:

$$f(\mathbf{x}) = C_{\text{d}}(\mathbf{x}) - \int \mathcal{K}(\mathbf{x}, \mathbf{y}) C_{\text{d}}(\mathbf{y}) d^3\mathbf{y} \qquad (4.162)$$

où

$$f(\mathbf{x}) = \frac{1}{\alpha_{kl}(\mathbf{x})\alpha_{kl}(\mathbf{x})} \left(\alpha_{ij}(\mathbf{x})L_{ij}(\mathbf{x}) - \beta_{ij}(\mathbf{x}) \int L_{ij}(\mathbf{y})G(\mathbf{x}-\mathbf{y})d^3\mathbf{y} \right)$$
(4.163)

$$\mathcal{K}(\mathbf{x},\mathbf{y}) = \frac{\mathcal{K}_\mathcal{A}(\mathbf{x},\mathbf{y}) + \mathcal{K}_\mathcal{A}(\mathbf{y},\mathbf{x}) + \mathcal{K}_\mathcal{S}(\mathbf{x},\mathbf{y})}{\alpha_{kl}(\mathbf{x})\alpha_{kl}(\mathbf{x})}$$
(4.164)

et

$$\mathcal{K}_\mathcal{A}(\mathbf{x},\mathbf{y}) = \alpha_{ij}(\mathbf{x})\beta_{ij}(\mathbf{y})G(\mathbf{x}-\mathbf{y})$$
(4.165)

$$\mathcal{K}_\mathcal{S}(\mathbf{x},\mathbf{y}) = \beta_{ij}(\mathbf{x})\beta_{ij}(\mathbf{y}) \int G(\mathbf{z}-\mathbf{x})G(\mathbf{z}-\mathbf{y})d^3\mathbf{z}$$
(4.166)

Cette nouvelle formulation ne souffre plus des problèmes liés à la linéarisation de la constante, mais ne résout pas les problèmes d'instabilité numérique associées aux valeurs négatives de celle-ci. Cette procédure est appelée procédure dynamique localisée.

Pour pallier le problème d'instabilité, les auteurs proposent de contraindre la constante à rester positive. On exprime alors la constante $C_d(\mathbf{x})$ comme le carré d'une nouvelle variable réelle $\xi(\mathbf{x})$. En substituant à la constante sa décomposition en fonction de ξ, l'équation d'Euler-Lagrange (4.161) se transforme en:

$$\left(-\alpha_{ij}E_{ij} + \beta_{ij} \int E_{ij}(\mathbf{y})G(\mathbf{x}-\mathbf{y})d^3\mathbf{y} \right) \xi(\mathbf{x}) = 0$$
(4.167)

Cette égalité est vraie si l'un des deux facteurs est nul, *i.e.* si $\xi(\mathbf{x}) = 0$ ou si la relation (4.161) est vérifiée, ce qui se note symboliquement $C_d(\mathbf{x}) = \mathcal{G}[C_d(\mathbf{x})]$. Dans le premier cas, la constante est également nulle. Pour assurer la positivité, la constante est calculée par une procédure itérative:

$$C_d^{(n+1)}(\mathbf{x}) = \begin{cases} \mathcal{G}[C_d^{(n)}(\mathbf{x})] & \text{si } \mathcal{G}[C_d^{(n)}(\mathbf{x})] \geq 0 \\ 0 & \text{sinon} \end{cases}$$
(4.168)

où

$$\mathcal{G}[C_d(\mathbf{x})] = f(\mathbf{x}) - \int \mathcal{K}(\mathbf{x},\mathbf{y})C_d(\mathbf{y})d^3\mathbf{y}$$
(4.169)

Ceci achève la description de la procédure dynamique localisée contrainte. Elle est applicable à toutes les configurations et assure la positivité de la constante du modèle sous-maille. On note cette solution symboliquement:

$$C_d(\mathbf{x}) = \left[f(\mathbf{x}) + \int \mathcal{K}(\mathbf{x},\mathbf{y})C_d(\mathbf{y})d^3\mathbf{y} \right]_+$$
(4.170)

où + désigne la partie positive.

Senseur structurel - Modèles sélectifs. Dans le but d'améliorer la prédiction des phénomènes intermittents, on introduit un senseur basé sur une information structurelle. Ceci est réalisé en incorporant au modèle une fonction de sélection basée sur les fluctuations angulaires locales de la vorticité, développée par David [49, 120].

L'idée est ici de moduler le modèle sous-maille de manière à ne l'appliquer que lorsque les hypothèses fondamentales de la modélisation sont vérifiées, c'est-à-dire lorsque toutes les échelles de la solution exacte ne sont pas résolues et que l'écoulement est de type *turbulence pleinement développée*. Le problème consiste donc à déterminer en chaque point et à chaque pas de temps si ces deux hypothèses sont vérifiées. Le senseur structurel de David permet de tester la seconde hypothèse. Pour cela, on suppose que si l'écoulement est turbulent et développé les plus hautes fréquences résolues possèdent certaines des caractéristiques propres à la turbulence homogène isotrope et notamment des propriétés structurelles.

Il est donc nécessaire d'identifier des propriétés propres à la turbulence homogène isotrope. David, se basant sur des simulations directes, remarque que la fonction de densité de probabilité des variations angulaires locales du vecteur vorticité présente un pic autour de la valeur de 20°. En conséquence, il propose d'identifier l'écoulement comme localement sous-résolu et turbulent aux points pour lesquels les variations angulaires locales du vecteur vorticité correspondant aux plus hautes fréquences résolues sont supérieures ou égales à une valeur seuil θ_0.

Le critère de sélection sera donc basé sur une estimation de l'angle θ entre le vecteur vorticité instantané $\boldsymbol{\omega}$ et un vecteur tourbillon moyen local $\tilde{\boldsymbol{\omega}}$ (voir figure 4.16). Ce dernier est calculé par l'application d'un filtre test au vecteur vorticité.

L'angle θ est donné par la relation suivante:

$$\theta(\mathbf{x}) = \arcsin\left(\frac{\|\tilde{\boldsymbol{\omega}}(\mathbf{x}) \times \boldsymbol{\omega}(\mathbf{x})\|}{\|\tilde{\boldsymbol{\omega}}(\mathbf{x})\|.\|\boldsymbol{\omega}(\mathbf{x})\|}\right) \tag{4.171}$$

On définit une fonction, appelée *fonction de sélection*, destinée à amortir le modèle sous-maille lorsque l'angle θ est inférieur à un angle seuil θ_0.

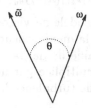

Fig. 4.16. Illustration de la fluctuation angulaire locale du vecteur vorticité.

Dans la version originale développée par David, la fonction de sélection f_{θ_0} est un opérateur booléen:

$$f_{\theta_0}(\theta) = \left\{ \begin{array}{ll} 1 & \text{si} \ \ \theta \geq \theta_0 \\ 0 & \text{sinon} \end{array} \right. \tag{4.172}$$

Cette fonction est discontinue, ce qui peut poser des problèmes lors de la résolution numérique. Une variante de cette fonction, qui ne présente pas de discontinuité pour la valeur seuil, est définie comme suit [185]:

$$f_{\theta_0}(\theta) = \left\{ \begin{array}{ll} 1 & \text{si} \ \ \theta \geq \theta_0 \\ r(\theta)^n & \text{sinon} \end{array} \right. \tag{4.173}$$

où θ_0 est la valeur seuil choisie et r la fonction:

$$r(\theta) = \frac{\tan^2(\theta/2)}{\tan^2(\theta_0/2)} \tag{4.174}$$

où l'exposant n est positif. En pratique, il est pris égal à 2. Tenant compte du fait que l'on peut exprimer l'angle θ en fonction des modules du vecteur vorticité $\boldsymbol{\omega}$, du vecteur vorticité moyen $\tilde{\boldsymbol{\omega}}$ et du module ω' du vecteur vorticité fluctuant défini comme $\boldsymbol{\omega}' = \boldsymbol{\omega} - \tilde{\boldsymbol{\omega}}$, par la relation:

$$\omega'^2 = \tilde{\omega}^2 + \omega^2 - 2\tilde{\omega}\omega \cos\theta$$

et de la relation trigonométrique :

$$\tan^2(\theta/2) = \frac{1 - \cos\theta}{1 + \cos\theta}$$

la quantité $\tan^2(\theta/2)$ est estimée au moyen de la relation :

$$\tan^2(\theta/2) = \frac{2\tilde{\omega}\omega - \tilde{\omega}^2 - \omega^2 + \omega'^2}{2\tilde{\omega}\omega + \tilde{\omega}^2 + \omega^2 - \omega'^2} \tag{4.175}$$

La fonction de sélection est employée comme un facteur multiplicatif de la viscosité sous-maille, conduisant à la définition de modèles dits *sélectifs*:

$$\nu_{\text{sm}} = \nu_{\text{sm}}(\mathbf{x}, t) f_{\theta_0}(\theta(\mathbf{x})) \tag{4.176}$$

où ν_{sm} est calculé par un modèle de viscosité sous-maille quelconque. Il faut noter que, pour conserver la même valeur moyenne de la viscosité sous-maille sur l'ensemble du domaine fluide, la constante qui apparaît dans le modèle sous-maille doit être multipliée par un facteur 1,65. Ce facteur est évalué à partir de réalisations de turbulence homogène isotrope.

Technique d'accentuation - Modèles filtrés.

Technique d'accentuation. Comme la simulation des grandes échelles est basée sur une sélection en fréquence, l'amélioration des modèles sous-maille dans l'espace physique passe par un meilleur diagnostic concernant le répartition spectrale de l'énergie de la solution caculée. Plus précisément, il s'agit ici de mieux déterminer si la solution exacte est entièrement résolue, auquel cas le modèle sous-maille doit être réduit à zéro, ou si il existe des échelles sous-maille qu'il faut prendre en compte par l'intermédiaire d'un modèle. Les modèles exprimés dans l'espace physique, lorsqu'ils ne font pas appel à des variables supplémentaires, souffrent d'une imprécision due au principe d'incertitude de Gabor-Heisenberg, déjà évoqué plus haut, car la contribution des basses fréquences ne permet pas de déterminer avec précision l'énergie à la coupure. Rappelons que si cette énergie est nulle, la solution exacte est complètement représentée et que, dans le cas contraire, il existe des modes sous-maille. Afin de permettre une meilleure détection de l'existence des modes sous-maille, Ducros [58, 59] propose une technique dite *technique d'accentuation*, qui consiste à appliquer les modèles sous-maille à un champ de vitesse modifié, obtenu par l'application d'un filtre passe-haut en fréquence au champ de vitesse résolu. Ce filtre, noté HP^n, est défini récursivement comme:

$$HP^1(\overline{\mathbf{u}}) \simeq \overline{\Delta}^2 \nabla^2 \overline{\mathbf{u}} \qquad (4.177)$$

$$HP^n(\overline{\mathbf{u}}) = HP(HP^{n-1}(\overline{\mathbf{u}})) \qquad (4.178)$$

On remarque que, dans le cas discret, l'application de ce filtre se traduit par une perte de localité dans l'espace physique, ce qui est conforme au principe d'incertitude de Gabor-Heisenberg. On note $E_{HP^n}(k)$ le spectre d'énergie du champ ainsi obtenu. Celui-ci est relié au spectre initial $\overline{E}(k)$ des échelles résolues par la relation:

$$\overline{E}_{HP^n}(k) = T_{HP^n}(k)\overline{E}(k) \qquad (4.179)$$

où $T_{HP^n}(k)$ est une fonction de transfert, évaluée par Ducros sous la forme

$$T_{HP^n}(k) = b^n \left(\frac{k}{k_c}\right)^{\gamma n} \qquad (4.180)$$

où b et γ sont des constantes positives, qui dépendent du filtre discret utilisé lors de la simulation numérique[17]. La forme du spectre obtenu en appliquant la fonction de transfert à un spectre de Kolmogorov est représentée sur la figure 4.17, pour plusieurs valeurs du paramètre n. Ce type de filtre modifie le spectre de la solution initiale en privilégiant la contribution des plus hautes fréquences.

---

[17] Pour un filtre de type Laplacien discrétisé par un schéma aux différences finies du second ordre itéré trois fois ($n = 3$), Ducros trouve $b^3 = 64000$ et $3\gamma = 9, 16$.

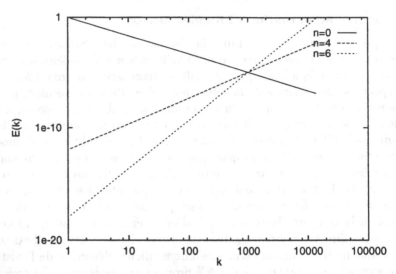

Fig. 4.17. Spectre d'énergie de la solution accentuée pour différentes valeurs du paramètre n ($b = \gamma = 1, k_c = 1000$).

Le champ ainsi obtenu représente donc principalement les hautes fréquences du champ initial et sert au calcul du modèle sous-maille. Pour rester consistants, ceux-ci doivent être modifiés. De tels modèles sont appelés modèles *filtrés*. Le cas du modèle de fonction structure d'ordre 2 filtré est donné en exemple.

Modèle de fonction de structure filtré. On définit la fonction de structure d'ordre 2 du champ filtré comme:

$$\overline{F}_2^{\mathrm{HP}^n}(\mathbf{x}, r, t) = \int_{|\mathbf{x}'|=r} \left[\mathrm{HP}^n(\overline{u})(\mathbf{x}, t) - \mathrm{HP}^n(\overline{u})(\mathbf{x} + \mathbf{x}', t)\right]^2 d^3\mathbf{x}' \qquad (4.181)$$

dont la moyenne d'ensemble sur tout le domaine fluide, notée $\langle \overline{F}_2^{\mathrm{HP}^n}\rangle(r, t)$, est reliée au spectre d'énergie cinétique par la relation:

$$\langle \overline{F}_2^{\mathrm{HP}^n}\rangle(r, t) = 4\int_0^{k_c} \overline{E}_{\mathrm{HP}^n}(k)\left(1 - \frac{\sin(k\overline{\Delta})}{k\overline{\Delta}}\right) dk \qquad (4.182)$$

D'après le théorème de la moyenne, il existe un nombre d'onde $k_* \in [0, k_c]$, tel que:

$$\overline{E}_{\mathrm{HP}^n}(k_*) = \frac{\langle \overline{F}_2^{\mathrm{HP}^n}\rangle(r, t)}{4(\pi/k_c)\displaystyle\int_0^\pi (1 - \sin(\xi)/\xi)\, d\xi} \qquad (4.183)$$

L'emploi d'un spectre de Kolmogorov permet d'écrire l'égalité:

$$\frac{\overline{E}(k_{\mathrm{c}})}{k_{\mathrm{c}}^{-5/3}} = \frac{\overline{E}_{\mathrm{HP}^n}(k_*)}{k_*} \tag{4.184}$$

En tenant compte de cette dernière relation, de (4.179) et de (4.180), les modèles de viscosité sous-maille basés sur l'énergie à la coupure s'écrivent:

$$\langle \nu_{\mathrm{sm}} \rangle = \frac{2}{3} \frac{K_0^{-3/2}}{k_{\mathrm{c}}^{1/2}} \sqrt{\left(\frac{k_*}{k_{\mathrm{c}}}\right)^{5/3-\gamma n} \frac{1}{b^n} \overline{E}_{\mathrm{HP}^n}(k_*)} \tag{4.185}$$

avec

$$\left(\frac{k_*}{k_{\mathrm{c}}}\right)^{-5/3+\gamma n} = \frac{1}{\pi^{-5/3+\gamma n}} \frac{\displaystyle\int_0^{\pi} \xi^{-5/3+\gamma n} \left(1 - \sin(\xi)/\xi\right) d\xi}{\displaystyle\int_0^{\pi} \left(1 - \sin(\xi)/\xi\right) d\xi} \tag{4.186}$$

En localisant ces relations dans l'espace physique, on déduit le modèle de fonction structure filtré:

$$
\begin{aligned}
\nu_{\mathrm{sm}}(\mathbf{x}, \overline{\Delta}, t) &= \frac{2}{3} \frac{K_0^{-3/2}}{\pi^{4/3}} \frac{\overline{\Delta}}{2} \left(\frac{\pi^{\gamma n}}{b^n}\right)^{1/2} \frac{\left(\overline{F}_2^{\mathrm{HP}^n}(\mathbf{x}, \overline{\Delta}, t)\right)^{1/2}}{\left(\displaystyle\int_0^{\pi} \xi^{-5/3+\gamma n} \left(1 - \sin(\xi)/\xi\right) d\xi\right)^{1/2}} \\[2mm]
&= C^{(n)} \overline{\Delta} \sqrt{\overline{F}_2^{\mathrm{HP}^n}(\mathbf{x}, \overline{\Delta}, t)}
\end{aligned}
\tag{4.187}
$$

Les valeurs de la constante $C^{(n)}$ sont données dans le tableau ci-dessous:

Tableau 4.1. Valeur de la constante du modèle de fonction structure filtré pour différentes itérations du filtre passe-haut.

n	0	1	2	3	4
$C^{(n)}$	0,0637	0,020	0,0043	0,000841	$1,57.10^{-4}$

En pratique, Ducros préconise d'utiliser $n = 3$.

Fonctions d'amortissement pour la zone de proche paroi. La présence d'une paroi solide modifie la dynamique de la turbulence de plusieurs façons, qui sont discutées dans le chapitre 9. Seul le fait que la présence de la paroi inhibe la croissance des petites échelles est retenu ici. Ce phénomène implique que la longueur de mélange caractéristique des modes sous-maille Δ_{f} doit être réduite dans la zone de proche paroi, ce qui correspond à une diminution de l'intensité de la viscosité sous-maille. Pour représenter correctement la dynamique dans la zone de proche paroi, il est important de garantir que les modèles sous-maille vérifient les bons comportements dans cette zone. Dans le cas d'une couche limite canonique (voir le chapitre 9), il est possible de déterminer analytiquement les lois de décroissance statistique des composantes de vitesse et des tensions sous-maille. Soit u la composante de vitesse principale (associée à la direction x), v la composante transverse (associée à la direction y) et w la composante de vitesse normale à la paroi (associée à la direction z). Une analyse asymptotique donne les lois de décroissance suivantes:

$$\langle u \rangle \propto z, \ \langle v \rangle \propto z, \ \langle w \rangle \propto z^2 \tag{4.188}$$

$$\begin{aligned} \langle \tau_{11} \rangle \propto z^2 \quad \langle \tau_{22} \rangle \propto z^2 \quad \langle \tau_{33} \rangle \propto z^4 \\ \langle \tau_{13} \rangle \propto z^3 \quad \langle \tau_{12} \rangle \propto z^2 \quad \langle \tau_{23} \rangle \propto z^3 \end{aligned} \tag{4.189}$$

L'expérience montre que la reproduction du comportement de la composante τ_{12} est importante pour assurer la qualité des résultats de la simulation. Pour un modèle de viscosité sous-maille, on déduit des relations (4.188) et (4.189) la loi suivante:

$$\langle \nu_{\mathrm{sm}} \rangle \propto z^3 \tag{4.190}$$

On vérifie que les modèles basés sur les seules grandes échelles ne vérifient pas ce comportement et doivent en conséquence être modifiés. Ceci est réalisé par l'introduction de fonctions d'amortissement. Ainsi, la relation classique:

$$\Delta_{\mathrm{f}} = C \overline{\Delta} \tag{4.191}$$

est remplacée par:

$$\Delta_{\mathrm{f}} = C \overline{\Delta} f_w(z) \tag{4.192}$$

où $f_w(z)$ est la fonction d'amortissement et z la distance à la paroi. A partir des résultats de van Driest, on définit:

$$f_w(z) = 1 - \exp(-z u_\tau / 25\nu) \tag{4.193}$$

où la vitesse de frottement u_τ est définie dans la section 9.2.1. Piomelli *et al.* [170] proposent la forme alternative:

$$f_w(z) = \left(1 - \exp\left(-(z u_\tau / 25\nu)^3\right)\right)^{1/2} \tag{4.194}$$

Cette dernière forme permet d'obtenir un comportement asymptotique correct de la viscosité sous-maille, c'est-à-dire une décroissance en z^{+3} dans la région de proche paroi, au contraire de la fonction de van Driest. L'expérience montre que l'utilisation d'une procédure dynamique, d'un modèle filtré, d'un modèle sélectif ou du modèle de Yoshizawa permet de ne pas avoir recours à ces fonctions.

4.3.4 Diffusion implicite

Les approches de la simulation des grandes échelles par l'utilisation d'une viscosité numérique sans modélisation explicite sont toutes basées implicitement sur l'hypothèse:

Hypothèse 4.6. *L'action des échelles sous-maille sur les échelles résolues se résume à une action strictement dissipative.*

Les simulations appartenant à cette catégorie mettent en jeu des termes dissipatifs introduits soit par l'emploi de schémas décentrés pour le terme de convection ou de dissipations artificielles explicites, soit par l'utilisation de filtres implicites [205] ou explicites [60] passe-bas en fréquence. La voie la plus utilisée est sans doute celle du décentrement du terme convectif. Le terme diffusif introduit varie alors tant dans son degré que dans son ordre selon le schéma utilisé (QUICK [117], PPM [42], TVD [44], FCT [19] ...) et la dissipation induite peut dans certains cas être très proche[18] de celle introduite par un modèle physique [81]. Notons que la plupart des schémas introduisent des dissipations du deuxième et/ou du quatrième ordre et sont en cela très proches des modèles sous-maille. Ce point est discuté plus précisément dans le chapitre 7. Cette approche est très employée dans des cas où les autres voies de modélisation sont rendues difficiles par une des deux raisons suivantes:

- Les mécanismes dynamiques échappent à la modélisation physique parce qu'ils sont inconnus ou trop complexes pour pouvoir être modélisés rigoureusement de manière explicite, ce qui est le cas par exemple lorsque des mécanismes thermodynamiques complexes interagissent fortement avec les mécanismes hydrodynamiques (comme par exemple les cas de la combustion [37] et de l'interaction choc/turbulence [115]) ;
- La modélisation explicite ne permet pas de garantir *a priori* certaines contraintes de réalisabilité portant sur les quantités étudiées (comme la température ou les concentrations molaires de polluants [133]).

Dans les cas appartenant à l'une de ces deux classes, l'erreur commise en utilisant une viscosité implicite peut, *a priori*, ne pas avoir de conséquence plus néfaste quant à la qualité du résultat obtenu que celle qui serait introduite par l'utilisation d'un modèle explicite basé sur des considérations physiques inadéquates. Cette approche est essentiellement utilisée pour le traitement de configurations très complexes ou présentant des difficultés numériques, car elle permet l'emploi de méthodes numériques robustes. Toutefois, des simulations à haute résolution d'écoulements académiques commencent à voir le jour [216, 171].

---

[18] Au sens où ces dissipations sont localisées aux mêmes endroits et sont du même ordre de grandeur.

4.4 Modélisation du processus de cascade d'énergie inverse

4.4.1 Remarques préalables

Les modèles précédents ne rendent compte que du processus de cascade d'énergie, c'est-à-dire de l'effet dominant en moyenne des échelles sous-maille. Le second mécanisme de transfert d'énergie, la cascade inverse d'énergie, est beaucoup moins souvent pris en compte lors des simulations. On peut évoquer deux raisons pour cela: tout d'abord, l'intensité de cette remontée est très faible comparativement à la cascade d'énergie vers les petites échelles (du moins en moyenne dans le cas homogène isotrope) et son rôle dans la dynamique de l'écoulement est encore très mal connu et ensuite sa modélisation passe par l'ajout d'un terme source d'énergie aux équations traitées, ce qui est potentiellement générateur de problèmes numériques.

Deux méthodes sont employées pour modéliser la cascade inverse d'énergie:

– L'*ajout d'un terme de forçage* stochastique construit à partir de variables aléatoires et de l'information contenue dans le champ résolu. Cette approche permet de prendre en compte un caractère aléatoire des échelles sous-maille et chaque simulation peut être considérée comme une réalisation particulière. Cette approche ne permet pas toutefois de représenter les corrélations spatio-temporelles caractéristiques des échelles qui sont à l'origine de la cascade inverse, ce qui limite sa représentativité physique.

– La *modification de la viscosité associée au mécanisme de cascade d'énergie* définie dans la section précédente, de manière à prendre en compte l'injection d'énergie aux grandes échelles. La cascade inverse est alors représentée par une viscosité négative, qui est additionnée à celle du modèle de cascade. Cette approche, statistique et déterministe, est également sujette à caution, car elle n'est pas basée sur une description physique du phénomène de cascade inverse et ne possède pas en particulier la répartition spectrale en k^4 prédite par les théories analytiques comme l'EDQNM. Son intérêt réside principalement dans le fait qu'elle permet de réduire la dissipation totale de la simulation, qui est généralement trop forte. Certaines procédures dynamiques de calcul automatique des constantes peuvent mener à des valeurs négatives de celles-ci, induisant une injection d'énergie dans le champ résolu. Cette propriété est parfois interprétée comme une capacité de la procédure dynamique à rendre compte du processus de cascade inverse. Cette approche peut donc être également classée dans la catégorie des modèles déterministes statistiques de cascade inverse.

La représentation de la cascade inverse par le biais d'une viscosité négative est controversée, car les analyses théoriques, par exemple au moyen du modèle EDQNM, distinguent très nettement les termes de cascade et de cascade inverse, tant par leur intensité que par leur forme mathématique [123, 122]. Cette représentation est donc à rapprocher des autres descriptions déterministes statistiques de la cascade inverse, qui ne prennent en compte qu'un effet moyen de diminution de la viscosité effective, comme par exemple le modèle spectral de viscosité effective Chollet-Lesieur.

Les principaux modèles pour la cascade inverse appartenant à ces deux catégories sont décrits dans ce qui suit.

4.4.2 Modèles statistiques déterministes

On décrit dans cette section les modèles déterministes pour la cascade inverse. Ces modèles, qui reposent sur une modification de la viscosité sous-maille associée au processus de cascade directe, sont:

1. Le modèle spectral basé sur les théories de la turbulence proposé par Chasnov (p.113): une viscosité sous-maille négative est calculée directement à partir de la théorie EDQNM. Aucune hypothèse n'est faite quant à la forme du spectre des échelles résolues, ce qui assure de pouvoir prendre en compte les mécanismes de déséquilibre spectral au niveau de celles-ci, mais la forme du spectre des échelles sous-maille est fixée arbitrairement. D'autre part, le filtre est supposé être un filtre porte.

2. Le modèle dynamique avec une équation portant sur l'énergie cinétique sous-maille (p.114), de manière à garantir la positivité de cette dernière. Ceci assure que le processus de cascade inverse est représenté de manière physique, en ce sens qu'une quantité limitée d'énergie peut être restituée aux échelles résolues par les modes sous-maille. Toutefois, cette approche ne permet de représenter correctement la répartition spectrale de la cascade inverse: seule la quantité d'énergie restituée est contrôlée.

Modèle spectral de Chasnov. Au modèle de cascade déjà décrit (voir section 4.3.1), Chasnov [31] additionne un modèle pour la cascade inverse, également basé sur une analyse EDQNM. Le processus de cascade inverse est représenté de manière déterministe par un terme de viscosité effective négatif $\nu_e^-(k|k_c)$, qui est de la forme:

$$\nu_e^-(k|k_c, t) = -\frac{F^-(k|k_c, t)}{2k^2 E(k, t)} \qquad (4.195)$$

Le terme de forçage stochastique est calculé comme:

$$F^-(k|k_c, t) = \int_{k_c}^{\infty} dp \int_{p-k}^{p} dq \Theta_{kpq} \frac{k^3}{pq}(1 - 2x^2 z^2 - xyz)E(q, t)E(p, t) \quad (4.196)$$

où x, y et z sont des facteurs géométiques associés à la triade $(\mathbf{k}, \mathbf{p}, \mathbf{q})$ et Θ_{kpq} un temps de relaxation décrits dans l'annexe B. Comme lors du calcul du terme de drainage (voir le modèle de viscosité effective de Chasnov dans la section (4.3.1), on considère qu'au delà de la coupure k_c, le spectre prend la forme de Kolmogorov. Pour simplifier les calculs, la formule (4.196) n'est utilisée que pour les nombres d'onde $k_c \leq p \leq 3k_c$. Pour les autres nombres d'onde, on emploie la forme asymptotique:

$$F^-(k|k_c, t) = \frac{14}{15} k^4 \int_{k_c}^{\infty} dp \Theta_{kpp}(t) \frac{E^2(p, t)}{p^2} \tag{4.197}$$

Cette expression complète le modèle sous-maille spectral de Chasnov, qui, bien qu'assez proche des modèles de viscosité effective de type Kraichnan, permet de prendre en compte des effets de cascade inverse dominante pour les très petits nombres d'onde.

Modèle dynamique localisé avec équation de l'énergie. La procédure dynamique Germano-Lilly et la procédure dynamique localisée conduisent à la définition de modèles sous-maille qui posent des problèmes de stabilité numérique, car la constante du modèle peut prendre des valeurs négatives sur des intervalles de temps longs, menant à une croissance exponentielle des perturbations.

Cette trop grande persistance de la négativité de la constante dynamique correspond à une remontée d'énergie cinétique vers les grandes échelles trop importante [29]. Ce phénomène peut être interprété comme une violation de la contrainte de réalisabilité du spectre: la surestimation de la cascade inverse conduit, implicitement, à la définition d'une énergie cinétique des échelles sous-maille négative. Une idée simple, pour limiter la cascade inverse, consiste à garantir la réalisabilité[19] du spectre: les échelles sous-maille ne peuvent alors pas restituer plus d'énergie qu'elles n'en contiennent. Pour vérifier cette contrainte, il est nécessaire de posséder une information locale sur l'énergie cinétique sous-maille, ce qui conduit naturellement à définir celle-ci comme une variable supplémentaire de la simulation.

Un modèle dynamique localisé incluant une équation de l'énergie est proposée par Ghosal *et al.* [77]. Des modèles similaires ont été proposés indépendamment par Ronchi *et al.* [179, 144] et Wong [219]. Le modèle sous-maille utilisé est basé sur l'énergie cinétique des modes sous-maille. En utilisant les mêmes notations que celles de la section (4.3.3), il vient:

$$\alpha_{ij} = -2\overline{\overline{\Delta}}\sqrt{Q_{\mathrm{sm}}^2}\,\widetilde{\overline{S}}_{ij} \tag{4.198}$$

$$\beta_{ij} = -2\overline{\Delta}\sqrt{q_{\mathrm{sm}}^2}\,\overline{S}_{ij} \tag{4.199}$$

où les énergies Q_{sm}^2 et q_{sm}^2 sont définies comme:

$$Q_{\mathrm{sm}}^2 = \frac{1}{2}\left(\widetilde{\overline{u_i u_i}} - \widetilde{\overline{u}}_i \widetilde{\overline{u}}_i\right) = \frac{1}{2}T_{ii} \tag{4.200}$$

$$q_{\mathrm{sm}}^2 = \frac{1}{2}\left(\overline{u_i u_i} - \overline{u}_i \overline{u}_i\right) = \frac{1}{2}\tau_{ii} \tag{4.201}$$

---

[19] Le spectre $E(k)$ est dit réalisable si $E(k) \geq 0$, $\forall k$.

La relation de Germano (4.125) s'écrit:

$$Q_{\text{sm}}^2 = \widetilde{q_{\text{sm}}^2} + \frac{1}{2}L_{ii} \qquad (4.202)$$

Le modèle est complété en calculant q_{sm}^2 au moyen d'une équation d'évolution supplémentaire. On emploie l'équation déjà utilisée entre autres par Schumann, Horiuti et Yoshizawa (voir section (4.3.2)):

$$\frac{\partial q_{\text{sm}}^2}{\partial t} + \frac{\partial \overline{u}_j q_{\text{sm}}^2}{\partial x_j} = -\tau_{ij}\overline{S}_{ij} - C_1\frac{(q_{\text{sm}}^2)^{3/2}}{\overline{\Delta}}$$
$$+ C_2\frac{\partial}{\partial x_j}\left(\overline{\Delta}\sqrt{q_{\text{sm}}^2}\frac{\partial q_{\text{sm}}^2}{\partial x_j}\right) + \nu\frac{\partial^2 q_{\text{sm}}^2}{\partial x_j\partial x_j} \qquad (4.203)$$

où les constantes C_1 et C_2 sont calculées par une procédure dynamique localisée contrainte décrite plus avant. La constante dynamique C_{d} est calculée par une procédure dynamique localisée.

Ce modèle garantit la positivité de l'énergie cinétique q_{sm}^2, c'est-à-dire la réalisabilité du spectre des échelles sous-maille. Cette propriété assure que la constante dynamique ne pourra pas rester négative trop longtemps et déstabiliser la simulation. Toutefois, une analyse plus fine montre que les conditions de réalisabilité portant sur le tenseur sous-maille τ (voir section 3.3.5) ne sont vérifiées qu'à la condition:

$$-\frac{\sqrt{q_{\text{sm}}^2}}{3\overline{\Delta}|s_\gamma|} \leq C_{\text{d}} \leq \frac{\sqrt{q_{\text{sm}}^2}}{3\overline{\Delta}s_\alpha} \qquad (4.204)$$

où s_α et s_γ sont respectivement la plus grande et la plus petite valeur propre du tenseur des taux de déformation $\overline{S}$. Le modèle proposé ne garantit donc pas la réalisabilité du tenseur sous-maille.

Les deux constantes C_1 et C_2 sont calculées au moyen d'une extension de la procédure dynamique localisée contrainte. Pour ce faire, on écrit l'équation d'évolution de l'énergie cinétique Q_{sm}^2:

$$\frac{\partial Q_{\text{sm}}^2}{\partial t} + \frac{\partial \widetilde{\overline{u}}_j Q_{\text{sm}}^2}{\partial x_j} = -T_{ij}\widetilde{\overline{S}}_{ij} - C_1\frac{(Q_{\text{sm}}^2)^{3/2}}{\widetilde{\overline{\Delta}}}$$
$$+ C_2\frac{\partial}{\partial x_j}\left(\sqrt{Q_{\text{sm}}^2}\frac{\partial Q_{\text{sm}}^2}{\partial x_j}\right) + \nu\frac{\partial^2 Q_{\text{sm}}^2}{\partial x_j\partial x_j} \qquad (4.205)$$

Une variante de la relation de Germano relie les flux de l'énergie cinétique sous-maille f_j à son analogue au niveau du filtre test F_j:

$$F_j - \widetilde{f}_j = Z_j \equiv \widetilde{\overline{u}}_j(\overline{p} + \widetilde{q_{\text{sm}}^2 + \overline{u}_i\overline{u}_i}/2) - \overline{u}_j(\overline{p} + \widetilde{q_{\text{sm}}^2 + \overline{u}_i\overline{u}_i}/2) \qquad (4.206)$$

où $\overline{p}$ est la pression résolue.

Pour déterminer la constante C_2, on subsitue dans cette relation les flux modélisés

$$f_j = C_2 \overline{\Delta} \sqrt{q_{sm}^2} \frac{\partial q_{sm}^2}{\partial x_j} \qquad (4.207)$$

$$F_j = C_2 \widetilde{\overline{\Delta}} \sqrt{Q_{sm}^2} \frac{\partial Q_{sm}^2}{\partial x_j} \qquad (4.208)$$

ce qui conduit à:

$$Z_j = X_j C_2 - \widehat{Y_j C_2} \qquad (4.209)$$

avec

$$X_j = \widetilde{\overline{\Delta}} \sqrt{Q_{sm}^2} \frac{\partial Q_{sm}^2}{\partial x_j} \qquad (4.210)$$

$$Y_j = \overline{\Delta} \sqrt{q_{sm}^2} \frac{\partial q_{sm}^2}{\partial x_j} \qquad (4.211)$$

En employant la même méthode que celle déjà explicitée pour la procédure dynamique localisée, la consante C_2 est évaluée en minimisant la quantité

$$\int \left(Z_j - X_j C_2 + \widehat{Y_j C_2} \right) \left(Z_j - X_j C_2 + \widehat{Y_j C_2} \right) \qquad (4.212)$$

Par analogie avec les développements précédents, la solution est obtenue sous la forme:

$$C_2(\mathbf{x}) = \left[f_{C_2}(\mathbf{x}) + \int \mathcal{K}_{C_2}(\mathbf{x}, \mathbf{y}) C_2(\mathbf{y}) d^3\mathbf{y} \right]_+ \qquad (4.213)$$

où

$$f_{C_2}(\mathbf{x}) = \frac{1}{X_j(\mathbf{x}) X_j(\mathbf{x})} \left(X_j(\mathbf{x}) Z_j(\mathbf{x}) - Y_j(\mathbf{x}) \int Z_j(\mathbf{y}) G(\mathbf{x} - \mathbf{y}) d^3\mathbf{y} \right) \qquad (4.214)$$

$$\mathcal{K}_{C_2}(\mathbf{x}, \mathbf{y}) = \frac{\mathcal{K}_A^{C_2}(\mathbf{x}, \mathbf{y}) + \mathcal{K}_A^{C_2}(\mathbf{y}, \mathbf{x}) - \mathcal{K}_S^{C_2}(\mathbf{x}, \mathbf{y})}{X_j(\mathbf{x}) X_j(\mathbf{x})} \qquad (4.215)$$

avec

$$\mathcal{K}_A^{C_2}(\mathbf{x}, \mathbf{y}) = X_j(\mathbf{x}) Y_j(\mathbf{y}) G(\mathbf{x} - \mathbf{y}) \qquad (4.216)$$

$$\mathcal{K}_S^{C_2}(\mathbf{x}, \mathbf{y}) = Y_j(\mathbf{x}) Y_j(\mathbf{y}) \int G(\mathbf{z} - \mathbf{x}) G(\mathbf{z} - \mathbf{y}) d^3\mathbf{z} \qquad (4.217)$$

Ceci achève le calcul de la constante C_2. Pour déterminer la constante C_1, on substitue (4.202) dans (4.205) et l'on obtient la relation:

$$\frac{\partial \widetilde{q_{sm}^2}}{\partial t} + \frac{\partial \widetilde{\widetilde{u}_j q_{sm}^2}}{\partial x_j} = -E \frac{\partial F_j}{\partial x_j} + \nu \frac{\partial^2 \widetilde{q_{sm}^2}}{\partial x_j \partial x_j} \tag{4.218}$$

où E est défini comme

$$E = T_{ij}\widetilde{\overline{S}}_{ij} + \frac{C_1(Q_{sm}^2)^{3/2}}{\widetilde{\overline{\Delta}}} - \nu \frac{1}{2} \frac{\partial^2 L_{ii}}{\partial x_j \partial x_j} + \frac{1}{2}\left(\frac{\partial L_{ii}}{\partial t} + \frac{\partial \widetilde{u}_j L_{ii}}{\partial x_j}\right) \tag{4.219}$$

En appliquant le filtre test à la relation (4.203), il vient:

$$\frac{\partial \widetilde{q_{sm}^2}}{\partial t} + \frac{\partial \widetilde{\widetilde{u}_j q_{sm}^2}}{\partial x_j} = -\widetilde{\tau_{ij}\overline{S}_{ij}} - \left(C_1 \frac{\widetilde{(q_{sm}^2)^{3/2}}}{\overline{\Delta}}\right) + \frac{\partial \widetilde{f}_j}{\partial x_j} + \nu \frac{\partial^2 \widetilde{q_{sm}^2}}{\partial x_j \partial x_j} \tag{4.220}$$

En éliminant le terme $\partial \widetilde{q_{sm}^2}/\partial t$ entre les relations (4.218) et (4.220), puis en remplaçant la quantité $F_j - \widetilde{f}_j$ par son expression (4.206) et la quantité T_{ij} par sa valeur fournie par la relation de Germano, il vient:

$$\chi = \phi C_1 - \widetilde{\psi C_1} \tag{4.221}$$

où

$$\chi = \widetilde{\tau_{ij}\overline{S}_{ij}} - \widetilde{\tau}_{ij}\widetilde{\overline{S}}_{ij} - L_{ij}\widetilde{\overline{S}}_{ij} + \frac{\partial \rho_j}{\partial x_j} - \frac{1}{2}D_t L_{ii} + \frac{1}{2}\nu \frac{\partial^2 L_{ii}}{\partial x_j \partial x_j} \tag{4.222}$$

$$\phi = (Q_{sm}^2)^{3/2}/\widetilde{\overline{\Delta}} \tag{4.223}$$

$$\psi = (q_{sm}^2)^{3/2}/\overline{\Delta} \tag{4.224}$$

et

$$\rho_j = \widetilde{\widetilde{u}}_j(\widetilde{\overline{p} + \widetilde{u_i u_i}}/2) - \widetilde{u_j(\overline{p} + \widetilde{u_i u_i}/2)} \tag{4.225}$$

Le symbole D_t désigne la dérivée particulaire $\partial/\partial t + \widetilde{u}_j \partial/\partial x_j$. La constante C_1 est calculée en minimisant la quantité

$$\int \left(\chi - \phi C_1 + \widetilde{\psi C_1}\right)\left(\chi - \phi C_1 + \widetilde{\psi C_1}\right) \tag{4.226}$$

par une procédure dynamique localisée contrainte. Ce qui s'écrit:

$$C_1(\mathbf{x}) = \left[f_{C_1}(\mathbf{x}) + \int \mathcal{K}_{C_1}(\mathbf{x}, \mathbf{y})C_1(\mathbf{y})d^3\mathbf{y}\right]_+ \tag{4.227}$$

où

$$f_{C_1}(\mathbf{x}) = \frac{1}{\phi(\mathbf{x})\phi(\mathbf{x})} \left(\phi(\mathbf{x})\chi(\mathbf{x}) - \psi(\mathbf{x}) \int \chi(\mathbf{y})G(\mathbf{x}-\mathbf{y})d^3\mathbf{y} \right) \qquad (4.228)$$

$$\mathcal{K}_{C_1}(\mathbf{x},\mathbf{y}) = \frac{\mathcal{K}_{\mathcal{A}}^{C_1}(\mathbf{x},\mathbf{y}) + \mathcal{K}_{\mathcal{A}}^{C_1}(\mathbf{y},\mathbf{x}) - \mathcal{K}_{\mathcal{S}}^{C_1}(\mathbf{x},\mathbf{y})}{\phi(\mathbf{x})\phi(\mathbf{x})} \qquad (4.229)$$

avec

$$\mathcal{K}_{\mathcal{A}}^{C_1}(\mathbf{x},\mathbf{y}) = \phi(\mathbf{x})\psi(\mathbf{y})G(\mathbf{x}-\mathbf{y}) \qquad (4.230)$$

$$\mathcal{K}_{\mathcal{S}}^{C_1}(\mathbf{x},\mathbf{y}) = \psi(\mathbf{x})\psi(\mathbf{y}) \int G(\mathbf{z}-\mathbf{x})G(\mathbf{z}-\mathbf{y})d^3\mathbf{z} \qquad (4.231)$$

Ce qui achève le calcul de la constante C_1.

4.4.3 Modèles stochastiques

Les modèles appartenant à cette catégorie sont basés sur l'introduction d'un terme de forçage aléatoire dans les équations de quantité de mouvement. Il est à noter que ce caractère aléatoire ne rend pas compte des échelles de corrélations spatio-temporelles des fluctuations sous-maille, ce qui limite la validité physique de cette approche et peut poser des problème de stabilité numérique. Il permet toutefois d'obtenir des formulations d'un coût algorithmique faible du terme de forçage. Les modèles décrits ici sont:

1. Le modèle de Leith (p.119): le terme de forçage est représenté par un vecteur d'accélération dérivant d'un potentiel vecteur, dont l'amplitude est évaluée par des arguments dimensionnels simples. La cascade inverse est ici complètement découplée de la cascade directe: il n'existe aucun contrôle sur la réalisabilité des échelles sous-maille.

2. Le modèle Mason-Thomson (p.120), qui peut être considéré comme une amélioration du précédent. Les évaluations de l'amplitude du potentiel vecteur et de la viscosité sous-maille qui modélise la cascade directe sont réalisées de manière couplée, de manière à garantir que l'hypothèse d'équilibre local est vérifiée. Ceci permet d'assurer que l'énergie cinétique sous-maille reste positive.

3. Le modèle de Schumann (p.121), qui propose de représenter la cascade inverse non pas comme une force dérivant d'un potentiel vecteur, mais comme la divergence d'un tenseur construit à partir d'un champ de vitesse aléatoire solénoïdal, dont l'énergie cinétique est égale à l'énergie cinétique sous-maille.

4. Le modèle dynamique stochastique (p.122), qui permet un calcul dynamique simultané de la viscosité sous-maille et d'un terme de forçage aléatoire. Ce couplage permet de garantir la réalisabilité des échelles sous-maille, mais au prix d'un accroissement notable de la complexité algorithmique du modèle.

Modèle de Leith. Un modèle stochastique de cascade inverse, exprimé dans l'espace physique, a été dérivé par Leith en 1990 [114]. Ce modèle prend la forme d'un terme de forçage aléatoire qui est ajouté aux équations de quantité de mouvement. Ce terme est calculé, en chaque point et à chaque pas de temps, en introduisant un potentiel vecteur ϕ^b pour l'accélération sous la forme d'un bruit isotrope blanc en espace et en temps. De ce potentiel vecteur est déduit le terme de forçage aléatoire à divergence nulle $\mathbf{f}^b$.

On fait tout d'abord l'hypothèse que les échelles d'auto-corrélation en espace et en temps des modes sous-maille sont petites devant les longueurs de coupure en espace $\overline{\Delta}$ et en temps Δt associées au filtre[20]. Ainsi, les modes sous-maille apparaissent comme décorrélés en espace et en temps. La corrélation en deux points et en deux temps du potentiel vecteur ϕ^b s'écrit alors:

$$\langle \phi_i^b(\mathbf{x},t)\phi_k^b(\mathbf{x}',t')\rangle = \sigma(\mathbf{x},t)\delta(\mathbf{x}-\mathbf{x}')\delta(t-t')\delta_{ik} \qquad (4.232)$$

où σ est la variance. Elle est calculée comme:

$$\sigma(\mathbf{x},t) = \frac{1}{3}\int dt' \int d^3\mathbf{x}'\langle \phi_k^b(\mathbf{x},t)\phi_k^b(\mathbf{x}',t')\rangle \qquad (4.233)$$

Un raisonnement dimensionnel simple montre que:

$$\sigma(\mathbf{x},t) \approx |\overline{S}|^3\overline{\Delta}^7 \qquad (4.234)$$

D'autre part, comme le potentiel vecteur apparaît comme un bruit blanc en espace et en temps au niveau de résolution fixé, l'intégrale (4.233) s'écrit:

$$\sigma(\mathbf{x},t) = \frac{1}{3}\langle \phi_k^b(\mathbf{x},t)\phi_k^b(\mathbf{x},t)\rangle\overline{\Delta}^3\Delta t \qquad (4.235)$$

En tenant compte des relations (4.234) et (4.235), il vient:

$$\langle \phi_k^b(\mathbf{x},t)\phi_k^b(\mathbf{x},t)\rangle \approx |\overline{S}|^3\overline{\Delta}^4\frac{1}{\Delta t} \qquad (4.236)$$

La forme proposée pour la k-ième composante du potentiel vecteur est:

$$\phi_k^b = C_b|\overline{S}|^{3/2}\overline{\Delta}^2\Delta t^{-1/2}g \qquad (4.237)$$

où C_b est une constante de l'ordre de l'unité, Δt la longueur de coupure temporelle de la simulation (i.e. le pas de temps) et g une variable aléatoire gaussienne de moyenne nulle et de variance égale à 1. Le vecteur $\mathbf{f}^b$ est ensuite calculé en prenant le rotationnel du potentiel vecteur, ce qui garantit qu'il est solénoïdal.

En pratique, Leith fixe la valeur de la constante C_b à 0,4 et applique un filtre spatial d'une longueur de coupure égale à $2\overline{\Delta}$, de manière à assurer une meilleure stabilité de l'algorithme.

---

[20] On retrouve ici une hypothèse de séparation d'échelles totale, qui n'est pas vérifiée en réalité.

Modèle Mason-Thomson. Un modèle similaire est proposé par Mason et Thomson [139]. La différence avec le modèle de Leith réside dans la mise à l'échelle du potentiel vecteur. En nommant respectivement Δ_f et $\overline{\Delta}$ les longueurs caractéristiques des échelles sous-maille et du filtre spatial, la variance des contraintes résolues dues aux fluctuations sous-maille est, si $\Delta_f \ll \overline{\Delta}$, de l'ordre de $(\Delta_f/\overline{\Delta})^3 u_e^4$, où u_e est la vitesse caractéristique sous-maille. L'amplitude a des fluctuations des gradients de ces contraintes est:

$$a \approx \frac{\Delta_f^{3/2}}{\overline{\Delta}^{5/2}} u_e^2 \qquad (4.238)$$

qui est également l'amplitude de l'accélération associée. Le taux de variation de l'énergie cinétique des échelles résolues q_r^2 associé est estimé comme:

$$\frac{\partial q_r^2}{\partial t} \approx a^2 t_e \approx \frac{\Delta_f^3}{\overline{\Delta}^5} u_e^4 t_e \qquad (4.239)$$

où t_e est le temps caractéristique des échelles sous-maille. Comme $t_e \approx \Delta_f/u_e$ et le taux de dissipation est évalué par des arguments dimensionnels comme $\varepsilon \approx u_e^3/\Delta_f$, ce qui permet d'écrire:

$$\frac{\partial q_r^2}{\partial t} = C_b \frac{\Delta_f^5}{\overline{\Delta}^5} \varepsilon \qquad (4.240)$$

Le rapport $\Delta_f/\overline{\Delta}$ est évalué comme le rapport de la longueur de mélange des échelles sous-maille sur la longueur de coupure du filtre et est donc égal à la constante des modèles de viscosité sous-maille discutés dans la section 4.3.2. Les développements précédents ont montré que cette constante n'est pas déterminée de façon univoque, mais qu'elle est proche de 0,2. La constante C_b est évaluée à 1,4 par une analyse EDQNM.

Le taux de dissipation qui apparaît dans l'équation (4.240) est évalué en tenant compte de la cascade inverse. L'hypothèse d'équilibre local des échelles sous-maille se traduit par:

$$-\tau_{ij}\overline{S}_{ij} = \varepsilon + C_b \frac{\Delta_f^5}{\overline{\Delta}^5} \varepsilon \qquad (4.241)$$

où τ_{ij} est le tenseur sous-maille. Le terme de gauche représente la production d'énergie cinétique sous-maille, le premier terme du second membre la dissipation et le dernier terme la perte d'énergie au profit des échelles résolues par cascade inverse. Le taux de dissipation est évalué au moyen de cette dernière relation:

$$\varepsilon = \frac{-\tau_{ij}\overline{S}_{ij}}{1 + (\Delta_f/\overline{\Delta})^5} \qquad (4.242)$$

ce qui complète le calcul du second membre de l'équation (4.240), le tenseur τ_{ij} étant évalué au moyen d'un modèle de viscosité sous-maille. Cette équation peut être récrite comme:

$$\frac{\partial q_r^2}{\partial t} = \sigma_a^2 \Delta t \qquad (4.243)$$

où σ_a^2 est la somme des variances des amplitudes des composantes de l'accélération. L'égalité des deux relations (4.240) et (4.243) permet d'écrire:

$$\sigma_a^2 = C_b \frac{\Delta_f^5}{\overline{\Delta}^5} \frac{\varepsilon}{\Delta t} \qquad (4.244)$$

Le facteur d'échelle a du potentiel vecteur et σ_a^2 sont liés par la relation:

$$a = \sqrt{\sigma_a^2 \frac{\Delta t}{t_e}} \qquad (4.245)$$

Pour compléter le modèle, il faut maintenant évaluer le rapport du temps caractéristique des échelles sous-maille et de l'échelle de résolution temporelle. Ceci est fait simplement en évaluant le temps caractéristique t_e à partir de la viscosité sous-maille ν_{sm} calculée par le modèle employé pour rendre compte de la cascade d'énergie:

$$t_e = \frac{\Delta_f^2}{\nu_{sm}} \qquad (4.246)$$

ce qui achève la description du modèle, le reste de la procédure étant identique à celle définie par Leith.

Modèle de Schumann. Schumann propose un modèle stochastique pour les fluctuations du tenseur sous-maille qui sont à l'origine de la cascade inverse d'énergie cinétique [190]. Le tenseur sous-maille τ est représenté comme la somme d'un modèle de viscosité turbulente et d'une partie stochastique R^{st}:

$$\tau_{ij} = \nu_{sm} \overline{S}_{ij} + \frac{2}{3} q_{sm}^2 \delta_{ij} + R_{ij}^{st} \qquad (4.247)$$

Les contraintes aléatoires R_{ij}^{st} sont à moyenne nulle:

$$\langle R_{ij}^{st} \rangle = 0 \qquad (4.248)$$

Elles sont définies comme:

$$R_{ij}^{st} = \gamma_m \left(v_i v_j - \frac{2}{3} q_{sm}^2 \delta_{ij} \right) \qquad (4.249)$$

où γ_m est un paramètre et v_i une vitesse aléatoire. Des arguments dimensionnels permettent de définir cette dernière comme:

$$v_i = \sqrt{\frac{2 q_{sm}^2}{3}} g_i \qquad (4.250)$$

où g_i est un nombre aléatoire blanc en espace et possédant un temps de caractéristique de corrélation τ_v:

$$\langle g_i \rangle = 0 \tag{4.251}$$

$$\langle g_i(\mathbf{x}, t) g_j(\mathbf{x}', t') \rangle = \delta_{ij}\delta(\mathbf{x} - \mathbf{x}') \exp(|t - t'|/\tau_v) \tag{4.252}$$

Le champ v_i est rendu solénoïdal par l'application d'une étape de projection. On note que l'échelle de temps τ_v est telle que:

$$\tau_v \sqrt{q_{\mathrm{sm}}^2/\overline{\Delta}} \approx 1 \tag{4.253}$$

Le paramètre γ_m détermine la portion des contraintes aléatoires qui génèrent la cascade inverse. En faisant l'hypothèse que seules les échelles appartenant à l'intervalle $[k_c, nk_c]$ sont actives, il vient, pour un spectre de pente $-m$:

$$\gamma_m^2 = \frac{\displaystyle\int_{k_c}^{nk_c} k^{-2m} dk}{\displaystyle\int_{k_c}^{\infty} k^{-2m} dk} = 1 - n^{1-2m} \tag{4.254}$$

Pour $n = 2$ et $m = 5/3$, il vient $\gamma_m = 0,90$. L'énergie cinétique sous-maille q_{sm}^2 est évaluée à partir du modèle de viscosité sous-maille.

Modèle dynamique localisé stochastique. Une procédure dynamique localisée incluant un terme de forçage stochastique a été proposée par Carati *et al.* [29]. La contribution des termes sous-maille dans l'équation de quantité de mouvement apparaît comme la somme d'un modèle de viscosité sous-maille, noté $C_d\beta_{ij}$ en utilisant les notations de la section (4.3.3), qui modélise la cascade d'énergie, et d'un terme de forçage noté **f**:

$$\frac{\partial \tau_{ij}}{\partial x_j} = \frac{\partial C_d\beta_{ij}}{\partial x_j} + f_i \tag{4.255}$$

Le terme β_{ij} peut être calculé au moyen de n'importe quel modèle de viscosité sous-maille. La force **f** est choisie sous la forme d'un bruit blanc en temps, à divergence nulle en espace. La corrélation en deux points et en deux temps de ce terme s'écrit donc:

$$\langle f_i(\mathbf{x}, t) f_j(\mathbf{x}', t') \rangle = A^2(\mathbf{x}, t) H_{ij}(\mathbf{x} - \mathbf{x}') \delta(t - t') \tag{4.256}$$

La moyenne statistique est ici une moyenne sur toutes les réalisations de **f** conditionnée par un champ de vitesse $\mathbf{u}(\mathbf{x}, t)$ donné. Le facteur A^2 est tel que $H_{ii}(0) = 1$. Comme un terme stochastique a été introduit dans le modèle sous-maille, le résidu E_{ij}, sur lequel est fondé la procédure dynamique du calcul de la constante C_d, possède également un caractère stochastique. Cette propriété sera donc partagée par la constante calculée dynamiquement, ce qui n'est pas acceptable. Pour retrouver les propriétés originales de la constante dynamique, on opère une moyenne statistique du résidu, notée $\langle E_{ij} \rangle$, qui fait disparaître les termes aléatoires. La constante du modèle de viscosité sous-maille est calculée à partir d'une procédure dynamique localisée basée sur la moyenne statistique du résidu, qui s'écrit:

$$\langle E_{ij} \rangle = L_{ij} + \widetilde{C_d \beta_{ij}} - C_d \alpha_{ij} \tag{4.257}$$

L'amplitude du terme de forçage aléatoire peut également être calculée dynamiquement. Pour faire apparaître une contribution non-nulle en moyenne statistique du terme stochastique, on base cette nouvelle procédure sur le bilan d'énergie cinétique résolue au niveau du filtre test $Q_r^2 = \widetilde{\overline{u}}_i \widetilde{\overline{u}}_i / 2$. L'équation d'évolution de cette quantité est obtenue sous deux formes différentes (seuls les termes pertinents sont détaillés, les autres étant représentés par le symbole ...):

$$\frac{\partial Q_r^2}{\partial t} = ... - \widetilde{\overline{u}}_i \frac{\partial}{\partial x_j} (C_d \alpha_{ij} + P \delta_{ij}) + \mathcal{E}_F \tag{4.258}$$

$$\frac{\partial Q_r^2}{\partial t} = ... - \widetilde{\overline{u}}_i \frac{\partial}{\partial x_j} \left(\widetilde{C_d \beta_{ij}} + L_{ij} + \widetilde{p} \delta_{ij} \right) + \mathcal{E}_{\widetilde{f}} \tag{4.259}$$

Les termes de pression P et p sont respectivement en équilibre avec les champs de vitesse $\widetilde{\overline{u}}$ et $\overline{u}$. Les quantités $\mathcal{E}_F$ et $\mathcal{E}_{\widetilde{f}}$ sont les injections d'énergie par cascade inverse respectivement associées au terme de forçage calculé directement au niveau du filtre test, $\mathbf{F}$, et au terme de forçage calculé au premier niveau puis filtré, $\widetilde{\mathbf{f}}$. La différence entre les équations (4.258) et (4.259) conduit à la relation:

$$Z \equiv \mathcal{E}_F - \mathcal{E}_{\widetilde{f}} - g \neq 0 \tag{4.260}$$

où le terme entièrement connu g a la forme:

$$g = \widetilde{\overline{u}}_i \frac{\partial}{\partial x_j} \left(C_d \alpha_{ij} + P \delta_{ij} - \widetilde{C_d \beta_{ij}} - L_{ij} - \widetilde{p} \delta_{ij} \right) \tag{4.261}$$

La quantité Z joue un rôle analogue pour l'énergie cinétique que le résidu E_{ij} pour la quantité de mouvement. La minimisation de la quantité

$$\mathcal{Z} = \int \langle Z \rangle^2 \tag{4.262}$$

peut en conséquence servir de base pour la définition d'une procédure dynamique pour l'évaluation du forçage stochastique.

Pour aller plus loin, il est nécessaire de spécifier la forme du terme $\mathbf{f}$. Pour simplifier la mise en œuvre, on fait l'hypothèse que la longueur de corrélation de $\mathbf{f}$ est petite devant la longueur de coupure $\overline{\Delta}$. La fonction $\mathbf{f}$ apparaît donc comme décorrélée en espace, ce qui se traduit par:

$$\langle \mathcal{E}_f \rangle = \frac{1}{2} A^2(\mathbf{x}, t) \tag{4.263}$$

Pour pouvoir calculer $\mathcal{E}_\mathrm{f}$ dynamiquement, on fait l'hypothèse que la cascade inverse est d'égale intensité aux deux niveaux de filtrage considérés, c'est-à-dire:

$$\langle \mathcal{E}_\mathrm{f} \rangle = \langle \mathcal{E}_F \rangle \tag{4.264}$$

D'autre part, comme $\mathbf{f}$ est décorrélée à l'échelle $\widetilde{\overline{\Delta}}$, on fait l'hypothèse:

$$\mathcal{E}_{\widetilde{f}} \ll \langle \mathcal{E}_\mathrm{f} \rangle = \langle \mathcal{E}_F \rangle \tag{4.265}$$

ce qui permet de modifier la relation (4.260) en

$$\langle Z \rangle = \langle \mathcal{E}_F \rangle - g \tag{4.266}$$

On choisit maintenant $\mathbf{f}$ sous la forme

$$f_i = P_{ij}(\mathcal{A} e_j) \tag{4.267}$$

où e_j est une fonction aléatoire isotrope gaussienne, $\mathcal{A}$ une constante dimensionnée qui va jouer le même rôle que la constante des modèles de viscosité sous-maille et P_{ij} l'opérateur de projection sur un espace à divergence nulle. On a les relations:

$$\langle e_i(\mathbf{x}, t) \rangle = 0 \tag{4.268}$$

$$\langle e_i(\mathbf{x}, t) e_i(\mathbf{x}', t') \rangle = \frac{1}{3} \delta_{ij} \delta(t - t') \delta(\mathbf{x} - \mathbf{x}') \tag{4.269}$$

En tenant compte de (4.267), (4.269) et (4.263), il vient:

$$\langle \mathcal{E}_\mathrm{f} \rangle = \frac{1}{2} A^2 = \frac{1}{3} \mathcal{A}^2 \tag{4.270}$$

Le calcul du modèle est achevé en évaluant la constante $\mathcal{A}$ par le biais d'une procédure dynamique localisée contrainte basée sur la minimisation de la fonctionnelle (4.262), qui peut se récrire sous la forme:

$$\mathcal{Z}[\mathcal{A}] = \int \left(\frac{\mathcal{A}^2}{3} - g \right)^2 \tag{4.271}$$

5. Modélisation fonctionnelle: extension aux cas anisotropes

5.1 Position du problème

Les développements présentés dans les chapitres précédents se situent tous dans un cadre isotrope, ce qui implique que le filtre utilisé ainsi que l'écoulement sont isotropes. L'extension aux cas anisotropes ou inhomogènes n'est réalisée qu'en localisant en espace et en temps les relations statistiques et en introduisant des procédures heuristiques d'ajustement des modèles, or, dans le cas de l'application de la simulation des grandes échelles à des écoulements inhomogènes, on est très souvent amené à utiliser des maillages anisotropes, ce qui correspond à l'utilisation d'un filtre anisotrope. Deux facteurs contribuent donc à la violation des hypothèses sous-jacentes au développement des modèles présentés jusqu'ici: l'anisotropie (resp. l'inhomogénéité) du filtre et l'anisotropie (resp. l'inhomogénéité) de l'écoulement.

Cette section est consacrée aux extensions de la modélisation pour les cas anisotropes. Deux situations sont envisagées: l'application d'un filtre homogène anisotrope à un écoulement turbulent homogène isotrope et l'application d'un filtre isotrope à un écoulement anisotrope.

5.2 Application d'un filtre anisotrope à un écoulement isotrope

Les filtres considérés dans ce qui suit sont anisotropes au sens où la longueur de coupure du filtre est différente dans chaque direction d'espace. Les différents types d'anisotropie possibles, pour des cellules de filtrage cartésiennes, sont représentés sur le figure 5.1.

L'emploi d'un filtre anisotrope pour la description d'un écoulement isotrope nécessite *a priori* une modification des modèles sous-maille, car les travaux théoriques et les expériences numériques montrent que les champs résolu et sous-maille ainsi définis sont anisotropes [97]. Par exemple, pour une cellule de rapport d'aspect $\overline{\Delta}_2/\overline{\Delta}_1 = 8, \overline{\Delta}_3/\overline{\Delta}_1 = 4$, les tensions de sous-maille s'écartent d'environ 10% de leurs valeurs obtenues avec un filtre isotrope. Il est cependant très important de noter que cette anisotropie est un artefact dû au filtre, mais que la dynamique des échelles sous-maille correspond toujours à celle de la turbulence homogène isotrope.

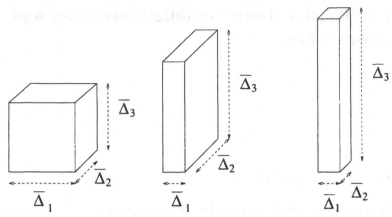

Fig. 5.1. Différents types de cellule de filtrage - Cellule isotrope: $\overline{\Delta}_1 = \overline{\Delta}_2 = \overline{\Delta}_3$ (à gauche), cellule anisotrope de type crêpe: $\overline{\Delta}_1 \ll \overline{\Delta}_2 \approx \overline{\Delta}_3$ (au centre), cellule anisotrope de type cigare: $\overline{\Delta}_1 \approx \overline{\Delta}_2 \ll \overline{\Delta}_3$ (à droite).

Le problème induit, sur le plan de la modélisation fonctionnelle, est celui de la détermination de la longueur caractéristique associée qu'il faut utiliser pour calculer le modèle.

Deux voies s'ouvrent:

– La première consiste à ne définir qu'une seule échelle de longueur pour représenter le filtre, ce qui permet de conserver des modèles analogues à ceux définis dans le cas isotrope, comme par exemple des viscosités sous-maille scalaires pour représenter le processus de cascade d'énergie. Cette approche ne représente qu'une modification mineure des modèles sous-maille, puisque seul le calcul de l'échelle caractéristique de coupure est modifié. Mais il faut noter qu'une telle approche ne pourra *a priori* n'être valable que pour des cas d'anisotropie faible, pour lesquels les différentes longueurs de coupure sont du même ordre de grandeur ;
– La seconde est basée sur l'introduction dans le modèle de plusieurs échelles caractéristiques de longueur. Ceci conduit à des modifications parfois notables des modèles isotropes, comme par exemple à la définition de viscosités sous-maille tensorielles pour représenter le processus de cascade directe d'énergie. Cette approche permet *a priori* de mieux prendre en compte l'anisotropie du filtre, mais complique l'étape de modélisation.

5.2.1 Modèles scalaires

Ces modèles sont tous de la forme générique $\overline{\Delta} = \overline{\Delta}(\overline{\Delta}_1, \overline{\Delta}_2, \overline{\Delta}_3)$. On présente ici:

1. Le modèle original de Deardorff et ses variantes (p.127). Ces formes sont empiriques et ne possèdent aucune justification théorique. On assure

simplement qu'elles sont consistantes avec le cas isotrope, c'est-à-dire $\overline{\Delta} = \overline{\Delta}_1$ lorsque $\overline{\Delta}_1 = \overline{\Delta}_2 = \overline{\Delta}_3$);

2. Le modèle de Scotti *et al.* (p.127), qui lui repose sur une étude théorique menée en considérant un spectre de Kolmogorov et un filtre homogène anisotrope. Ce modèle donne accès à une évaluation complexe de la longueur de coupure du filtre, mais est limité au cas des cellules de filtrage cartésiennes.

Proposition de Deardorff. La méthode la plus employée aujourd'hui est sans doute celle proposée par Deardorff [50], qui consiste à évaluer la longueur de coupure du filtre comme la racine cubique du volume V_Ω de la cellule de filtrage Ω, soit, dans le cas cartésien:

$$\overline{\Delta}(\mathbf{x}) = \left(\overline{\Delta}_1(\mathbf{x})\overline{\Delta}_2(\mathbf{x})\overline{\Delta}_3(\mathbf{x})\right)^{1/3} \tag{5.1}$$

où $\overline{\Delta}_i(\mathbf{x})$ est la longueur de coupure du filtre dans la i-ème direction d'espace à la position $\mathbf{x}$.

Extensions de la proposition de Deardorff. Des extensions simples, mais limitées au cas des cellules de filtrage cartésiennes, parfois utilisées de la définition (5.1) sont:

$$\overline{\Delta}(\mathbf{x}) = \sqrt{(\overline{\Delta}_1^2(\mathbf{x}) + \overline{\Delta}_2^2(\mathbf{x}) + \overline{\Delta}_3^2(\mathbf{x}))/3} \tag{5.2}$$

$$\overline{\Delta}(\mathbf{x}) = \max\left(\overline{\Delta}_1(\mathbf{x}), \overline{\Delta}_2(\mathbf{x}), \overline{\Delta}_3(\mathbf{x})\right) \tag{5.3}$$

Proposition de Scotti *et al.*. Plus récemment, Scotti, Meneveau et Lilly [193] ont proposé une nouvelle définition de $\overline{\Delta}$ basée sur une estimation améliorée du taux de dissipation ε dans le cas anisotrope. Le filtre est supposé anisotrope, mais homogène, *i.e.* la longueur de coupure est constante dans chaque direction d'espace.

On définit $\overline{\Delta}_{\max} = \max(\overline{\Delta}_1, \overline{\Delta}_2, \overline{\Delta}_3)$. Les rapports d'aspect inférieurs à l'unité, construits à partir des deux autres longueurs de coupure, par rapport à $\Delta_{\max}$, sont notés a_1 et a_2[1]. La forme *a priori* recherchée pour la correction d'anisotropie est:

$$\overline{\Delta} = \overline{\Delta}_{\mathrm{iso}} f(a_1, a_2) \tag{5.4}$$

où $\overline{\Delta}_{\mathrm{iso}}$ est l'évaluation isotrope de Deardorff calculée par la relation (5.1). En utilisant l'approximation:

$$\langle \varepsilon \rangle = \overline{\Delta}^2 \langle 2\overline{S}_{ij}\overline{S}_{ij} \rangle^{3/2} \tag{5.5}$$

et l'égalité suivante, valable pour le cas d'un spectre de Kolmogorov,

---

[1] Par exemple, en prenant $\Delta_{\max} = \overline{\Delta}_1$, il vient $a_1 = \overline{\Delta}_2/\overline{\Delta}_1$ et $a_2 = \overline{\Delta}_3/\overline{\Delta}_1$.

$$\langle \overline{S}_{ij}\overline{S}_{ij}\rangle = \langle \varepsilon \rangle^{2/3}\frac{K_0}{2\pi}\int |\widehat{G}(\mathbf{k})|^2 k^{-5/3}d^3\mathbf{k} \qquad (5.6)$$

où $\widehat{G}(\mathbf{k})$ est le noyau du filtre anisotrope considéré, il vient, après calcul:

$$\overline{\Delta} = \left(\frac{K_0}{2\pi}\int |\widehat{G}(\mathbf{k})|^2 k^{-5/3}d^3\mathbf{k}\right)^{-3/4} \qquad (5.7)$$

En considérant un filtre porte, l'intégration de l'équation (5.7) mène à la relation approchée:

$$f(a_1, a_2) = \cosh\sqrt{\frac{4}{27}\left[(\ln a_1)^2 - \ln a_1 \ln a_2 + (\ln a_2)^2\right]} \qquad (5.8)$$

5.2.2 Modèles tensoriels

Les modèles tensoriels présentés dans ce qui suit sont construits de manière empirique, sans base théorique. Ils ne sont justifiés que par l'intuition que pour les cellules de filtrages très anisotropes, de type cigare par exemple (voir figure 5.1), la représentation du filtre par une seule et unique longueur caractéristique n'est plus pertinente. La détermination des échelles caractéristiques du filtre et leur prise en compte dans le modèle de viscosité sous-maille sont réalisées intuitivement. Deux modèles sont décrits:

1. Le modèle de Bardina *et al.* (p.128), qui décrit la géométrie de la cellule de filtrage au moyen de six longueurs caractéristiques, calculées à partir du tenseur d'inertie de la cellule de filtrage. Cette approche est complètement générale et est applicable à tous les types de cellule de filtrage possibles (cartésiens, curvilignes, ...), mais induit une forte complexification des modèles sous-maille.
2. Le modèle de Zahrai *et al.* (p.129), qui n'est applicable qu'aux cellules cartésiennes et dont la prise en compte dans les modèles de viscosité sous-maille est simple.

Proposition de Bardina *et al.*.

Définition d'un tenseur caractéristique. Ces auteurs [9] proposent de remplacer l'évaluation scalaire isotrope de la longueur de coupure associée au maillage par une évaluation tensorielle anisotrope directement liée à la géométrie de la cellule de filtrage $V(\mathbf{x}) = (\overline{\Delta}_1(\mathbf{x})\overline{\Delta}_2(\mathbf{x})\overline{\Delta}_3(\mathbf{x}))$. On introduit pour cela les moments du tenseur d'inertie $\mathcal{I}$ associé à chaque point $\mathbf{x}$:

$$\mathcal{I}_{ij}(\mathbf{x}) = \frac{1}{V(\mathbf{x})}\int_V x_i x_j dV \qquad (5.9)$$

Les composantes du tenseur d'inertie étant homogènes au carré d'une longueur, le tenseur des longueurs caractéristiques est obtenu en prenant la racine carrée de celles-ci. Dans le cas d'une cellule de filtrage parallèlépipédique alignée avec les axes du repère cartésien, on obtient la matrice diagonale:

$$\mathcal{I}_{ij} = \frac{2}{3} \begin{pmatrix} \overline{\Delta}_1^2 & 0 & 0 \\ 0 & \overline{\Delta}_2^2 & 0 \\ 0 & 0 & \overline{\Delta}_3^2 \end{pmatrix} \tag{5.10}$$

Application au modèle de Smagorinsky. Comme on ne modélise que la partie anisotrope du tenseur sous-maille, le tenseur $\mathcal{I}$ est décomposé comme la somme d'un terme sphérique $\mathcal{I}^{\mathrm{i}}$ et d'un terme anisotrope $\mathcal{I}^{\mathrm{d}}$:

$$\mathcal{I}_{ij} = \mathcal{I}^{\mathrm{i}}\delta_{ij} + (\mathcal{I}_{ij} - \mathcal{I}^{\mathrm{i}}\delta_{ij}) = \mathcal{I}^{\mathrm{i}}\delta_{ij} + \mathcal{I}_{ij}^{\mathrm{d}} \tag{5.11}$$

avec

$$\mathcal{I}^{\mathrm{i}} = \frac{1}{3}\mathcal{I}_{kk} = \frac{1}{3}(\overline{\Delta}_1^2 + \overline{\Delta}_2^2 + \overline{\Delta}_3^2) \tag{5.12}$$

En modifiant le modèle de Smagorinsky classique, les auteurs proposent finalement le modèle tensoriel anisotrope suivant pour le déviateur du tenseur sous-maille τ:

$$\begin{aligned} \tau_{ij} - \frac{1}{3}\tau_{kk}\delta_{ij} &= C_1 \mathcal{I}^{\mathrm{i}} |\overline{S}| \overline{S}_{ij} \\ &+ C_2 |\overline{S}| \left(\mathcal{I}_{ik}\overline{S}_{kj} + \mathcal{I}_{jk}\overline{S}_{ki} - \frac{1}{3}\mathcal{I}_{lk}\overline{S}_{kl}\delta_{ij} \right) \\ &+ C_3 \frac{|\overline{S}|}{\mathcal{I}^{\mathrm{i}}} \left(\mathcal{I}_{ik}\mathcal{I}_{jl}\overline{S}_{kl} - \frac{1}{3}\mathcal{I}_{mk}\mathcal{I}_{ml}\overline{S}_{kl}\delta_{ij} \right) \end{aligned} \tag{5.13}$$

où C_1, C_2 et C_3 sont des constantes à évaluer.

Proposition de Zahrai et al..

Principe. Zahrai et al. [232] proposent de conserver l'évaluation isotrope du taux de dissipation déterminée par Deardorff, en considérant de plus que cette grandeur est constante sur chaque maille:

$$\langle \varepsilon \rangle = \left(\overline{\Delta}_1(\mathbf{x})\overline{\Delta}_2(\mathbf{x})\overline{\Delta}_3(\mathbf{x}) \right)^{2/3} \langle 2\overline{S}_{ij}\overline{S}_{ij} \rangle^{3/2} \tag{5.14}$$

En revanche, lors de la dérivation du modèle sous-maille, on considère que la longueur caractéristique du filtre dans chaque direction est égale à la longueur de coupure dans cette direction. Cette procédure conduit à la définition d'un modèle tensoriel pour la viscosité sous-maille.

Application au modèle de Smagorinsky. Dans le cas du modèle de Smagorinsky, il vient, pour la composante k:

$$(\nu_{\mathrm{sm}})_k = C_1 (\overline{\Delta}_1 \overline{\Delta}_2 \overline{\Delta}_3)^{2/9} (\overline{\Delta}_k)^{4/3} \langle 2\overline{S}_{ij}\overline{S}_{ij} \rangle^{3/2} \tag{5.15}$$

où C_1 est une constante.

5.3 Application d'un filtre isotrope à un écoulement anisotrope

On s'intéresse maintenant à la prise en compte de l'anisotropie des échelles sous-maille dans les modèles fonctionnels.

La première partie de cette section est dédiée à la présentation des résultats théoriques concernant l'anisotropie des échelles sous-maille et des mécanismes d'interaction entre grandes et petites échelles dans ce cas. Ces résultats sont obtenus soit par la théorie EDQNM, soit par une analyse asymptotique des interactions triadiques.

La seconde partie présente les modifications proposées pour les modèles sous-maille de type fonctionnels. Seuls des modèles pour la cascade directe d'énergie seront présentés, car aucun modèle pour la cascade inverse n'a été proposé à ce jour dans le cas anisotrope.

5.3.1 Phénoménologie des interactions entre échelles

Analyse EDQNM anisotrope. Aupoix [5] propose une première analyse des effets de l'anisotropie dans le cas homogène au moyen du modèle EDQNM anisotrope de Cambon. Les détails essentiels de ce modèle sont présentés dans l'annexe B.

Le champ de vitesse $\mathbf{u}$ est décomposé classiquement en une partie moyenne $\langle \mathbf{u} \rangle$ et une partie fluctuante $\mathbf{u}'$:

$$\mathbf{u} = \langle \mathbf{u} \rangle + \mathbf{u}' \tag{5.16}$$

Pour étudier des écoulements homogènes anisotropes, on définit le tenseur spectral:

$$\Phi_{ij}(\mathbf{k}) = \langle \widehat{u}_i'^*(\mathbf{k}) \widehat{u}_j'(\mathbf{k}) \rangle \tag{5.17}$$

qui est lié aux corrélations doubles dans l'espace physique par la relation:

$$\langle u_i' u_j' \rangle(\mathbf{x}) = \int \int \int \Phi_{ij}(\mathbf{k}) d^3\mathbf{k} \tag{5.18}$$

A partir des équations de Navier-Stokes, on obtient l'équation d'évolution (voir les annexes A et B):

$$\begin{aligned}
\left(\frac{\partial}{\partial t} + 2\nu k^2 \right) \Phi_{ij}(\mathbf{k}) &+ \frac{\partial \langle u_i \rangle}{\partial x_l} \Phi_{jl}(\mathbf{k}) + \frac{\partial \langle u_j \rangle}{\partial x_l} \Phi_{il}(\mathbf{k}) \\
&- 2 \frac{\partial \langle u_l \rangle}{\partial x_m} (k_i \Phi_{jm}(\mathbf{k}) + k_j \Phi_{mi}(\mathbf{k})) \\
&- \frac{\partial \langle u_l \rangle}{\partial x_m} \frac{\partial}{\partial k_m} (k_l \Phi_{ij}(\mathbf{k})) \\
&= P_{il}(\mathbf{k}) T_{lj}(\mathbf{k}) + P_{jl}(\mathbf{k}) T_{li}^*(\mathbf{k}) \tag{5.19}
\end{aligned}$$

où

$$T_{ij}(\mathbf{k}) = k_l \int \int \int \langle u_i(\mathbf{k}) u_l(\mathbf{p}) u_j(-\mathbf{k} - \mathbf{p}) \rangle d^3\mathbf{p} \qquad (5.20)$$

et

$$P_{ij}(\mathbf{k}) = \left(\delta_{ij} - \frac{k_i k_j}{k^2} \right) \qquad (5.21)$$

et où l'astérisque désigne le nombre complexe conjugué. On simplifie ensuite les équations en intégrant le tenseur Φ sur des sphères ($k = cste$):

$$\phi_{ij}(k) = \int \Phi_{ij}(\mathbf{k}) dA(\mathbf{k}) \qquad (5.22)$$

et l'on obtient les équations d'évolution:

$$
\begin{aligned}
\left(\frac{\partial}{\partial t} + 2\nu k^2 \right) \phi_{ij}(k) \;=\; & -\frac{\partial \langle u_i \rangle}{\partial x_k} \phi_{jl}(k) - \frac{\partial \langle u_j \rangle}{\partial x_l} \phi_{il}(k) \\
& + P_{ij}^{\mathrm{l}}(k) + S_{ij}^{\mathrm{l}}(k) + P_{ij}^{\mathrm{nl}}(k) + S_{ij}^{\mathrm{nl}}(k)
\end{aligned}
$$

$$(5.23)$$

où les termes $P^{\mathrm{l}}, S^{\mathrm{l}}, P^{\mathrm{nl}}$ et S^{nl} représentent respectivement les contributions de pression linéaire, de transfert linéaire, de pression non-linéaire et de transfert non-linéaire. Les termes linéaires sont associés à l'action du gradient de vitesse moyenne et les termes non-linéaires à l'action de la turbulence sur elle-même.

L'expression de ces termes et leur fermeture par l'approximation EDQNM anisotrope sont reportées dans l'annexe B. En utilisant ces relations, Aupoix dérive une expression pour l'interaction entre les modes correspondant aux nombres d'onde supérieurs à un nombre d'onde de coupure k_c (*i.e.* les petites échelles, ou échelles sous-maille) et ceux associés aux petits nombres d'onde tels que $k \leq k_c$ (i.e. les grandes échelles, ou échelles résolues). Pour obtenir une expression simple du couplage entre les différentes échelles par les termes non-linéaires P^{nl} et S^{nl}, on fait l'hypothèse qu'il existe une séparation d'échelles totale (au sens défini dans la section 4.3.2) entre les modes sous-maille et les modes résolus, ce qui permet d'obtenir les deux formes asymptotiques suivantes:

$$
\begin{aligned}
P_{ij}^{\mathrm{nl}}(k) \;=\; & -\frac{32}{175} k^4 \int_{k_c}^{\infty} \Theta_{0pp} \left[10 + a(p) \right] \frac{E^2(p) H_{ij}(p)}{p^2} dp \\
& + \frac{16}{105} k^2 E(k) \int_{k_c}^{\infty} \Theta_{0pp} \left[(a(p) + 3) p \frac{\partial}{\partial p} \left(E(p) H_{ij}(p) \right) \right. \\
& \left. + E(p) H_{ij}(p) \left(5 \{ a(p) + 3 \} + p \frac{\partial a(p)}{\partial p} \right) \right] dp
\end{aligned}
$$

$$(5.24)$$

$$
\begin{aligned}
S_{ij}^{\mathrm{nl}}(k) = & \ 2k^4 \int_{k_c}^{\infty} \Theta_{0pp} \frac{E^2(p)}{p^2} \left[\frac{14}{15} \left(\frac{1}{3}\delta_{ij} + 2H_{ij}(p) \right) + \frac{8}{25} a(p) H_{ij}(p) \right] dp \\
& - 2k^2 \phi_{ij}(k) \frac{1}{15} \int_{k_c}^{\infty} \Theta_{0pp} \left[5E(p) + p\frac{\partial E(p)}{\partial p} \right] dp \\
& - 2k^2 E(k) \int_{k_c}^{\infty} \Theta_{0pp} \left[\frac{2}{15} \left\{ 5E(p)H_{ij}(p) + p\frac{\partial}{\partial p}(E(p)H_{ij}(p)) \right\} \right. \\
& \left. + E(p)H_{ij}(p) \left\{ \frac{8}{15}(a(p)+3) + \frac{8}{25}a(p) \right\} \right] dp \qquad (5.25)
\end{aligned}
$$

où $E(k)$ est le spectre d'énergie, défini comme:

$$
E(k) = \frac{1}{2}\phi_{ll}(k) \qquad (5.26)
$$

et $H_{ij}(k)$ le spectre d'anisotropie:

$$
H_{ij}(k) = \frac{\phi_{ij}(k)}{2E(k)} - \frac{1}{3}\delta_{ij} \qquad (5.27)
$$

On vérifie aisément que, dans le cas isotrope, H_{ij} s'annule par construction. La fonction $a(k)$ est un paramètre structural qui représente la répartition de l'anisotropie sur la sphère de rayon k et Θ_{kpq} est le temps caractéristique de relaxation évalué par les hypothèses EDQNM. L'expression de ce terme est donnée dans l'annexe B.

Ces équations peuvent être simplifiées en utilisant la valeur asymptotique du paramètre structural $a(k)$. En prenant $a(k) = -4,5$, il vient:

$$
\begin{aligned}
P_{ij}^{\mathrm{nl}}(k) + S_{ij}^{\mathrm{nl}}(k) = & \ k^4 \int_{k_c}^{\infty} \Theta_{0pp} \frac{E^2(p)}{p^2} \left[\frac{28}{45}\delta_{ij} - \frac{368}{175}H_{ij}(p) \right] dp \\
& - 2k^2 \phi_{ij}(k) \frac{1}{15} \int_{k_c}^{\infty} \Theta_{0pp} \left[5E(p) + p\frac{\partial E(p)}{\partial p} \right] dp \\
& + k^2 E(k) \int_{k_c}^{\infty} \Theta_{0pp} \left[\frac{1052}{525}E(p)H_{ij}(p) \right. \\
& \left. - \frac{52}{105} \frac{\partial}{\partial p} (E(p)H_{ij}(p)) \right] dp \qquad (5.28)
\end{aligned}
$$

Cette équation permet de constater que l'anisotropie des petites échelles prend une certaine importance. Dans le cas où le spectre d'anisotropie a le même signe (resp. le signe opposé) pour les petites échelles et pour les grandes, le terme en k^4 représente une remontée d'énergie ayant un effet de retour vers l'isotropie (resp. de départ de l'isotropie) et le terme en $k^2 E(k)$ représente une cascade inverse d'énergie associée à une remontée d'anisotropie (resp. un retour à l'isotropie). Enfin, le terme en $k^2\phi_{ij}(k)$ est un terme isotrope de drainage de l'énergie des grandes échelles par les petites et représente ici le phénomène de cascade d'énergie modélisé par les modèles sous-maille isotropes.

Analyse asymptotique des interactions triadiques. Une autre analyse des interactions inter-échelles dans le cas anisotrope est fournie par l'analyse asymptotique des interactions triadiques [21, 224].

L'équation d'évolution du mode de Fourier $\widehat{\mathbf{u}}(\mathbf{k})$ est écrite sous la forme symbolique

$$\frac{\partial \widehat{\mathbf{u}}(\mathbf{k})}{\partial t} = \dot{\mathbf{u}}(\mathbf{k}) = [\dot{\mathbf{u}}(\mathbf{k})]_{\mathrm{nl}} + [\dot{\mathbf{u}}(\mathbf{k})]_{\mathrm{vis}} \tag{5.29}$$

où $[\dot{\mathbf{u}}(\mathbf{k})]_{\mathrm{nl}}$ et $[\dot{\mathbf{u}}(\mathbf{k})]_{\mathrm{vis}}$ représentent respectivement les termes non-linéaires associés à la convection et à la pression et le terme linéaire associé aux effets visqueux, définis comme:

$$[\dot{\mathbf{u}}(\mathbf{k})]_{\mathrm{nl}} = -\mathrm{i} \sum_{p} \widehat{\mathbf{u}}(\mathbf{p})_{\perp k} \left(\mathbf{k} \cdot \widehat{\mathbf{u}}(\mathbf{k} - \mathbf{p}) \right) \tag{5.30}$$

avec

$$\widehat{u}_i(\mathbf{p})_{\perp k} = \left(\delta_{ij} - \frac{k_i k_j}{k^2} \right) \widehat{u}_j(\mathbf{p}) \tag{5.31}$$

$$[\dot{\mathbf{u}}(\mathbf{k})]_{\mathrm{vis}} = -\nu k^2 \widehat{\mathbf{u}}(\mathbf{k}) \tag{5.32}$$

L'équation d'évolution de l'énergie modale $e(\mathbf{k}) = \widehat{\mathbf{u}}(\mathbf{k}) \cdot \widehat{\mathbf{u}}^*(\mathbf{k})$ est de la forme:

$$\frac{\partial e(\mathbf{k})}{\partial t} = \widehat{\mathbf{u}}(\mathbf{k}) \cdot \dot{\mathbf{u}}^*(\mathbf{k}) + cc = [\dot{e}(\mathbf{k})]_{\mathrm{nl}} + [\dot{e}(\mathbf{k})]_{\mathrm{vis}} \tag{5.33}$$

avec

$$[\dot{e}(\mathbf{k})]_{\mathrm{nl}} = -\mathrm{i} \sum_{p} \left[\widehat{\mathbf{u}}^*(\mathbf{k}) \cdot \widehat{\mathbf{u}}(\mathbf{p}) \right] \left[\mathbf{k} \cdot \widehat{\mathbf{u}}(\mathbf{k} - \mathbf{p}) \right] + cc \tag{5.34}$$

$$[\dot{e}(\mathbf{k})]_{\mathrm{vis}} = -2\nu k^2 e(\mathbf{k}) \tag{5.35}$$

où le symbole cc désigne le nombre complexe conjugué du terme qui le précède. Le terme non-linéaire d'échange d'énergie fait intervenir trois vecteurs d'onde $(\mathbf{k}, \mathbf{p}, \mathbf{q} = \mathbf{k} - \mathbf{p})$ et est en conséquence une somme linéaire d'interactions triadiques non-linéaires. On rappelle (voir section 4.1.2) que ces interactions peuvent être classées en différentes catégories, allant des interactions locales, pour lesquelles les modules des trois vecteurs d'onde sont voisins (*i.e.* $k \sim p \sim q$), aux interactions distantes, pour lesquelles le module d'un des vecteurs d'onde est très petit devant les deux autres (par exemple: $k \ll p \sim q$). Les interactions locales correspondent donc aux interactions entre échelles de même taille caractéristique et les interactions distantes aux interactions entre une grande échelle et deux petites échelles. D'autre part, on appelle interaction non-locale toute interaction qui fait intervenir une triade $(\mathbf{k}, \mathbf{p}, \mathbf{q})$ ne vérifiant pas la relation $k \sim p \sim q$.

On analyse dans ce qui suit une interaction triadique distante isolée, associée à trois modes $\mathbf{k}, \mathbf{p}$ et $\mathbf{q}$. On se place ici dans le cas $k \ll p \sim q$ et on fait l'hypothèse que $\mathbf{k}$ est une grande échelle qui se situe dans la partie énergétique du spectre. Un analyse asymptotique montre que:

$$[\dot{\mathbf{u}}(\mathbf{k})]_{\mathrm{nl}} = O(\delta) \qquad (5.36)$$

$$[\dot{\mathbf{u}}(\mathbf{p})]_{\mathrm{nl}} = -\mathrm{i}\left(\widehat{\mathbf{u}}^*(\mathbf{q})\left[\mathbf{p} \cdot \widehat{\mathbf{u}}^*(\mathbf{k})\right]\right) + O(\delta) \qquad (5.37)$$

$$[\dot{\mathbf{u}}(\mathbf{q})]_{\mathrm{nl}} = -\mathrm{i}\left(\widehat{\mathbf{u}}^*(\mathbf{p})\left[\mathbf{p} \cdot \widehat{\mathbf{u}}^*(\mathbf{k})\right]\right) + O(\delta) \qquad (5.38)$$

où δ est le petit paramètre défini comme

$$\delta = \frac{k}{p} \ll 1$$

L'analyse correspondante des transferts d'énergie conduit aux relations suivantes:

$$[\dot{e}(\mathbf{k})]_{\mathrm{nl}} = O(\delta) \qquad (5.39)$$

$$[\dot{e}(\mathbf{p})]_{\mathrm{nl}} = -[\dot{e}(\mathbf{q})]_{\mathrm{nl}} = \mathrm{i}\left\{\widehat{\mathbf{u}}(\mathbf{p}) \cdot \widehat{\mathbf{u}}(\mathbf{q})\left[\mathbf{p} \cdot \widehat{\mathbf{u}}(\mathbf{k})\right] + cc\right\} + O(\delta) \qquad (5.40)$$

Plusieurs remarques peuvent être faites:

- L'interaction entre grandes et petites échelles persiste dans la limite des nombres de Reynolds infinis. De façon consistante avec les hypothèses de Kolmogorov, ces interactions se font sans échange d'énergie entre les grandes et les petites échelles. Des simulations numériques ont montré que les transferts d'énergie sont négligeables entre deux modes séparés par plus de deux décades ;
- Le taux d'évolution des hautes fréquences $\widehat{\mathbf{u}}(\mathbf{p})$ et $\widehat{\mathbf{u}}(\mathbf{q})$ est directement proportionnel à l'amplitude du mode basse fréquence $\widehat{\mathbf{u}}(\mathbf{k})$. Ceci implique que le couplage avec les modes basse fréquence est d'autant plus fort que ces modes sont énergétiques.

De plus, une analyse complémentaire montre que, pour les modes dont la longueur d'onde est de l'ordre de la micro-échelle de Taylor λ définie comme (voir annexe A):

$$\lambda = \sqrt{\dfrac{\overline{u'^2}}{\overline{\left(\dfrac{\partial u'}{\partial x}\right)^2}}} \qquad (5.41)$$

le rapport entre les transferts d'énergie dus aux interactions distantes et ceux dus aux interactions locales varie comme:

$$\frac{[\dot{e}(k_\lambda)]_{\text{distantes}}}{[\dot{e}(k_\lambda)]_{\text{locales}}} \sim Re_\lambda^{11/6} \qquad (5.42)$$

où Re_λ est le nombre de Reynolds basé sur la micro-échelle de Taylor et la fluctuation de vitesse u'. Cette relation montre que le couplage s'accroît lorsque le nombre de Reynolds augmente. Ce couplage fait donc qu'une distribution anisotrope de l'énergie aux basses fréquences crée un forçage anisotrope des hautes fréquences, menant à un écart à l'isotropie de ces dernières.

Un mécanisme concurrent existe, qui, lui, a un effet de réduction de l'anisotropie aux petites échelles: il s'agit de la cascade d'énergie associée à des interactions triadiques non-locales qui n'entrent pas dans la limite asymptotique des interactions distantes.

Pour un vecteur d'onde de module k, le rapport des temps caractéristiques $\tau(k)_{\text{cascade}}$ et $\tau(k)_{\text{distantes}}$, respectivement associés au transfert d'énergie dû au mécanisme de cascade et à celui dû aux interactions distantes, est évalué comme:

$$\frac{\tau(k)_{\text{cascade}}}{\tau(k)_{\text{distantes}}} \sim \text{constante} \times (k/k_{\text{injection}})^{11/6} \qquad (5.43)$$

où $k_{\text{injection}}$ est le mode auquel a lieu l'injection d'énergie dans le spectre. On voit donc que les interactions distantes sont beaucoup plus rapides que la cascade d'énergie. Aussi, l'imposition brusque d'une anisotropie à grande échelle se traduira dans un premier temps par une anisotropisation des petites échelles, puis par une concurrence entre les deux mécanismes. La dominance d'un des deux mécanismes dépend de plusieurs facteurs, comme la séparation entre les échelles k et $k_{\text{injection}}$, ou encore l'intensité et la cohérence de l'anisotropie à grande échelle.

Des simulations numériques [224] effectuées dans le cadre de la turbulence homogène ont montré une persistance de l'anisotropie aux plus petites échelles. Toutefois, il est à noter que cette anisotropie n'est notée que sur les moments statistiques d'ordre supérieur ou égal à 3 du champ de vitesse, les moments d'ordre 1 et 2 étant isotropes.

5.3.2 Modèles anisotropes

On décrit ici les principaux modèles proposés dans le cadre anisotrope. A l'exception du modèle spectral de Aupoix, ces modèles ne prennent en compte que le mécanisme de cascade directe. Il s'agit:

1. Du modèle spectral de Aupoix (p.136), qui repose sur l'analyse EDQNM anisotrope. Les termes d'interactions sont évalués en se donnant une forme *a priori* des spectres d'énergie et d'anisotropie des modes sous-maille. Ce modèle, qui nécessite beaucoup de calculs, à l'avantage de prendre en compte tous les mécanismes de couplage entre grandes et petites échelles.

2. Du modèle de Horiuti (p.138), qui repose sur une évaluation du tenseur d'anisotropie des modes sous-maille à partir du tenseur équivalent construit à partir des plus hautes fréquences du champ résolu. Ce tenseur est alors employé pour moduler empiriquement la viscosité sous-maille dans chaque direction d'espace. Ceci est équivalent à considérer plusieurs échelles de vitesse caractéristiques pour représenter les modes sous-maille. Ce modèle ne permet que de moduler la dissipation sous-maille de manière différenciée pour chaque composante de vitesse et chaque direction d'espace, mais ne rend pas compte des mécanismes plus complexes d'échange d'anisotropie à travers la coupure.

3. Du modèle de Carati et Cabot (p.139), qui proposent une forme générale de la viscosité sous-maille sous la forme d'un tenseur d'ordre 4. Les composantes de ce tenseur sont déterminées en se basant sur des relations de symétrie. Toutefois, ce modèle n'est applicable que lorsque l'écoulement présente statistiquement une symétrie axiale, ce qui restreint son champ de validité.

4. Le modèle de Abba *et al.* (p.140), qui, comme dans l'exemple précédent, considèrent la viscosité sous-maille sous la forme d'un tenseur du quatrième ordre. Le modèle est basé sur le choix d'un repère local adapté pour représenter les modes sous-maille, qui est choisi de manière empirique lorsque l'écoulement ne présente pas de symétries évidentes.

5. Des modèles basés sur la séparation du champ en une partie isotrope et une partie inhomogène (p.141). Cette séparation permet d'isoler la contribution du champ moyen au calcul de la viscosité sous-maille pour les modèles basés sur les grandes échelles, donc de mieux localiser en fréquence l'information contenue dans ces modèles. Cette technique n'est toutefois applicable qu'aux écoulements présentant au moins une direction d'homogénéité.

Modèle spectral de Aupoix. Pour tenir compte de l'anisotropie des échelles sous-maille, Aupoix [5] propose de se donner des formes *a priori* des spectres d'énergie et d'anisotropie de manière à pouvoir utiliser les relations provenant de l'analyse EDQNM anisotrope décrite précédemment. Aupoix propose le modèle suivant pour le spectre d'énergie:

$$E(k) = K_0 \varepsilon^{2/3} k^{-5/3} \exp\left\{f(k/k_d)\right\} \qquad (5.44)$$

où

$$f(x) = \exp\left[-3.5x^2 \left(1 - \exp\left\{6x + 1, 2 - \sqrt{196x^2 - 33, 6x + 1, 4532}\right\}\right)\right]$$

$$(5.45)$$

Ce spectre est illustré sur la figure 5.2. Le spectre d'anisotropie est modélisé par:

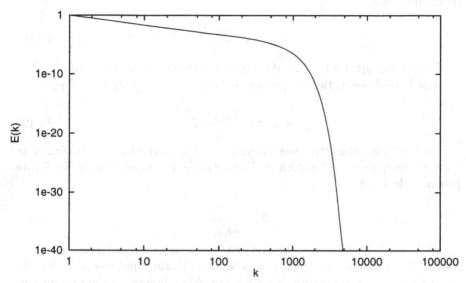

Fig. 5.2. Spectre de Aupoix ($k_d = 1000$).

$$H_{ij}(k) = b_{ij}\left[5 + \frac{k}{E(k)}\frac{\partial E(k)}{\partial k}\right]$$
$$\times \left[1 + \mathcal{H}\left(\frac{k}{k_{\max}} - 1\right)\mathcal{H}\left(|\mathcal{F}(\overline{\mathbf{u}})|\right)\left\{\left(\frac{k}{k_{\max}}\right)^{-2/3} - 1\right\}\right]$$

$$(5.46)$$

où $\mathcal{F}(\overline{\mathbf{u}}) = \nabla \times \overline{\mathbf{u}}$, $k_{\max}$ est le nombre d'onde correspondant au maximum du spectre d'énergie et $\mathcal{H}$ est la fonction de Heaviside définie par:

$$\mathcal{H}(x) = \left\{\begin{array}{ll} 0 & \text{si } x \leq 0 \\ 1 & \text{sinon} \end{array}\right.$$

et où b_{ij} est le tenseur d'anisotropie défini comme:

$$b_{ij} = \frac{\overline{u_i' u_j'}}{q_{\text{sm}}^2} - \frac{1}{3}\delta_{ij}$$

$$(5.47)$$

Modèle de Horiuti. Horiuti [90] propose d'étendre le modèle de Smagorinsky au cas anisotrope en choisissant une échelle de vitesse différente pour caractériser chaque composante du tenseur sous-maille.

En partant d'une analyse dimensionnelle classique, la viscosité sous-maille $\nu_{\rm sm}$ est exprimée en fonction de l'énergie cinétique sous-maille $q_{\rm sm}^2$ et du taux de dissipation ε:

$$\nu_{\rm sm} = C_1 \frac{(q_{\rm sm}^2)^2}{\varepsilon} \tag{5.48}$$

Pour mieux ajuster la dissipation induite par le modèle sous-maille à l'état local de l'écoulement, Horiuti propose de remplacer l'équation (5.48) par:

$$\nu_{\rm sm} = C_1 \frac{(q_{\rm sm}^2)^2}{\varepsilon} \Upsilon \tag{5.49}$$

où Υ est un paramètre sans dimension qui a pour fonction de réguler le taux de dissipation en fonction de l'anisotropie du champ résolu. La forme proposée de Υ est:

$$\Upsilon = \frac{3E^{\rm s}}{2q_{\rm sm}^2} \tag{5.50}$$

où $E^{\rm s}$ est le carré d'une échelle de vitesse caractéristique des modes sous-maille. Par exemple, près des parois solides, Horiuti propose d'utiliser la fluctuation de la composante de vitesse normale à la paroi, ce qui permet au modèle de s'annuler automatiquement. Pour généraliser cette approche, on associe une vitesse caractéristique $E_{ij}^{\rm s}$ à chaque tension sous-maille τ_{ij}.

En pratique, l'auteur propose d'évaluer ces vitesses caractéristiques par l'hypothèse de similarité d'échelles au moyen d'un filtre test noté *tilde*:

$$E_{ij}^{\rm s} = (\overline{u}_i - \tilde{\overline{u}}_i)(\overline{u}_j - \tilde{\overline{u}}_j) \tag{5.51}$$

ce qui permet de définir un paramètre tensoriel Υ_{ij} comme:

$$\Upsilon_{ij} = \frac{3(\overline{u}_i - \tilde{\overline{u}}_i)(\overline{u}_j - \tilde{\overline{u}}_j)}{\sum_{l=1,3}(\overline{u}_l - \tilde{\overline{u}}_l)^2} \tag{5.52}$$

Ce paramètre tensoriel caractérise l'anisotropie du champ d'épreuve ($\overline{\bf u} - \tilde{\overline{\bf u}}$) et peut être considéré comme une approximation du tenseur d'anisotropie associé à ce champ de vitesse (au coefficient $1/3\,\delta_{ij}$ près). En utilisant un modèle basé sur les grandes échelles, Horiuti dérive la viscosité sous-maille tensorielle $\nu_{e_{ij}}$:

$$\nu_{e_{ij}} = \left(C_1 \overline{\Delta}\right)^2 |\mathcal{F}(\overline{\bf u})|\, \Upsilon_{ij} \tag{5.53}$$

avec

$$\mathcal{F}(\overline{\bf u}) = \nabla \times \overline{\bf u}, \quad \text{ou} \quad \left(\nabla \overline{\bf u} + \nabla^T \overline{\bf u}\right)$$

où la constante C_1 est évaluée comme pour les modèles scalaires. Il propose un modèle de la forme générale suivante pour le tenseur sous-maille τ:

$$\tau_{ij} = \delta_{ij} \left(\frac{2}{3} K + \frac{2}{3} P \right) - \nu_{e_{il}} \frac{\partial \overline{u}_j}{\partial x_l} - \nu_{e_{jl}} \frac{\partial \overline{u}_i}{\partial x_l} \qquad (5.54)$$

où

$$K = \frac{1}{2} \sum_{l=1,3} (\overline{u}_l - \tilde{\overline{u}}_l)^2, \qquad P = \nu_{e_{lm}} \frac{\partial \overline{u}_m}{\partial x_l}$$

Il est important de noter qu'il s'agit ici d'une modèle pour la totalité du tenseur sous-maille et non pour sa partie déviatoire seulement, comme c'est le cas pour les modèles isotropes.

Modèle de Carati et Cabot. Carati et Cabot [28] proposent une extension anisotrope tensorielle des modèles de viscosité sous-maille. De la manière la plus générale, le déviateur τ^{d} du tenseur sous-maille τ est modélisé comme:

$$\tau_{ij}^{\mathrm{d}} = \nu_{ijkl}^{(1)} \overline{S}_{kl} + \nu_{ijkl}^{(2)} \overline{\Omega}_{kl} \qquad (5.55)$$

où les tenseurs $\overline{S}$ et $\overline{\Omega}$ sont définis comme:

$$\overline{S} = \frac{1}{2} \left(\nabla \overline{\mathbf{u}} + \nabla^T \overline{\mathbf{u}} \right), \qquad \overline{\Omega} = \frac{1}{2} \left(\nabla \overline{\mathbf{u}} - \nabla^T \overline{\mathbf{u}} \right)$$

Les deux viscosités $\nu^{(1)}$ et $\nu^{(2)}$ sont des tenseurs d'ordre 4, *a priori* définis par 81 coefficients indépendants. Cependant, les propriétés des tenseurs τ^{d}, $\overline{S}$ et $\overline{\Omega}$ permettent de réduire le nombre de ces paramètres.

Les tenseurs τ^{d} et $\overline{S}$ sont symétriques et à trace nulle, ce qui entraine:

$$\nu_{ijkl}^{(1)} = \nu_{jikl}^{(1)}$$
$$\nu_{ijkl}^{(1)} = \nu_{jilk}^{(1)}$$
$$\nu_{iikl}^{(1)} = 0$$
$$\nu_{ijkk}^{(1)} = 0$$

Le tenseur $\nu^{(1)}$ contient donc 25 coefficients indépendants. Une analyse similaire permet d'écrire:

$$\nu_{ijkl}^{(2)} = \nu_{jikl}^{(2)}$$
$$\nu_{ijkl}^{(2)} = -\nu_{jilk}^{(2)}$$
$$\nu_{iikl}^{(2)} = 0$$

$$(5.56)$$

Le tenseur $\nu^{(2)}$ contient donc 15 coefficients indépendants, ce qui augmente à 40 le nombre de coefficients à déterminer.

Des réductions supplémentaires peuvent être faites en utilisant des propriétés de symétrie de l'écoulement. Pour le cas d'une symétrie autour de l'axe défini par le vecteur $\mathbf{n} = (n_1, n_2, n_3)$, les auteurs démontrent que le modèle prend une forme réduite qui ne fait plus intervenir que 4 coefficients $C_1, ..., C_4$:

$$
\begin{aligned}
\tau_{ij}^{\mathrm{d}} &= -2C_1\overline{S}_{ij} - 2C_2\left(n_i\overline{s}_j + \overline{s}_in_j - \frac{2}{3}\overline{s}_kn_k\delta_{ij}\right) \\
&\quad - C_3\left(n_in_j - \frac{1}{3}n^2\delta_{ij}\right)\overline{s}_kn_k - 2C_4\left(\overline{r}_in_j + n_i\overline{r}_j\right)
\end{aligned}
\tag{5.57}
$$

où $\overline{s}_i = \overline{S}_{ik}n_k$ et $\overline{r}_i = \overline{\Omega}_{ik}n_k$.

En faisant l'hypothèse supplémentaire que les tenseurs $\nu^{(1)}$ et $\nu^{(2)}$ vérifient les relations de symétrie de Onsager pour le vecteur covariant $\mathbf{n}$ et le vecteur contravariant $\mathbf{p}$:

$$
\begin{aligned}
\nu_{ijkl}^{(1)}(\mathbf{n}) &= \nu_{klij}^{(1)}(\mathbf{n}) \\
\nu_{ijkl}^{(2)}(\mathbf{n}) &= \nu_{klij}^{(2)}(\mathbf{n}) \\
\nu_{ijkl}^{(1)}(\mathbf{p}) &= \nu_{klij}^{(1)}(-\mathbf{p}) \\
\nu_{ijkl}^{(2)}(\mathbf{p}) &= \nu_{klij}^{(2)}(-\mathbf{p})
\end{aligned}
\tag{5.58}
$$

on obtient la forme réduite suivante:

$$
\tau_{ij}^{\mathrm{d}} = -2\nu_1\overline{S}_{ij}^{\parallel} - 2\nu_2n^2\overline{S}_{ij}^{\perp}
\tag{5.59}
$$

où ν_1 et ν_2 sont deux viscosités scalaires et:

$$
\overline{S}_{ij}^{\parallel} = \frac{1}{n^2}\left(n_i\overline{s}_j + \overline{s}_in_j\right) - \frac{1}{3n^2}\overline{s}_kn_k\delta_{ij}, \quad \overline{S}_{ij}^{\perp} = \overline{S}_{ij} - \overline{S}_{ij}^{\parallel}
$$

Carati propose ensuite de déterminer les deux paramètres ν_1 et ν_2 par une procédure dynamique classique.

Modèle de Abba *et al..* Une autre formulation tensorielle a été proposée par Abba *et al.* [1]. Ces auteurs proposent de définir la viscosité sous-maille sous la forme du tenseur d'ordre 4 noté ν_{ijkl}. Ce tenseur est défini comme le produit d'une viscosité sous-maille isotrope scalaire ν_{iso} et d'un tenseur d'ordre 4 noté $\mathcal{C}$, dont les composantes sont des constantes sans dimension qui vont jouer le rôle des constantes scalaires utilisées classiquement. La viscosité sous-maille tensorielle ν_{ijkl} ainsi définie s'écrit:

$$\nu_{ijkl} = \mathcal{C}_{ijkl}\nu_{\text{iso}} = \left(\sum_{\alpha,\beta} C_{\alpha\beta} a_{i\alpha} a_{j\beta} a_{k\alpha} a_{l\beta} \right) \nu_{\text{iso}} \qquad (5.60)$$

où $a_{i\alpha}$ désigne la i-ème composante du vecteur unitaire $\mathbf{a}_\alpha$ ($\alpha = 1,2,3$), $C_{\alpha\beta}$ une matrice symétrique 3×3 qui remplace la constante scalaire de Smagorinsky. Les trois vecteurs $\mathbf{a}_\alpha$ sont arbitraires et doivent être définis en fonction de connaissances *a priori* sur la topologie de l'écoulement et de ses symétries. Dans le cas où ces informations ne sont pas connues, les auteurs proposent d'utiliser le repère local défini par les trois vecteurs suivants:

$$\mathbf{a}_1 = \frac{\mathbf{u}}{u}, \quad \mathbf{a}_3 = \frac{\nabla(|u|^2) \times \mathbf{u}}{|\nabla(|u|^2) \times \mathbf{u}|}, \quad \mathbf{a}_2 = \mathbf{a}_3 \times \mathbf{a}_1 \qquad (5.61)$$

Les auteurs appliquent cette modification au modèle de Smagorinsky. La viscosité scalaire est donc évaluée par la formule

$$\nu_{\text{iso}} = \overline{\Delta}^2 |\overline{S}| \qquad (5.62)$$

Le déviateur du tenseur sous-maille est alors modélisé comme:

$$\tau_{ij}^{\text{d}} = -2 \sum_{k,l} \mathcal{C}_{ijkl} \overline{\Delta}^2 |\overline{S}| \overline{S}_{kl} + \frac{2}{3} \delta_{ij} \overline{\Delta}^2 \mathcal{C}_{mmkl} |\overline{S}| \overline{S}_{kl} \qquad (5.63)$$

Les constantes du modèle sont ensuite évaluées au moyen d'une procédure dynamique.

Modèles basés sur une technique d'éclatement. Les modèles de viscosité sous-maille sont pour la plupart développés dans le cadre des hypothèses de l'analyse canonique, c'est-à-dire pour les écoulements turbulents homogènes. L'expérience montre que les performances de ces modèles se dégradent lorsqu'ils sont employés dans un cadre inhomogène, qui correspond à un écoulement moyen non-uniforme. Une idée simple, initialement proposée par Schumann [189], consiste à séparer le champ de vitesse en une partie inhomogène et une partie isotrope et à calculer un terme sous-maille spécifique pour chacune de ces parties.

En pratique, Schumann propose un modèle de viscosité sous-maille anisotrope pour traiter les écoulements dont le gradient moyen est non-nul et en particulier les zones proches des parois solides. Le modèle est obtenu en décomposant la partie déviatoire du tenseur sous-maille τ^{d} en une partie localement isotrope et une partie inhomogène:

$$\tau_{ij}^{\text{d}} = -2\nu_{\text{sm}} \left(\overline{S}_{ij} - \langle \overline{S}_{ij} \rangle \right) - 2\nu_{\text{sm}}^{\text{a}} \langle \overline{S}_{ij} \rangle \qquad (5.64)$$

où le symbole $\langle . \rangle$ désigne une moyenne d'ensemble, qui en pratique est une moyenne spatiale dans les directions d'homogénéité de la solution. Les coefficients ν_{sm} et $\nu_{\text{sm}}^{\text{a}}$ sont les viscosités sous-maille scalaires prenant en compte respectivement une turbulence localement isotrope et une turbulence inhomogène. Moin et Kim [154] et Horiuti [87] en donnent les définitions suivantes:

$$\nu_{\text{sm}} = \left(C_1 \overline{\Delta}\right)^2 \sqrt{2\left(\overline{S}_{ij} - \langle\overline{S}_{ij}\rangle\right)\left(\overline{S}_{ij} - \langle\overline{S}_{ij}\rangle\right)} \qquad (5.65)$$

$$\nu_{\text{sm}}^{\text{a}} = \left(C_2 \overline{\Delta}_z\right)^2 \sqrt{2\langle\overline{S}_{ij}\rangle\langle\overline{S}_{ij}\rangle} \qquad (5.66)$$

où C_1 et C_2 sont deux constantes. Horiuti préconise $C_1 = 0,1$ et $C_2 = 0,254$. Pour leur part, Moin et Kim utilisent $C_1 = C_2 = 0,254$. La partie isotrope est fonction de la fluctuation des gradients de vitesse, de manière à assurer que, en moyenne temporelle, les composantes extra-diagonales du tenseur sous-maille ainsi prédites s'annulent. Ceci est consistant avec l'hypothèse d'isotropie.

Les deux longueurs caractéristiques $\overline{\Delta}$ et $\overline{\Delta}_z$ représentent les longueurs de coupure pour les deux types de structure. Elles sont évaluées comme:

$$\overline{\Delta}(z) = (\overline{\Delta}_1 \overline{\Delta}_2 \overline{\Delta}_3)^{1/3}(1 - \exp(z u_\tau/A\nu)) \qquad (5.67)$$

$$\overline{\Delta}_z(z) = \overline{\Delta}_3(1 - \exp([z u_\tau/A\nu]^2)) \qquad (5.68)$$

où z est la distance à la paroi solide, $\overline{\Delta}_3$ la longueur de coupure dans la direction normale à la paroi et u_τ la vitesse de frottement à la paroi (voir la section 9.2.1). La constante A est prise égale à 25.

Ce modèle a été initialement conçu pour le cas d'un écoulement de canal plan. Il nécessite de pouvoir calculer la moyenne statistique du champ de vitesse et donc ne peut être étendu qu'aux écoulements cisaillés présentant au moins une direction d'homogénéité.

Sullivan *et al.* [202] en proposent une variante qui incorpore un facteur d'anisotropie γ, de façon à permettre une variation de la constante du modèle pour mieux représenter l'anisotropie du champ:

$$\tau_{ij}^{\text{d}} = -2\nu_{\text{sm}}\gamma\overline{S}_{ij} - 2\nu_{\text{sm}}^{\text{a}}\langle\overline{S}_{ij}\rangle \qquad (5.69)$$

Les auteurs proposent de calculer la viscosité $\nu_{\text{sm}}^{\text{a}}$ comme précédemment. En revanche, le terme ν_{sm} est maintenant calculé au moyen d'un modèle à une équation d'évolution pour l'énergie cinétique sous-maille (voir équation (4.107) du chapitre 4). Seule la production d'énergie cinétique sous-maille par le champ isotrope est prise en compte, ce qui revient à remplacer le terme II de l'équation (4.107) par:

$$2\nu_{\text{sm}}\gamma\left(\overline{S}_{ij} - \langle\overline{S}_{ij}\rangle\right)\left(\overline{S}_{ij} - \langle\overline{S}_{ij}\rangle\right) \qquad (5.70)$$

Les auteurs évaluent le facteur d'anisotropie à partir des taux de cisaillement des grandes et des petites échelles. La moyenne par plan d'homogénéité de la fluctuation du tenseur des taux de déformation résolu, calculée comme:

$$S' = \sqrt{2\langle(\overline{S}_{ij} - \langle\overline{S}_{ij}\rangle)\,(\overline{S}_{ij} - \langle\overline{S}_{ij}\rangle)\rangle} \tag{5.71}$$

est utilisée pour évaluer le cisaillement des petites échelles. Le cisaillement des grandes échelles, quant à lui, est estimé comme:

$$S^\circ = \sqrt{2\langle\overline{S}_{ij}\rangle\langle\overline{S}_{ij}\rangle} \tag{5.72}$$

Le facteur d'isotropie est évalué comme:

$$\gamma = \frac{S'}{S' + S^\circ} \tag{5.73}$$

ν

6. Modélisation structurelle

Ce chapitre décrit les modèles appartenant à la famille des modèles structurels. Comme il a déjà été dit, ceux-ci sont établis sans connaissance préalable sur la nature des interactions entre les échelles sous-maille et celles qui composent le champ résolu.

Ces modèles peuvent être regroupés en plusieurs catégories: les modèles dérivés au moyen de développements formels en série, les modèles basés sur des équations de transport pour les composantes du tenseur sous-maille, ceux construits à partir de modèles déterministes pour les structures sous-maille et enfin ceux qui font appel à l'hypothèse physique de similarité d'échelles.

Les premiers ne font intervenir aucune connaissance *a priori* sur la physique des écoulements et ne reposent que sur des développements en série des différents termes qui apparaissent dans les équations de Navier-Stokes filtrées. Les seconds, s'ils ne nécessitent aucune information sur la nature de l'action des modes sous-maille sur les échelles résolues, requièrent un niveau de modélisation très complexe, puisque tous les termes inconnus des équations de transport des composantes du tenseur sous-maille doivent être évalués. Les modèles de la troisième catégorie supposent connues des directions préférentielles d'alignement pour les structures sous-maille. Les derniers reposent sur l'hypothèse de similarité d'échelles, qui établit une correspondance de la structure statistique de l'écoulement entre différents niveaux de filtrage.

Les modèles mixtes, qui sont basés sur des combinaisons linéaires des modèles de types fonctionnel et structurel, sont ensuite présentés.

6.1 Développements formels en série

6.1.1 Modèles basés sur l'interprétation différentielle des filtres

Modèles de gradient de Clark *et al.*. On rappelle la définition du filtrage par un produit de convolution:

$$\overline{\phi}(x) = \int_{-\infty}^{+\infty} \phi(y)G(x-y)dy \qquad (6.1)$$

Pour obtenir une interprétation différentielle du filtrage, on effectue un développement de Taylor du terme $\phi(y)$ autour de x:

$$\phi(y) = \phi(x) + (y - x)\frac{\partial\phi(x)}{\partial x} + \frac{1}{2}\frac{(y-x)^2}{2}\frac{\partial^2\phi(x)}{\partial x^2} + \ldots \qquad (6.2)$$

En introduisant ce développement dans (6.1), il vient, en tenant compte des propriétés de symétrie et de conservation des constantes du noyau G:

$$\overline{\phi}(x) = \phi(x) + \frac{1}{2}\frac{\partial^2\phi(x)}{\partial x^2}\int_{-\infty}^{+\infty} z^2 G(z)dz + \ldots$$

$$+ \frac{1}{n!}\frac{\partial^n\phi(x)}{\partial x^n}\int z^n G(z)dz + \ldots \qquad (6.3)$$

Cette relation permet d'interpréter le filtrage comme l'application d'un opérateur différentiel à la variable primitive ϕ. Les différents termes qui apparaissent dans les équations filtrées peuvent être récrits, en utilisant la relation:

$$\phi'(x) = \phi(x) - \overline{\phi}(x) = -\frac{1}{2}\frac{\partial^2\phi(x)}{\partial x^2}\alpha^{(2)} - \ldots$$

$$- \frac{1}{n!}\frac{\partial^n\phi(x)}{\partial x^n}\alpha^{(n)} - \ldots \qquad (6.4)$$

où $\alpha^{(n)}$ désigne le moment d'ordre n du noyau de convolution:

$$\alpha^{(n)} = \int_{-\infty}^{+\infty} z^n G(z)dz \qquad (6.5)$$

Les valeurs des premiers moments des filtres boîte et gaussien sont reportées dans le tableau 6.1.1.

Tableau 6.1. Valeurs des 5 premiers moments non-nuls des filtres boîte et gaussien.

$\alpha^{(n)}$		$n = 0$	$n = 2$	$n = 4$	$n = 6$	$n = 8$
boîte	1		$\overline{\Delta}^2/12$	$\overline{\Delta}^4/80$	$\overline{\Delta}^6/448$	$\overline{\Delta}^8/2304$
gaussien	1		$\overline{\Delta}^2/12$	$\overline{\Delta}^4/48$	$5\overline{\Delta}^6/576$	$35\overline{\Delta}^8/6912$

Pour ces deux filtres, on a l'estimation:

$$\alpha^{(n)} = O(\overline{\Delta}^n) \qquad (6.6)$$

Le modèle sous-maille ne peut faire apparaître que la contribution du champ résolu $\overline{\phi}$, aussi est-il nécessaire d'évaluer la fluctuation ϕ' en fonction de ce champ. Ceci est réalisé par une opération de reconstruction, parfois appelée *défiltrage*. Cette opération est réalisée en inversant la relation (6.3). Elle s'écrit sous forme symbolique:

$$\overline{\phi} = \left(Id + \sum_{l=1,\infty} C_l \overline{\Delta}^{2l} \frac{\partial^{2l}}{\partial x^{2l}} \right) \phi \tag{6.7}$$

La relation inverse est:

$$\phi = \left(Id + \sum_{l=1,\infty} C_l \overline{\Delta}^{2l} \frac{\partial^{2l}}{\partial x^{2l}} \right)^{-1} \overline{\phi} \tag{6.8}$$

En tronquant le développement (6.3) à l'ordre p, on obtient[1]:

$$\phi = \left(Id + \sum_{l=1,p} C_l' \overline{\Delta}^{2l} \frac{\partial^{2l}}{\partial x^{2l}} \right) \overline{\phi} \tag{6.9}$$

Cette dernière forme est immédiatement calculable à partir du champ résolu. En limitant les développements au second ordre, la partie sous-maille s'exprime comme:

$$
\begin{aligned}
\phi'(x) &= \frac{1}{2} \alpha^{(2)} \frac{\partial^2 \phi(x)}{\partial x^2} + O(\overline{\Delta}^4) \\
&= \frac{1}{2} \alpha^{(2)} \frac{\partial^2}{\partial x^2} \left(\overline{\phi} + O(\overline{\Delta}^2) \right) \\
&= \overline{\phi}'(x) + O(\overline{\Delta}^2)
\end{aligned}
\tag{6.10}
$$

Cette expression permet d'exprimer toutes les contributions en fonction du champ résolu, avec une précision du second ordre. Les différents termes de la décomposition de Leonard sont approchés au second ordre comme:

$$L_{ij} \equiv \overline{\overline{u}_i \, \overline{u}_j} - \overline{u}_i \, \overline{u}_j = \frac{1}{2} \alpha^{(2)} \frac{\partial^2}{\partial x^2} (\overline{u}_i \, \overline{u}_j) + O(\overline{\Delta}^4) \tag{6.11}$$

$$C_{ij} \equiv \overline{\overline{u}_i \, u_j'} + \overline{\overline{u}_j \, u_i'} = -\frac{1}{2} \alpha^{(2)} \left(\overline{u}_i \frac{\partial^2}{\partial x^2} \overline{u}_j + \overline{u}_j \frac{\partial^2}{\partial x^2} \overline{u}_i \right) + O(\overline{\Delta}^4) \tag{6.12}$$

La combinaison de ces deux termes conduit à:

---

[1] Ce résultat est obtenu en employant le développement de Taylor

$$(1 + \epsilon)^{-1} = 1 - \epsilon + O(\epsilon^2)$$

$$L_{ij} + C_{ij} = \alpha^{(2)} \frac{\partial \overline{u}_i}{\partial x} \frac{\partial \overline{u}_j}{\partial x} + O(\overline{\Delta}^4) \tag{6.13}$$

Le tenseur de Reynolds sous-maille, quant à lui, n'apparaît que comme un terme du quatrième ordre:

$$R_{ij} \equiv \overline{u_i' u_j'} = \frac{1}{4} \left(\alpha^{(2)} \right)^2 \frac{\partial^2 \overline{u}_i}{\partial x^2} \frac{\partial^2 \overline{u}_j}{\partial x^2} + O(\overline{\Delta}^6) \tag{6.14}$$

ce qui fait qu'il disparaît dans un développement au second ordre du tenseur sous-maille complet. En pratique, cette approche n'est utilisée que pour dériver des modèles des tenseurs L et C, qui échappent à la modélisation fonctionnelle [23, 41, 46, 47, 127]. Ces évaluations permettent également à certains auteurs de négliger ces tenseurs lorsque le schéma numérique produit des erreurs du même ordre, ce qui est le cas des schémas du second ordre.

Une analyse plus fine permet une meilleure évaluation de l'ordre de grandeur du tenseur sous-maille. En employant un modèle de viscosité sous-maille, *i.e.*:

$$\tau_{ij} = -2\nu_{\mathrm{sm}} \overline{S}_{ij} \tag{6.15}$$

et en utilisant l'hypothèse d'équilibre local:

$$\varepsilon = -\tau_{ij} \overline{S}_{ij} = \nu_{\mathrm{sm}} |\overline{S}|^2 \tag{6.16}$$

l'amplitude du tenseur sous-maille peut être évaluée comme:

$$|\tau_{ij}| \approx \nu_{\mathrm{sm}} |\overline{S}| \approx \sqrt{\varepsilon \nu_{\mathrm{sm}}} \tag{6.17}$$

En basant le calcul de la viscosité sous-maille sur l'énergie cinétique sous-maille:

$$\nu_{\mathrm{sm}} \approx \overline{\Delta} \sqrt{q_{\mathrm{sm}}^2} \tag{6.18}$$

et en calculant cette énergie à partir d'un spectre de Kolmogorov:

$$\begin{aligned} \sqrt{q_{\mathrm{sm}}^2} &= \left(\int_{k_c}^{\infty} E(k) dk \right)^{1/2} \\ &\propto \left(\int_{k_c}^{\infty} k^{-5/3} dk \right)^{1/2} \\ &\propto (k_c)^{-1/3} \\ &\propto \overline{\Delta}^{1/3} \end{aligned}$$

il vient, pour la viscosité sous-maille:

$$\nu_{\mathrm{sm}} \propto \overline{\Delta} \, \overline{\Delta}^{1/3} = \overline{\Delta}^{4/3} \tag{6.19}$$

L'ordre de grandeur du tenseur sous-maille correspondant est:

$$|\tau_{ij}| \propto \sqrt{\varepsilon \nu_{\mathrm{sm}}} \propto \overline{\Delta}^{2/3} \qquad (6.20)$$

Cette estimation est nettement différente de celles données précédemment et montre que le terme sous-maille est théoriquement dominant devant des termes en $\overline{\Delta}^2$. Cette dernière évaluation est le plus souvent interprétée comme étant celle du tenseur de Reynolds sous-maille R_{ij}, les estimations des tenseurs C_{ij} et L_{ij} données plus haut étant généralement considérées correctes.

Dérivation dans l'espace spectral. Des résultats identiques peuvent être dérivés dans l'espace spectral, en effectuant cette fois-ci un développement de Taylor de la fonction de transfert $\widehat{G}$ autour de 0:

$$\widehat{G}(k) = \widehat{G}(0) + k\frac{\partial \widehat{G}(0)}{\partial k} + \frac{k^2}{2}\frac{\partial^2 \widehat{G}(0)}{\partial k^2} + \dots \qquad (6.21)$$

La préservation des constantes par le filtrage implique $\widehat{G}(0) = 1$. La composante filtrée s'écrit donc:

$$\overline{\widehat{\phi}}(k) = \left(1 + k\frac{\partial \widehat{G}(0)}{\partial k} + \frac{k^2}{2}\frac{\partial^2 \widehat{G}(0)}{\partial k^2} + \dots\right)\widehat{\phi}(k) \qquad (6.22)$$

et la fluctuation:

$$\widehat{\phi}'(k) = -\left(k\frac{\partial \widehat{G}(0)}{\partial k} + \frac{k^2}{2}\frac{\partial^2 \widehat{G}(0)}{\partial k^2} + \dots\right)\widehat{\phi}(k) \qquad (6.23)$$

Des manipulations algébriques simples, consistant à substituer ces relations dans celles de la section 3.3.1, mènent au mêmes résultats que ceux qui viennent d'être exposés dans l'espace physique. Pour cela, il suffit d'identifier les groupements de la forme $k^n\widehat{\phi}(k)$ au terme $\partial^n \phi(x)/\partial x^n$.

6.1.2 Modèles non-linéaires

Des modèles non-linéaires des tensions sous-maille peuvent être dérivés de plusieurs manières: Horiuti [89], Speziale [200], Yoshizawa [227] et Wong [219] se basent sur un développement en petit paramètre, alors que Lund et Novikov [130] utilisent les propriétés mathématiques des tenseurs considérés. C'est cette dernière approche qui va être décrite en premier lieu, car c'est celle qui fait le mieux apparaître la différence avec les modèles fonctionnels. Le modèle simplifié de Kosovic [102] et le modèle dynamique de Wong [219] sont ensuite exposés.

Modèle générique de Lund et Novikov. On fait l'hypothèse que le déviateur du tenseur sous-maille peut être exprimé en fonction des gradients du champ de vitesse résolu (et non du champ des vitesse lui-même, pour garantir la propriété d'invariance galiléenne), du tenseur unité et du carré de la longueur de coupure $\overline{\Delta}$:

$$\tau_{ij} - \frac{1}{3}\tau_{kk}\delta_{ij} \equiv \tau_{ij}^{\mathrm{d}} = \mathcal{F}(\overline{S}_{ij}, \overline{\Omega}_{ij}, \delta_{ij}, \overline{\Delta}^2) \tag{6.24}$$

La partie isotrope de τ n'est pas prise en compte et est intégrée au terme de pression, car $\overline{S}$ et $\overline{\Omega}$ sont à trace nulle. Pour simplifier les développements, on utilise dans ce qui suit les notations réduites suivantes:

$$\overline{S}\,\overline{\Omega} = \overline{S}_{ik}\overline{\Omega}_{kj}, \quad \operatorname{tr}(\overline{S}\,\overline{\Omega}^2) = \overline{S}_{ij}\overline{\Omega}_{jk}\overline{\Omega}_{ki}$$

La forme la plus générale pour la relation (6.24) est un polynôme de degré infini de tenseurs, dont les termes sont de la forme $\overline{S}^{a_1}\overline{\Omega}^{a_2}\overline{S}^{a_3}\overline{\Omega}^{a_4}...$, où les a_i sont des entiers positifs. Chaque terme de la série est multiplié par un coefficient, lui-même fonction des invariants de $\overline{S}$ et $\overline{\Omega}$. Le théorème de Cayley-Hamilton permet réduire cette série en un nombre fini de termes linéairement indépendants. Comme le tenseur τ^{d} est symétrique, on ne retient ici que les termes symétriques. Les calculs conduisent à la définition de 11 tenseurs $m_1, ..., m_{11}$ auxquels sont associés 6 invariants $I_1, ..., I_6$:

$$
\begin{aligned}
m_1 &= \overline{S} & m_2 &= \overline{S}^2 \\
m_3 &= \overline{\Omega}^2 & m_4 &= \overline{S}\,\overline{\Omega} - \overline{\Omega}\,\overline{S} \\
m_5 &= \overline{S}^2\overline{\Omega} - \overline{\Omega}\overline{S}^2 & m_6 &= Id \\
m_7 &= \overline{S}\,\overline{\Omega}^2 + \overline{\Omega}^2\overline{S} & m_8 &= \overline{\Omega}\,\overline{S}\,\overline{\Omega}^2 - \overline{\Omega}^2\overline{S}\,\overline{\Omega} \\
m_9 &= \overline{S}\,\overline{\Omega}\,\overline{S}^2 - \overline{S}^2\overline{\Omega}\,\overline{S} & m_{10} &= \overline{S}^2\overline{\Omega}^2 + \overline{\Omega}^2\overline{S}^2 \\
m_{11} &= \overline{\Omega}\,\overline{S}^2\overline{\Omega}^2 - \overline{\Omega}^2\overline{S}^2\overline{\Omega}
\end{aligned}
\tag{6.25}
$$

$$
\begin{aligned}
I_1 &= \operatorname{tr}(\overline{S}^2) & I_2 &= \operatorname{tr}(\overline{\Omega}^2) \\
I_3 &= \operatorname{tr}(\overline{S}^3) & I_4 &= \operatorname{tr}(\overline{S}\,\overline{\Omega}^2) \\
I_5 &= \operatorname{tr}(\overline{S}^2\overline{\Omega}^2) & I_6 &= \operatorname{tr}(\overline{S}^2\overline{\Omega}^2\overline{S}\,\overline{\Omega})
\end{aligned}
\tag{6.26}
$$

où Id désigne le tenseur identité.

Ces tenseurs sont indépendants en ce sens qu'aucun ne peut être décomposé en une somme linéaire des dix autres, si les coefficients sont astreints à apparaître comme des polynômes des six invariants définis plus haut. Si cette dernière contrainte est relaxée en considérant également les quotients de polynômes des invariants, alors seuls six des onze tenseurs sont linéairement indépendants. Les tenseurs définis ci-dessus ne sont plus linéairement indépendants dans deux cas: lorsque le tenseur $\overline{S}$ possède une valeur propre double et quand deux composantes de la vorticité disparaissent lorsqu'elles sont exprimées dans le repère propre de $\overline{S}$. Le premier cas correspond à un cisaillement axisymétrique et le second à une situation où la rotation s'effectue autour d'un seul axe aligné avec un des vecteurs propres de $\overline{S}$. En faisant l'hypothèse qu'aucune de ces conditions n'est vérifiée, il suffit de six des termes de (6.25) pour représenter le tenseur τ et de cinq pour représenter sa partie déviatoire, ce qui est consistant avec le fait qu'un tenseur d'ordre 2 symétrique à trace nulle ne possède que cinq degrés de liberté en dimension trois. On obtient alors la forme polynômiale générique:

$$
\begin{aligned}
\tau^{\mathrm d} &= C_1\overline{\Delta}^2|\overline{S}|\overline{S} + C_2\overline{\Delta}^2(\overline{S}^2)^{\mathrm d} + C_3\overline{\Delta}^2(\overline{\Omega}^2)^{\mathrm d} \\
&+ C_4\overline{\Delta}^2(\overline{S}\,\overline{\Omega} - \overline{\Omega}\,\overline{S}) + C_5\overline{\Delta}^2\frac{1}{|\overline{S}|}(\overline{S}^2\overline{\Omega} - \overline{S}\,\overline{\Omega}^2)
\end{aligned}
\tag{6.27}
$$

où les C_i, $i = 1,5$ sont des constantes à déterminer. Ce type de modèle est formellement analogue aux modèles de turbulence statistiques non-linéaires [199, 200]. Les expériences numériques faites par les auteurs sur des cas de turbulence homogène isotrope ont démontré que cette modélisation, si elle peut conduire à de bons résultats, est très coûteuse. D'autre part, le calcul des différentes constantes pose des problèmes car leur dépendance en fonction des invariants des tenseurs mis en jeu est complexe. Meneveau *et al.* [143] ont tenté de calculer ces constantes par des techniques statistiques, mais ne sont pas parvenus à une amélioration sensible de la prédiction des vecteurs propres du tenseur sous-maille par rapport à un modèle linéaire.

On remarque que le premier terme du développement correspond aux modèles de viscosité sous-maille pour la cascade d'énergie basés sur les grandes échelles, ce qui permet d'interpréter ce type de développement comme une suite de ruptures de symétrie: la partie isotrope du tenseur est représentée par un tenseur sphérique, le premier terme représente une première rupture de symétrie, mais ne permet pas de prendre en compte l'inégalité des tensions sous-maille normales[2]. L'anisotropie des tensions normales est prise en compte par les termes suivants, qui représentent donc une nouvelle rupture de symétrie.

Modèle non-linéaire simplifié de Kosovic. De manière à réduire le coût algorithmique du modèle sous-maille, Kosovic [102] propose de négliger certains termes du modèle générique présenté ci-dessus. L'auteur, après avoir négligé les termes d'ordre élevé en se basant sur une étude de leurs ordres de grandeur, propose le modèle suivant:

---

[2] Ceci est vrai pour toutes les modélisations de la forme $\tau = (\mathbf{V} \otimes \mathbf{V})$, où $\mathbf{V}$ est un vecteur arbitraire. On vérifie trivialement que le tenseur $(\mathbf{V} \otimes \mathbf{V})$ n'admet qu'une seule valeur propre $\lambda = (V_1^2 + V_2^2 + V_3^2)$ non nulle, alors que le tenseur sous-maille possède, dans le cas le plus général, trois valeurs propres distinctes.

$$
\begin{aligned}
\tau_{ij} \;=\; & -(C_s\overline{\Delta})^2 \left[2(2|\overline{S}|^2)^{1/2}\overline{S}_{ij} + C_1\left(\overline{S}_{ik}\overline{S}_{kj} - \frac{1}{3}\overline{S}_{mn}\overline{S}_{mn}\delta_{ij} \right) \right. \\
& \left. + \; C_2\left(\overline{S}_{ik}\overline{\Omega}_{kj} - \overline{\Omega}_{ik}\overline{S}_{kj} \right) \right]
\end{aligned} \tag{6.28}
$$

où C_s est la constante du modèle de viscosité sous-maille basé sur les grandes échelles (voir section 4.3.2) et C_1 et C_2 deux constantes à déterminer. Après calcul, l'hypothèse d'équilibre local s'écrit:

$$
\begin{aligned}
\langle \varepsilon \rangle \;=\; & -\langle \tau_{ij}\overline{S}_{ij} \rangle \\
=\; & (C_s\overline{\Delta})^2 \langle 2\left[(2|\overline{S}|^2)^{1/2}\overline{S}_{ij}\overline{S}_{ij} + C_1\overline{S}_{ik}\overline{S}_{kj}\overline{S}_{ji} \right] \rangle
\end{aligned} \tag{6.29}
$$

En se plaçant dans le cas canonique (turbulence isotrope, zone inertielle infinie, filtre porte), il vient (voir [14]):

$$
\begin{aligned}
\langle \overline{S}_{ij}\overline{S}_{ij} \rangle \;=\; & \frac{30}{4}\langle \left(\frac{\partial \overline{u}_1}{\partial x_1} \right)^2 \rangle \\
=\; & \frac{3}{4}K_0\langle \varepsilon \rangle^{2/3} k_c^{4/3}
\end{aligned} \tag{6.30}
$$

$$
\begin{aligned}
\langle \overline{S}_{ik}\overline{S}_{kj}\overline{S}_{ji} \rangle \;=\; & \frac{105}{8}\langle \left(\frac{\partial \overline{u}_1}{\partial x_1} \right)^3 \rangle \\
=\; & -\frac{105}{8}S(k_c)\left(\frac{1}{10}K_0 \right)^{3/2}\langle \varepsilon \rangle k_c^2
\end{aligned} \tag{6.31}
$$

où le coefficient $S(k_c)$ est défini comme:

$$
S(k_c) = -\langle \left(\frac{\partial \overline{u}_1}{\partial x_1} \right)^3 \rangle / \langle \left(\frac{\partial \overline{u}_1}{\partial x_1} \right)^2 \rangle^{3/2} \tag{6.32}
$$

En reportant ces expressions dans la relation (6.29), il vient:

$$
\langle \varepsilon \rangle = (C_s\overline{\Delta})^2 \left[1 - \frac{7}{\sqrt{960}}C_1 S(k_c) \right] \left(\frac{3}{2}K_0 \right)^{3/2} k_c^2 \langle \varepsilon \rangle \tag{6.33}
$$

Cette relation permet de relier les constantes C_s et C_1, donc de calculer C_1 une fois C_s déterminée par un raisonnement similaire à celui déjà exposé dans le chapitre consacré aux modèles fonctionnels. La théorie et les observations expérimentales permettent d'évaluer la valeur asymptotique de $S(k_c)$ entre 0,4 et 0,8, lorsque $k_c \to \infty$. La constante C_2 ne peut pas être déterminée de cette manière, puisque la contribution de la partie antisymétrique du gradient des vitesses au transfert d'énergie est nulle[3].

---

[3] Ceci, car on a la relation

$$
\overline{\Omega}_{ij}\overline{S}_{ij} \equiv 0
$$

puisque les tenseurs $\overline{\Omega}$ et $\overline{S}$ sont respectivement antisymétrique et symétrique.

En se basant sur des exemples simples de turbulence homogène anisotrope, Kosovic propose:

$$C_2 \approx C_1 \qquad (6.34)$$

ce qui achève la description du modèle.

Modèle non-linéaire dynamique. La démarche de Kosovic fait appel à des hypothèses intrinsèques sur les modes sous-maille, comme par exemple la forme du spectre et l'hypothèse d'équilibre local. Pour relaxer ces contraintes, Wong [219] propose de calculer les constantes des modèles non-linéaires au moyen d'une procédure dynamique.

Pour cela, l'auteur propose un modèle de la forme (on emploie ici les même notations que lors de la description du modèle dynamique à une équation sur l'énergie cinétique dans la section 4.4.2):

$$\tau_{ij} = \frac{2}{3}q_{\text{sm}}^2\delta_{ij} - 2C_1\overline{\Delta}\sqrt{q_{\text{sm}}^2}\,\overline{S}_{ij} - C_2\overline{N}_{ij} \qquad (6.35)$$

où C_1 et C_2 sont des constantes, q_{sm}^2 l'énergie cinétique sous-maille et

$$\overline{N}_{ij} = \overline{S}_{ik}\overline{S}_{kj} - \frac{1}{3}\overline{S}_{mn}\overline{S}_{mn}\delta_{ij} + \dot{\overline{S}}_{ij} - \frac{1}{3}\dot{\overline{S}}_{mm}\delta_{ij} \qquad (6.36)$$

où $\dot{\overline{S}}_{ij}$ est la dérivée de Oldroyd[4] de $\overline{S}_{ij}$:

$$\dot{\overline{S}}_{ij} = \frac{D\overline{S}_{ij}}{Dt} - \frac{\partial\overline{u}_i}{\partial x_k}\overline{S}_{kj} - \frac{\partial\overline{u}_j}{\partial x_k}\overline{S}_{ki} \qquad (6.37)$$

où D/Dt est la dérivée particulaire associée au champ de vitesse $\overline{u}$. La partie isotrope de ce modèle est basée sur l'énergie cinétique des modes sous-maille (voir section 4.3.2). De manière classique, on introduit un filtre test symbolisé par le symbole *tilde*, dont la longueur de coupure est notée $\widetilde{\overline{\Delta}}$. En employant le même modèle, le tenseur sous-maille correspondant au filtre test s'écrit:

$$T_{ij} = \frac{2}{3}Q_{\text{sm}}^2\delta_{ij} - 2C_1\widetilde{\overline{\Delta}}\sqrt{Q_{\text{sm}}^2}\,\widetilde{\overline{S}}_{ij} - C_2\widetilde{\overline{H}}_{ij} \qquad (6.38)$$

où Q_{sm}^2 est l'énergie cinétique sous-maille qui correspond au filtre test et $\widetilde{\overline{H}}_{ij}$ le tenseur analogue à $\overline{N}_{ij}$ construit à partir du champ de vitesse $\widetilde{\overline{u}}$. En employant les deux expressions (6.46) et (6.38), la relation de Germano (4.125) s'écrit:

$$
\begin{aligned}
L_{ij} &= T_{ij} - \widetilde{\tau}_{ij} \\
&\simeq \frac{2}{3}(Q_{\text{sm}}^2 - \widetilde{q_{\text{sm}}^2})\delta_{ij} + 2C_1\overline{\Delta}A_{ij} + C_2\overline{\Delta}^2 B_{ij}
\end{aligned} \qquad (6.39)
$$

---

[4] Cette dérivée répond au principe d'objectivité, c'est-à-dire qu'elle est invariante par changement du repère dans lequel on observe le mouvement.

où

$$A_{ij} = \overline{S}_{ij}\sqrt{q_{\mathrm{sm}}^2} - \frac{\widetilde{\overline{\Delta}}}{\overline{\Delta}}\widetilde{\overline{S}}_{ij}\sqrt{Q_{\mathrm{sm}}^2} \tag{6.40}$$

$$B_{ij} = \widetilde{\overline{N}}_{ij} - \left(\frac{\widetilde{\overline{\Delta}}}{\overline{\Delta}}\right)^2 \widetilde{\overline{H}}_{ij} \tag{6.41}$$

On définit ensuite le résidu E_{ij}:

$$E_{ij} = L_{ij} - \frac{2}{3}(Q_{\mathrm{sm}}^2 - \widetilde{q_{\mathrm{sm}}^2})\delta_{ij} + 2C_1\overline{\Delta}A_{ij} + C_2\overline{\Delta}^2 B_{ij} \tag{6.42}$$

Les deux constantes C_1 et C_2 sont ensuite calculées de manière à minimiser le résidu scalaire $E_{ij}E_{ij}$, *i.e.*

$$\frac{\partial E_{ij}E_{ij}}{\partial C_1} = \frac{\partial E_{ij}E_{ij}}{\partial C_2} = 0 \tag{6.43}$$

Une évaluation simultanée des ces deux paramètres conduit à:

$$2\overline{\Delta}C_1 \approx \frac{L_{mn}(A_{mn}B_{pq}B_{pq} - B_{mn}A_{pq}B_{pq})}{A_{kl}A_{kl}B_{ij}B_{ij} - (A_{ij}B_{ij})^2} \tag{6.44}$$

$$\overline{\Delta}^2 C_2 \approx \frac{L_{mn}(B_{mn}A_{pq}A_{pq} - A_{mn}A_{pq}B_{pq})}{A_{kl}A_{kl}B_{ij}B_{ij} - (A_{ij}B_{ij})^2} \tag{6.45}$$

Les quantités q_{sm}^2 et Q_{sm}^2 sont obtenues en résolvant les équations d'évolution correspondantes, qui sont décrites dans le chapitre dédié aux modèles fonctionnels. Ceci achève le calcul du modèle sous-maille.

Une variante, qui ne nécessite pas l'emploi d'équations d'évolution supplémentaires, est dérivée en utilisant un modèle basé sur le gradient des échelles résolues au lieu d'un modèle basé sur l'énergie cinétique sous-maille pour décrire le terme isotrope. Le déviateur du tenseur sous-maille est maintenant modélisé comme:

$$\tau_{ij} - \frac{1}{3}\tau_{kk}\delta_{ij} = -2C_1\overline{\Delta}^2|\overline{S}|\overline{S}_{ij} - C_2\overline{N}_{ij} \tag{6.46}$$

Les deux paramètres calculés par la procédure dynamique sont maintenant $\overline{\Delta}^2 C_1$ et $\overline{\Delta}^2 C_2$. Les expressions obtenues sont formellement identiques aux relations (6.44) et (6.45), où le tenseur A_{ij} est défini comme:

$$A_{ij} = |\overline{S}|\overline{S}_{ij} - |\widetilde{\overline{S}}|\widetilde{\overline{S}}_{ij}\left(\frac{\widetilde{\overline{\Delta}}}{\overline{\Delta}}\right)^2 \tag{6.47}$$

6.1.3 Technique d'homogénéisation: modèles de Perrier et Pironneau

Présentation générale. Une autre catégorie de modèles dérivés à partir d'un développement en petit paramètre est celle des modèles obtenus par Perrier et Pironneau [163] au moyen de la théorie de l'homogénéisation. Cette approche, qui consiste à résoudre séparément les équations d'évolution du champ filtré et celles des modes sous-maille, repose sur l'hypothèse qu'en chaque point la coupure est située au sein d'une zone inertielle. Le champ résolu $\overline{\mathbf{u}}$ et le champ sous-maille $\mathbf{u}'$ sont calculés sur deux maillages différents au moyen d'un algorithme de couplage. Dans tout ce qui suit, on fait l'hypothèse que $\overline{\mathbf{u}'} = 0$. Les modes sous-maille $\mathbf{u}'$ sont alors représentés par un processus aléatoire $\mathbf{v}^\delta$ qui dépend de la dissipation ε, de la viscosité ν et qui est transporté par le champ résolu $\overline{\mathbf{u}}$. Cette modélisation se note symboliquement:

$$\mathbf{u}' = \mathbf{v}^\delta \left(\varepsilon, \frac{\mathbf{x} - \overline{\mathbf{u}}t}{\delta}, \frac{t}{\delta^2} \right) \tag{6.48}$$

où δ^{-1} représente le plus grand nombre d'onde de la zone inertielle et δ^{-2} la plus grande fréquence considérée. La zone inertielle étant supposée s'étendre aux grands nombres d'onde, δ est pris comme petit paramètre. Soit $\mathbf{u}^\delta$ la solution du problème:

$$\frac{\partial u_i^\delta}{\partial t} + \frac{\partial (u_i^\delta + v_i^\delta)(u_j^\delta + v_j^\delta)}{\partial x_j} - \nu \frac{\partial^2 u_i^\delta}{\partial x_k \partial x_k} = -\frac{\partial p^\delta}{\partial x_i} - \frac{\partial v_i^\delta}{\partial t} + \nu \frac{\partial^2 v_i^\delta}{\partial x_k \partial x_k} \tag{6.49}$$

Si $\mathbf{v}^\delta$ est proche de $\mathbf{u}'$, alors $\overline{\mathbf{u}^\delta}$ est proche de $\overline{\mathbf{u}}$. Plus précisément, on a:

$$\mathbf{u}^\delta = \overline{\mathbf{u}} + \delta \mathbf{u}^1 + \delta^2 \mathbf{u}^2 + \dots \tag{6.50}$$

Une telle modélisation, si elle est satisfaisante sur le plan théorique, ne l'est en revanche pas sur le plan pratique. En effet, la fonction $\mathbf{v}^\delta$ oscille très rapidement en espace et en temps et le nombre de degrés de liberté du système discret nécessaires pour décrire ses variations demeure très grand. Pour réduire de façon significative la dimension du système discret, il est nécessaire de faire appel à d'autres hypothèses, qui mènent à la définition de modèles simplifiés qui sont décrits dans ce qui suit.

Premier modèle. Une première simplification consiste à choisir le processus aléatoire sous la forme:

$$\mathbf{v}^\delta(\mathbf{x}, t) = \frac{1}{\delta} \mathbf{v}(\mathbf{x}, t, \mathbf{x}', t') \tag{6.51}$$

où les échelles d'espace $\mathbf{x}'$ et de temps t' des modes sous-maille sont définies comme:

$$\mathbf{x}' = \frac{\mathbf{x} - \overline{\mathbf{u}}t}{\delta}, \; t' = \frac{t}{\delta^2} \tag{6.52}$$

La nouvelle variable $\mathbf{v}\,(\mathbf{x}, t, \mathbf{x}', t')$ oscille lentement et peut donc être représentée au moyen d'un nombre réduit de degrés de liberté. En faisant l'hypothèse que $\mathbf{v}$ est périodique suivant les variables $\mathbf{x}'$ et t' sur un domaine $\Omega_v = Z \times]0, T'[$ et que $\mathbf{v}$ est à moyenne nulle sur ce domaine[5], on démontre que le tenseur sous-maille s'exprime sous la forme:

$$\tau = B\nabla\overline{\mathbf{u}} \tag{6.53}$$

où le terme $B\nabla\overline{\mathbf{u}}$ est calculé en effectuant la moyenne sur la cellule de périodicité Ω_v du terme $(\mathbf{v} \cdot \nabla\mathbf{u}^1 + \mathbf{u}^1 \cdot \nabla\mathbf{v})$, où $\mathbf{u}^1$ est solution sur cette cellule du problème:

$$\frac{\partial \mathbf{u}^1}{\partial t'} - \nu\nabla^2_{\mathbf{x}'}\mathbf{u}^1 + \mathbf{v} \cdot \nabla_{\mathbf{x}'}\mathbf{u}^1 + \mathbf{u}^1 \cdot \nabla_{\mathbf{x}'}\mathbf{v} = \nabla q - \mathbf{v} \cdot \nabla\overline{\mathbf{u}} - \overline{\mathbf{u}} \cdot \nabla\mathbf{v} \tag{6.54}$$

$$\nabla_{\mathbf{x}'} \cdot \mathbf{u}^1 = 0 \tag{6.55}$$

où $\nabla_{\mathbf{x}'}$ désigne le gradient par rapport aux variables $\mathbf{x}'$ et q le multiplicateur de Lagrange qui assure la contrainte (6.55). Ce modèle, bien que plus simple, demeure difficile d'emploi, car la variable $(\mathbf{x} - \overline{\mathbf{u}}t)$ est difficilement manipulable. D'autres simplifications sont donc nécessaires.

Second modèle. Pour parvenir à un modèle exploitable, les auteurs proposent de négliger le transport de la variable aléatoire par le champ filtré dans l'équation d'évolution de ce dernier. Ceci permet de choisir la variable aléatoire sous la forme:

$$\mathbf{v}^\delta(\mathbf{x}, t) = \frac{1}{\delta}\mathbf{v}\,(\mathbf{x}, t, \mathbf{x}'', t') \tag{6.56}$$

avec

$$\mathbf{x}'' = \frac{\mathbf{x}}{\delta} \tag{6.57}$$

et où le temps t' est défini comme précédemment. En supposant que $\mathbf{v}$ est périodique suivant $\mathbf{x}''$ et t' sur le domaine Ω_v et est à moyenne nulle sur cet intervalle, le terme sous-maille prend la forme:

$$\tau = A\nabla\overline{\mathbf{u}} \tag{6.58}$$

où A est un tenseur défini positif, tel que le terme $A\nabla\overline{\mathbf{u}}$ soit égal à la moyenne sur Ω_v du terme $(\mathbf{v} \otimes \mathbf{u}^1)$, où $\mathbf{u}^1$ est solution sur Ω_v du problème:

$$\frac{\partial \mathbf{u}^1}{\partial t'} - \nu\nabla^2_{\mathbf{x}''}\mathbf{u}^1 + \mathbf{v} \cdot \nabla_{\mathbf{x}''}\mathbf{u}^1 = \nabla q + \mathbf{v} \cdot \nabla\overline{\mathbf{u}} \tag{6.59}$$

$$\nabla_{\mathbf{x}''} \cdot \mathbf{u}^1 = 0 \tag{6.60}$$

---

[5] Ceci revient à considérer que $\mathbf{v}\,(\mathbf{x}, t, \mathbf{x}', t')$ est statistiquement homogène et isotrope, ce qui est justifiable *a priori* par l'hypothèse physique d'isotropie locale.

6.2 Modèle à équations de transport

6.2.1 Modèle de Deardorff

Une autre approche pour obtenir un modèle pour le tenseur sous-maille consiste à résoudre une équation d'évolution pour chacune de ces composantes. Cette approche, proposée par Deardorff [51], est formellement analogue à la modélisation statistique en deux points. On se place ici dans le cas où le filtre est un opérateur de Reynolds. Le tenseur sous-maille τ_{ij} est donc réduit au tenseur de Reynolds sous-maille R_{ij}. De l'équation d'évolution des modes sous-maille (3.24), on déduit celle des composantes du tenseur sous-maille[6]:

$$
\begin{aligned}
\frac{\partial \tau_{ij}}{\partial t} = &-\frac{\partial}{\partial x_k}\left(\overline{u}_k \tau_{ij}\right) - \tau_{ik}\frac{\partial \overline{u}_j}{\partial x_k} - \tau_{jk}\frac{\partial \overline{u}_i}{\partial x_k} \\
&-\frac{\partial}{\partial x_k}\overline{u'_i u'_j u'_k} + \overline{p'\left(\frac{\partial u'_i}{\partial x_j} + \frac{\partial u'_j}{\partial x_i}\right)} \\
&-\frac{\partial}{\partial x_j}\overline{u'_i p'} - \frac{\partial}{\partial x_i}\overline{u'_j p'} - 2\nu\overline{\frac{\partial u'_i}{\partial x_k}\frac{\partial u'_j}{\partial x_k}}
\end{aligned} \tag{6.61}
$$

Les différents termes de cette équations doivent être modélisés. Les modèles proposés par Deardorff sont:

– Pour le terme de corrélation pression-déformation:

$$
\overline{p'\left(\frac{\partial u'_i}{\partial x_j} + \frac{\partial u'_j}{\partial x_i}\right)} = -C_{\mathrm{m}}\frac{\sqrt{q_{\mathrm{sm}}^2}}{\overline{\Delta}}\left(\tau_{ij} - \frac{2}{3}q_{\mathrm{sm}}^2\delta_{ij}\right) + \frac{2}{5}q_{\mathrm{sm}}^2\overline{S}_{ij} \tag{6.62}
$$

où C_{m} est une constante, q_{sm}^2 l'énergie cinétique sous-maille et $\overline{S}_{ij}$ le tenseur des taux de déformation du champ résolu.

– Pour le terme de dissipation:

$$
\nu\overline{\frac{\partial u'_i}{\partial x_k}\frac{\partial u'_j}{\partial x_k}} = \delta_{ij}C_{\mathrm{e}}\frac{(q_{\mathrm{sm}}^2)^{3/2}}{\overline{\Delta}} \tag{6.63}
$$

où C_{e} est une constante.

– Pour les corrélations triples:

$$
\overline{u'_i u'_j u'_k} = -C_{3\mathrm{m}}\overline{\Delta}\left(\frac{\partial}{\partial x_i}\tau_{jk} + \frac{\partial}{\partial x_j}\tau_{ik} + \frac{\partial}{\partial x_k}\tau_{ij}\right) \tag{6.64}
$$

---

[6] Ceci est réalisé en appliquant le filtre à la relation obtenue en multipliant (3.24) par u'_j et en faisant la demi-somme avec la relation obtenue en inversant les indices i et j.

Les termes de corrélation pression-vitesse $\overline{p'u_i'}$ sont négligés. Les valeurs des constantes sont déterminées dans le cas de la turbulence homogène isotrope:

$$C_{\mathrm{m}} = 4,13, \ C_{\mathrm{e}} = 0,70, \ C_{3\mathrm{m}} = 0,2 \qquad (6.65)$$

Enfin, l'énergie cinétique sous-maille est déterminée au moyen de l'équation d'évolution (4.107).

6.2.2 Lien avec les modèles de viscosité sous-maille

Les modèles fonctionnels de viscosité sous-maille peuvent être retrouvés en partant d'un modèle à équations de transport pour les tensions sous-maille, au prix d'hypothèses supplémentaires. Par exemple, Yoshizawa et al. [231] proposent de négliger tous les termes de l'équation (6.61), hormis les termes de production. L'équation d'évolution réduite s'écrit alors:

$$\frac{\partial \tau_{ij}}{\partial t} = -\tau_{ik}\frac{\partial \overline{u}_j}{\partial x_k} - \tau_{jk}\frac{\partial \overline{u}_i}{\partial x_k} \qquad (6.66)$$

En faisant l'hypothèse que les modes sous-maille sont isotropes, ou quasi-isotropes, c'est-à-dire que les éléments extra-diagonaux du tenseur sous-maille sont très petits devant les éléments diagonaux et que ces derniers sont presque égaux entre eux, le second membre de l'équation réduite (6.66) prend la forme simplifiée:

$$- q_{\mathrm{sm}}^2 \overline{S}_{ij} \qquad (6.67)$$

où $q_{\mathrm{sm}}^2 = \overline{u_k' u_k'}/2$ est l'énergie cinétique sous-maille. Soit t_0 le temps caractéristique des modes sous-maille. En tenant compte des relations (6.66) et (6.67) et en faisant l'hypothèse que le temps de relaxation des modes sous-maille est beaucoup plus court que celui des échelles résolues[7], il vient:

$$\tau_{ij} - \frac{1}{3}\tau_{kk}\delta_{ij} \approx -t_0 q_{\mathrm{sm}}^2 \overline{S}_{ij} \qquad (6.68)$$

Le temps t_0 peut être évalué, par des arguments dimensionnels, au moyen de la longueur de coupure $\overline{\Delta}$ et de l'énergie cinétique sous-maille:

$$t_0 \approx \frac{\overline{\Delta}}{\sqrt{q_{\mathrm{sm}}^2}} \qquad (6.69)$$

En reportant cette estimation dans l'équation (6.68), une expression analogue à celle employée dans le cadre de la modélisation fonctionnelle est retrouvée:

$$\tau_{ij} - \frac{1}{3}\tau_{kk}\delta_{ij} \approx -\overline{\Delta}\sqrt{q_{\mathrm{sm}}^2}\,\overline{S}_{ij} \qquad (6.70)$$

---

[7] On retrouve ici l'hypothèse de séparation totale d'échelles 4.4.

6.3 Modèles déterministes des structures sous-maille

6.3.1 Généralités

Misra et Pullin [147], à la suite des travaux de Pullin et Saffman [172], ont proposé des modèles sous-maille en faisant l'hypothèse que les modes sous-maille peuvent être représentés par des tourbillons étirés dont l'orientation est gouvernée par les échelles résolues.

En supposant que les modes sous-maille peuvent être assimilés à une superposition aléatoire de champs générés par des tourbillons axisymétriques, le tenseur sous-maille peut être écrit sous la forme:

$$\tau_{ij} = 2 \int_{k_c}^{\infty} E(k)dk \langle E_{pi} Z_{pq} E_{qj} \rangle \qquad (6.71)$$

où $E(k)$ est le spectre d'énergie, E_{lm} la matrice de rotation qui assure le passage du repère associé au tourbillon au repère de référence, Z_{ij} le tenseur diagonal dont les éléments principaux sont $(1/2, 1/2, 0)$ et $\langle E_{pi} Z_{pq} E_{qj} \rangle$ le moment de la fonction de densité de probabilité $P(\alpha, \beta)$ des angles d'Euler α et β qui repèrent l'orientation de l'axe du tourbillon par rapport au repère de référence. La moyenne d'ensemble opérée sur les angles d'Euler d'une fonction f est définie comme:

$$\langle f(E_{ij}) \rangle = \frac{1}{4\pi} \int_0^\pi \int_0^{2\pi} f(E_{ij}) P(\alpha, \beta) \sin(\alpha) d\alpha d\beta \qquad (6.72)$$

Le calcul du terme sous-maille requiert donc deux informations: la forme du spectre d'énergie pour les modes sous-maille et la fonction de distribution de l'orientation des structures sous-maille. L'emploi d'une équation d'évolution pour la fonction de densité de probabilité n'ayant pas donné de résultats satisfaisants, Misra et Pullin proposent de modéliser cette fonction comme un produit de fonctions de Dirac ou une combinaison linéaire de tels produits. Ceux-ci sont de la forme générale:

$$P(\alpha, \beta) = \frac{4\pi}{\sin(\alpha)} \delta(\alpha - \theta) \delta(\beta - \phi) \qquad (6.73)$$

où $\theta(\mathbf{x}, t)$ et $\phi(\mathbf{x}, t)$ déterminent l'orientation spécifique considérée. En définissant les deux vecteurs unitaires $\mathbf{e}$ et $\mathbf{e}^v$:

$$e_1 = \sin(\alpha) \cos(\beta), \ e_2 = \sin(\alpha) \sin(\beta), \ e_3 = \cos(\alpha) \qquad (6.74)$$

$$e_1^v = \sin(\theta) \cos(\phi), \ e_2^v = \sin(\theta) \sin(\phi), \ e_3^v = \cos(\theta) \qquad (6.75)$$

le tenseur sous-maille peut être récrit sous la forme:

$$\tau_{ij} = \left(\delta_{ij} - e_i^v e_j^v \right) \int_{k_c}^{\infty} E(k)dk = \left(\delta_{ij} - e_i^v e_j^v \right) q_{\text{sm}}^2 \qquad (6.76)$$

Les différents modèles doivent donc spécifier les directions spécifiques d'orientation des structures sous-maille. Trois modèles sont présentés dans ce qui suit. L'énergie cinétique sous-maille q_{sm}^2 peut être calculée de différentes manières (voir les sections consacrées aux modèles fonctionnels), par exemple en résolvant une équation d'évolution supplémentaire, ou en employant une technique de double filtrage.

6.3.2 Modèle d'alignement S3/S2

Une première hypothèse est de supposer que les structures sous-maille sont orientées suivant les vecteurs propres du tenseur des taux de déformation résolu $\overline{S}_{ij}$ qui correspondent aux deux plus grandes valeurs propres de celui-ci. Ceci est équivalent à supposer qu'elles répondent instantanément au forçage des grandes échelles. En notant $\mathbf{e}^{s2}$ et $\mathbf{e}^{s3}$ ces deux vecteurs et λ_2 et $\lambda_3 \geq \lambda_2$ les valeurs propres associées, il vient:

$$\tau_{ij} = q_{sm}^2 \left[\lambda \left(\delta_{ij} - e_i^{s3} e_j^{s3} \right) + (1 - \lambda \left(\delta_{ij} - e_i^{s2} e_j^{s2} \right) \right] \qquad (6.77)$$

où le coefficient de pondération est pris proportionnel aux modules des valeurs propres:

$$\lambda = \frac{\lambda_3}{\lambda_3 + |\lambda_2|} \qquad (6.78)$$

6.3.3 Modèle d'alignement S3/ω

Le second modèle est dérivé en faisant l'hypothèse que les structures sous-maille sont orientées suivant le troisième vecteur propre du tenseur $\overline{S}_{ij}$, noté $\mathbf{e}^{s3}$ comme précédemment et le vecteur vorticité du champ résolu. Le vecteur unitaire porté par ce dernier est noté $\mathbf{e}^\omega$ et est calculé comme:

$$\mathbf{e}^\omega = \frac{\nabla \times \overline{\mathbf{u}}}{|\nabla \times \overline{\mathbf{u}}|} \qquad (6.79)$$

Le tenseur sous-maille est évalué comme:

$$\tau_{ij} = q_{sm}^2 \left[\lambda \left(\delta_{ij} - e_i^{s3} e_j^{s3} \right) + (1 - \lambda \left(\delta_{ij} - e_i^\omega e_j^\omega \right) \right] \qquad (6.80)$$

Le paramètre de pondération λ est choisi arbitrairement. Les auteurs ont effectués des tests en considérant les trois valeurs 0, 1/2 et 1.

6.3.4 Modèle cinématique

En se basant sur la cinématique d'un filament tourbillonnaire entraîné par un champ de vitesse fixe, Misra et Pullin proposent un troisième modèle, pour lequel le vecteur e^v est obtenu en résolvant une équation d'évolution. L'équation pour la i-ème composante de ce vecteur s'écrit:

$$\frac{\partial e_i^v}{\partial t} = e_j^v \frac{\partial \overline{u}_i}{\partial x_j} - e_i^v e_k^v e_j^v \frac{\partial \overline{u}_k}{\partial x_j} \qquad (6.81)$$

Le tenseur sous-maille est ensuite évalué en reportant le vecteur e^v ainsi calculé dans l'expression (6.76).

6.4 Hypothèses de similarité d'échelles et modèles associés

6.4.1 Hypothèses de similarité d'échelles

Hypothèse de base. L'hypothèse de similarité d'échelles, telle qu'elle a été proposée par Bardina *et al.* [9, 10] consiste à supposer que la structure statistique des tenseurs construits à partir des échelles sous-maille est similaire à celle de leurs équivalents évalués à partir des plus petites des échelles résolues. Cette hypothèse fait donc apparaître un découpage du spectre de la solution en trois bandes: les plus grandes échelles résolues, les plus petites échelles résolues (*i.e. le champ d'épreuve*) et les échelles non-résolues (voir figure 4.14).

Cette cohérence statistique peut être interprétée de deux manières complémentaires. La première fait appel à la notion de cascade d'énergie: les échelles non résolues et les plus petites échelles résolues ont un historique commun, associé à leurs interactions avec les plus grandes échelles résolues. La représentation classique de la cascade veut que l'effet des plus grandes échelles résolues soit exercé sur les plus petites échelles résolues, qui influencent à leur tour les échelles sous-maille. Ces dernières sont donc forcées indirectement par les premières, mais de façon similaire. La seconde repose sur la notion de structure cohérente: ces structures possèdent une signature non-locale en fréquence[8], c'est-à-dire qu'elles ont une contribution sur les trois bandes spectrales considérées. La similarité d'échelles est alors associée au fait que certaines structures apparaissent sur chacune des trois bandes, induisant une cohérence du champ entre les différents niveaux de décomposition.

---

[8] Ceci est dû au fait que les variations des composantes de vitesse associées à un tourbillon ne peuvent pas être représentées par une onde monochromatique. Par exemple, le profil radial de vitesse tangentielle d'un tourbillon de Lamb-Oseen est:

$$U_\theta = \frac{q}{r}\left(1 - e^{-r^2}\right)$$

où r est la distance au centre et q la vitesse maximale.

Hypothèse étendue. Cette hypothèse a été généralisée par Liu *et al.* [126] au cas du découpage du spectre en un nombre quelconque de bandes. Un tel découpage est représenté sur la figure 6.1. L'hypothèse de similarité d'échelles est alors reformulée pour deux bandes spectrales consécutives, le forçage cohérent étant associée à la bande basse fréquence la plus proche de celles considérées. Ainsi, les éléments propres des tenseurs construits à partir du champ de vitesse u^n et de leurs analogues construits à partir de u^{n+1} sont supposés être les mêmes. Cette hypothèse a été vérifiée expérimentalement avec succès dans le cas d'une turbulence de jet [126] et de sillage plan [161].

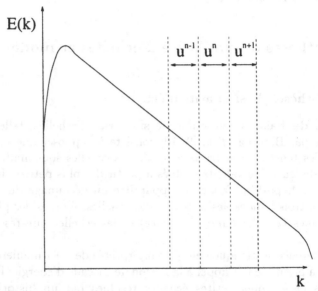

Fig. 6.1. Découpage spectral associé à l'hypothèse de similarité d'échelles étendue.

6.4.2 Modèles de similarité d'échelles

On présente dans cette section les modèles strcuturels construits à partir de l'hypothèse de similarité d'échelles. Tous font appel à une technique d'extrapolation en fréquence: le tenseur sous-maille est approché par un tenseur analogue calculé à partir des plus hautes fréquences résolues. Sont décrits:

1. Le modèle de Bardina (p.163): le tenseur sous-maille est calculé en appliquant une seconde fois le filtre analytique et en évaluant ainsi la fluctuation des échelles résolues. Ce modèle est donc inopérant lorsque le filtre est idempotent, car alors cette fluctuation est nulle.

2. Le modèle de Bardina filtré (p.164), qui constitue une amélioration du précédent. Par construction, le tenseur sous-maille est une quantité filtrée, qui résulte de l'application d'un produit de convolution et est donc non-local au sens où il incorpore toute l'information contenue sur le support du noyau de convolution du filtre. Il est proposé ici de recouvrer ce caractère non-local en appliquant le filtre au tenseur sous-maille modélisé.

3. Le modèle Liu-Meneveau-Katz (p.164), qui généralise le modèle de Bardina à l'emploi de deux filtres consécutifs de formes et de fréquences de coupure différentes pour le calcul des fluctuations des échelles résolues. Ce modèle peut donc être employé pour tous les types de filtre.

4. Le modèle de similarité dynamique (p.166), qui permet de calculer l'intensité des tensions sous-maille modélisées par une procédure dynamique, alors que dans les cas précédents cette intensité était prescrite au moyen d'hypothèses sur la forme du spectre d'énergie ;

Modèle de Bardina. Partant de cette hypothèse, Bardina, Ferziger et Reynolds [10] ont proposé de modéliser les termes C et R de la décomposition de Leonard en appliquant une seconde fois le filtre qui a permis d'effectuer la séparation d'échelles. De plus, on fait l'approximation:

$$\overline{ab} \simeq \overline{a}\,\overline{b} \tag{6.82}$$

ce qui permet d'écrire:

$$R_{ij} = (\overline{u}_i - \overline{\overline{u}}_i)(\overline{u}_j - \overline{\overline{u}}_j) \tag{6.83}$$

$$C_{ij} = (\overline{u}_i - \overline{\overline{u}}_i)\overline{\overline{u}}_j + (\overline{u}_j - \overline{\overline{u}}_j)\overline{\overline{u}}_i \tag{6.84}$$

soit:

$$R_{ij} + C_{ij} = (\overline{u}_i\overline{u}_j - \overline{\overline{u}}_i\overline{\overline{u}}_j) \tag{6.85}$$

L'addition du terme de Leonard, qui est calculé directement à partir des échelles résolues, conduit à:

$$\tau_{ij} = L_{ij} + R_{ij} + C_{ij} = (\overline{\overline{u}_i\overline{u}_j} - \overline{\overline{u}}_i\overline{\overline{u}}_j) \tag{6.86}$$

Ceci peut se récrire, en utilisant les moments centrés généralisés proposés par Germano [72]:

$$\tau_{ij} = \tau_G([u_i]_G, [u_j]_G) \equiv \mathcal{L}_{ij} \tag{6.87}$$

Le tenseur sous-maille est donc approché par le moment centré généralisé du champ filtré, défini comme le tenseur $\mathcal{L}_{ij}$ dans la décomposition de Germano (voir section 3.3.2). L'expérience montre que ce modèle n'est pas efficace lorsque le filtre utilisé est un opérateur de Reynolds, puisqu'alors la contribution ainsi calculée s'annule. Contrairement aux modèles de viscosité sous-maille, ce modèle n'induit pas un alignement des axes propres du tenseur sous-maille sur ceux du tenseur des déformations. Des tests effectués à partir de bases de données, générées par la simulation directe, ont montré que ce modèle conduit à un très bon niveau de corrélation avec le tenseur sous-maille vrai, y compris lorsque l'écoulement est anisotrope [88].

Malgré son très bon niveau de corrélation, l'expérience montre que ce modèle n'est que très peu dissipatif et qu'il sous-estime la cascade d'énergie. Par contre, il prend en compte le mécanisme de cascade inverse.

Modèle de Bardina filtré. Le modèle de Bardina (6.88) est local en espace, en ce sens qu'il apparaît comme un produit de valeurs ponctuelles. Ce caractère local est en contradiction avec la nature non-locale du tenseur sous-maille, donc chaque composante apparaît sous la forme d'un produit de convolution. Pour pallier ce problème, Horiuti [91] propose le modèle de Bardina filtré:

$$\tau_{ij} = \overline{(\overline{\overline{u_i}\,\overline{u_j}} - \overline{\overline{u}_i\,\overline{u}_j})} = \overline{\mathcal{L}}_{ij} \tag{6.88}$$

L'opération de filtrage supplémentaire permet de recouvrer le caractère non-local du tenseur sous-maille.

Modèle Liu-Meneveau-Katz. Le modèle de Bardina fait appel à une seconde application du même filtre et donc ne fait intervenir qu'une seule échelle de coupure. Ce modèle est généralisé au cas de l'utilisation de deux niveaux de coupure comme [126]:

$$\tau_{ij} = C_1(\widetilde{\overline{u}_i\,\overline{u}_j} - \widetilde{\overline{u}}_i\,\widetilde{\overline{u}}_j) = C_1 \mathcal{L}_{ij}^{\mathrm{m}} \tag{6.89}$$

où le tenseur $\mathcal{L}_{ij}^{\mathrm{m}}$ est maintenant défini au moyen de deux niveaux de filtrage différents. La longueur de coupure du filtre test, désigné par le symbole *tilde*, est plus grande que celle du premier niveau. La constante C_1 peut être évaluée théoriquement de manière garantir que la valeur moyenne de l'énergie cinétique sous-maille généralisée modélisée soit égale à sa contrepartie exacte [43]. Ceci conduit à la relation:

$$C_1 = \frac{\langle \overline{u_k u_k} - \overline{u}_k \overline{u}_k \rangle}{\langle \widetilde{\overline{u}_k \overline{u}_k} - \widetilde{\overline{u}}_k \widetilde{\overline{u}}_k \rangle} \tag{6.90}$$

Soient $\widehat{F}(k)$ et $\widehat{G}(k)$ les fonctions de transfert associées respectivement au filtre de grille et au filtre test et soit $E(k)$ le spectre d'énergie de la solution exacte. La relation (6.90) peut être récrite comme:

$$C_1 = \frac{\int_0^\infty (1 - \widehat{F}^2(k)) E(k) dk}{\int_0^\infty (1 - \widehat{G}^2(k)) \widehat{F}^2(k) E(k) dk} \tag{6.91}$$

Des évaluations réalisées à partir de données expérimentales conduisent à $C_1 \simeq 1$ [161, 126][9]. Une extension de ce modèle au cas des filtres anisotropes a été proposée par Shah et Ferziger [194].

Pour contrôler l'amplitude de la cascade inverse d'énergie induite par le modèle, notamment près des parois solides, Liu *et al.* [126] proposent la forme modifiée:

$$\tau_{ij} = C_1 f(I_{LS}) \mathcal{L}_{ij}^m \tag{6.92}$$

où l'invariant sans dimension I_{LS}, défini comme:

$$I_{LS} = \frac{\mathcal{L}_{lk}^m \overline{S}_{lk}}{\sqrt{\mathcal{L}_{lk}^m \mathcal{L}_{lk}^m} \sqrt{\overline{S}_{lk} \overline{S}_{lk}}} \tag{6.93}$$

mesure l'alignement des axes propres des deux tenseurs $\mathcal{L}^m$ et $\overline{S}$. La dissipation d'énergie cinétique par le modèle sous-maille s'écrivant:

$$\varepsilon = -\tau_{ij} \overline{S}_{ij} \tag{6.94}$$

il vient, en utilisant le modèle (6.92):

$$\varepsilon = -C_1 f(I_{LS}) I_{LS} \tag{6.95}$$

La modulation de la cascade inverse est réalisée en contrôlant le signe et l'amplitude du produit $f(I_{LS}) I_{LS}$. Plusieurs choix ont été envisagés par les auteurs. Le premier est:

$$f(I_{LS}) = \begin{cases} 1 & \text{si} \quad I_{LS} \geq 0 \\ 0 & \text{sinon} \end{cases} \tag{6.96}$$

Cette solution permet d'annuler complètement la représentation de la cascade inverse, en forçant le modèle à être strictement dissipatif. Un défaut de cette solution est que la fonction f est discontinue, ce qui peut générer des problèmes numériques. Une seconde solution, continue, consiste à prendre:

$$f(I_{LS}) = \begin{cases} I_{LS} & \text{si} \quad I_{LS} \geq 0 \\ 0 & \text{sinon} \end{cases} \tag{6.97}$$

Une dernière solution, positive, continue et bornée supérieurement, est de la forme:

$$f(I_{LS}) = \begin{cases} (1 - \exp(-\gamma I_{LS}^2)) & \text{si} \quad I_{LS} \geq 0 \\ 0 & \text{sinon} \end{cases} \tag{6.98}$$

avec $\gamma = 10$.

---

[9] La valeur initiale de 0,45 ± 0,15 donnée dans [126] ne tient pas compte de la cascade inverse.

Modèle de similarité dynamique. Une version dynamique du modèle Liu-Meneveau-Katz (6.89), pour lequel la constante C_1 ne sera plus fixée arbitrairement, a également été proposée [126]. Pour calculer ce modèle, on introduit un troisième niveau de filtrage, repéré par le symbole $\widehat{\cdot}$. L'analogue Q du tenseur $\mathcal{L}^m$ pour ce nouveau niveau de filtrage s'écrit:

$$Q_{ij} = (\widehat{\widetilde{\overline{u}}_i \widetilde{\overline{u}}_j} - \widehat{\widetilde{\overline{u}}}_i \widehat{\widetilde{\overline{u}}}_j) \tag{6.99}$$

La procédure dynamique Germano-Lilly, ici basée sur la différence:

$$M_{ij} = f(I_{\mathsf{QS}})Q_{ij} - f(\widetilde{I_{\mathsf{LS}}})\mathcal{L}^m_{ij} \tag{6.100}$$

où

$$I_{\mathsf{QS}} = \frac{Q_{mn}\widetilde{\widetilde{S}}_{mn}}{|Q||\widetilde{\widetilde{S}}|} \tag{6.101}$$

conduit à:

$$C_1 = \frac{\mathcal{L}^m_{lk}M_{lk}}{M_{pq}M_{pq}} \tag{6.102}$$

6.5 Modélisation mixte

6.5.1 Motivations

Les modèles structurels basés sur la notion de similarité d'échelles et les modèles fonctionnels possèdent chacun des défauts et des qualités qui les font apparaître comme complémentaires:

- Les modèles fonctionnels, d'une manière générale, prennent en compte correctement le niveau des transferts énergétiques entre les échelles résolues et les modes sous-maille. Cependant, ils ne prédisent que très mal la structure du tenseur sous-maille, c'est-à-dire les vecteurs propres de ce dernier. Ces modèles représentent les interactions à longue distance. Ce dernier point est illustré par l'hypothèse de séparation d'échelles sur laquelle ils sont fondés.
- Les modèles qui reposent sur l'hypothèse de Bardina et ses extensions, quant à eux, prédisent généralement mieux que les modèles fonctionnels la structure du tenseur sous-maille, mais sont d'une efficacité moindre pour ce qui est du niveau des transferts énergétiques. Ils représentent les interactions à courte portée.

Une idée simple, pour générer des modèles sous-maille qui possèdent de bonnes qualités sur les plans structurel et énergétique, consiste à combiner un modèle fonctionnel et un modèle structurel, formant ainsi des modèles appelés *modèles mixtes*. Ceci est généralement réalisé en combinant un modèle de viscosité sous-maille, qui assure la représentation du mécanisme de cascade d'énergie et d'un modèle de similarité d'échelles. Les modèles stochastiques de cascade inverse ne sont le plus souvent pas inclus, car les modèles structurels sont capables de rendre compte de ce phénomène. Des exemples de tels modèles sont décrits dans la suite de ce chapitre.

6.5.2 Exemples de modèles mixtes

On présente ici deux exemples de modèles mixtes:

1. Le modèle Smagorinsky-Bardina (p.167), pour lequel les poids respectifs de chacune des contributions sont fixés *a priori*. Ce modèle reste limité par les hypothèses sous-jacentes à chacune des deux parties qui le composent: ainsi, la viscosité sous-maille reste basée sur des arguments du type zone inertielle infinie. L'expérience montre toutefois que la combinaison des deux modèles rend moins importantes les contraintes associées à ces hypothèses sous-jacentes, ce qui améliore les résultats.

2. Un modèle mixte dont la viscosité sous-maille est calculée par une procédure dynamique de type Germano-Lilly (p.168). L'emploi de cette procédure permet de modifier les poids respectifs de la partie structurelle et de la partie fonctionnelle du modèle: le modèle de viscosité sous-maille est maintenant calculé comme un complément du modèle de similarité d'échelles. Ceci permet un meilleur contrôle de la dissipation induite. Toutefois, on peut noter que cette procédure privilégie *a priori* la partie structurelle.

Modèle mixte Smagorinsky-Bardina. Un premier exemple est proposé par Bardina *et al.* [10], sous la forme d'une combinaison linéaire du modèle de Smagorinsky (4.89) et du modèle de similarité d'échelles (6.88). Le déviateur du tenseur sous-maille s'écrit alors:

$$\tau_{ij} - \frac{1}{3}\tau_{kk}\delta_{ij} = \frac{1}{2}\left(-2\nu_{\mathsf{sm}}\overline{S}_{ij} + \mathcal{L}_{ij} - \frac{1}{3}\mathcal{L}_{kk}\delta_{ij}\right) \qquad (6.103)$$

avec

$$\mathcal{L}_{ij} = \left(\overline{\overline{u}_i\,\overline{u}_j} - \overline{\overline{u}}_i\,\overline{\overline{u}}_j\right) \qquad (6.104)$$

et

$$\nu_{\mathsf{sm}} = C_{\mathsf{s}}\overline{\Delta}^2|\overline{S}| \qquad (6.105)$$

Des variantes sont obtenues soit en changeant le modèle de viscosité sous-maille employé, soit en remplaçant le tenseur $\mathcal{L}$ par le tenseur $\mathcal{L}^{\mathsf{m}}$ (6.92) ou le tenseur $\overline{\mathcal{L}}$ (6.88).

Modèle mixte dynamique à une constante. Une modélisation mixte dynamique a été proposée par Zang, Street et Koseff [234]. Elle est basée initialement sur le couplage du modèle de Bardina et du modèle de Smagorinsky, mais ce dernier peut être remplacé par n'importe quel modèle de viscosité sous-maille. La constante du modèle de viscosité sous-maille est calculée par une procédure dynamique. Les tenseurs sous-maille correspondants aux deux niveaux de filtrage sont modélisés par un modèle mixte:

$$\tau_{ij} - \frac{1}{3}\tau_{kk}\delta_{ij} = \frac{1}{2}\left(-2\nu_{\mathrm{sm}}\overline{S}_{ij} + \mathcal{L}^{\mathrm{m}}_{ij} - \frac{1}{3}\mathcal{L}^{\mathrm{m}}_{kk}\delta_{ij}\right) \tag{6.106}$$

$$T_{ij} - \frac{1}{3}T_{kk}\delta_{ij} = \frac{1}{2}\left(-2\nu_{\mathrm{sm}}\widetilde{\overline{S}}_{ij} + Q_{ij} - \frac{1}{3}Q_{kk}\delta_{ij}\right) \tag{6.107}$$

où

$$Q_{ij} = \widetilde{\overline{\widetilde{u}_i\overline{u}_j}} - \widetilde{\overline{\widetilde{u}}}_i\widetilde{\overline{\widetilde{u}}}_j \tag{6.108}$$

et

$$\nu_{\mathrm{sm}} = C_{\mathrm{d}}\overline{\Delta}|\overline{S}| \tag{6.109}$$

Le résidu E_{ij} est maintenant de la forme:

$$E_{ij} = \mathcal{L}^{\mathrm{m}}_{ij} - \mathcal{H}_{ij} - \left(-2C_{\mathrm{d}}\overline{\Delta}^2 m_{ij} + \delta_{ij}P_{kk}\right) \tag{6.110}$$

avec

$$\mathcal{H}_{ij} = \widetilde{\overline{\widetilde{\overline{u}}_i\overline{u}_j}} - \widetilde{\overline{\widetilde{u}}}_i\widetilde{\overline{\widetilde{u}}}_j \tag{6.111}$$

$$\mathcal{L}^{\mathrm{m}}_{ij} = \widetilde{\overline{u}_i\overline{u}_j} - \widetilde{\overline{u}}_i\widetilde{\overline{u}}_j \tag{6.112}$$

$$m_{ij} = \left(\frac{\widetilde{\overline{\Delta}}}{\overline{\Delta}}\right)^2 |\widetilde{\overline{S}}|\widetilde{\overline{S}}_{ij} - \widetilde{|\overline{S}|\overline{S}_{ij}} \tag{6.113}$$

et où P_{kk} représente la trace du tenseur sous-maille. La procédure dynamique Germano-Lilly conduit à:

$$C_{\mathrm{d}} = \frac{(\mathcal{L}^{\mathrm{m}}_{ij} - \mathcal{H}_{ij})m_{ij}}{m_{ij}m_{ij}} \tag{6.114}$$

Au cours des simulations effectuées avec ce modèle, les auteurs ont observé une diminution de la valeur de la constante dynamique par rapport à celle prédite par le modèle dynamique classique (*i.e.* basé sur le seul modèle de Smagorinsky). Ceci peut être expliqué par le fait qu'au dénominateur de la fraction (6.114) apparaît la différence des termes $\mathcal{L}^{\mathrm{m}}$ et $\mathcal{H}$ et que, ces deux termes étant très semblables, celle-ci est faible. Ceci montre que le modèle de viscosité sous-maille ne sert à modéliser qu'une partie résiduelle du tenseur sous-maille complet et non plus l'intégralité de celui-ci, comme pour le modèle dynamique classique.

Vreman *et al.* [213] proposent une variante de ce modèle. Pour être mathématiquement consistant, en ne faisant dépendre le modèle pour le tenseur T_{ij} que du champ de vitesse qui correspond au même niveau de filtrage, c'est-à-dire $\widetilde{\overline{\mathbf{u}}}$, ces auteurs proposent la forme alternative suivante pour le tenseur $\mathcal{Q}_{ij}$:

$$\mathcal{Q}_{ij} = \widetilde{\widetilde{\overline{u}_i \widetilde{\overline{u}}_j}} - \widetilde{\widetilde{\overline{u}}}_i \widetilde{\widetilde{\overline{u}}}_j \qquad (6.115)$$

Des modèles mixtes à deux constantes (une pour la partie structurelle et une pour la partie fonctionnelle) ont également été proposés [187, 188]. Ces modèles ont l'avantage de ne pas privélégier *a priori* la contribution de l'une ou l'autre des deux composantes du modèle et sont en ce sens plus généraux, mais en revanche induisent un coût algorithmique plus grand.

7. Résolution numérique: interprétation et problèmes

Ce chapitre est consacré à l'analyse de certains aspects pratiques de la simulation des grandes échelles.

Le premier point concerne les différences entre le filtrage, tel qu'il est défini par un produit de convolution et le filtrage tel qu'il est imposé à la solution durant le calcul par le modèle sous-maille. On distinguera alors une interprétation statique et une interprétation dynamique du filtrage. L'analyse n'est développée que pour les modèles de viscosité sous-maille, car leur forme mathématique rend celle-ci possible. Toutefois, les idées générales qui s'en dégagent sont *a priori* extensibles aux autres types de modèles.

Le deuxième point a trait au lien entre la longueur de coupure du filtre et la taille de maille utilisée lors de la résolution numérique. Il est important de noter que tous les développements précédents se placent dans un cadre continu et non discret et font abstraction de la discrétisation spatiale employée pour résoudre numériquement les équations du problème.

Le troisième point abordé est l'analyse comparative des erreurs numériques et des termes sous-maille: on se propose ici de comparer l'amplitude des deux sources d'erreurs que sont la séparation d'échelle et la discrétisation numérique. Ceci afin de tenter d'établir des critères sur la précision requise des schémas numériques pour que les erreurs commises n'entachent pas la solution calculée de manière rédhibitoire.

7.1 Interprétation dynamique de la simulation des grandes échelles

7.1.1 Interprétation statique et interprétation dynamique - Filtre effectif

La démarche qui a été suivie jusqu'ici pour exposer la simulation des grandes échelles consiste à filtrer explicitement les équations du mouvement, à décomposer les termes non-linéaires qui apparaissent, puis à modéliser les termes inconnus. Si le modèle sous-maille est bien conçu (en un sens défini au chapitre suivant), alors le spectre d'énergie de la solution calculée, pour une solution exacte vérifiant le spectre de Kolmogorov, est de la forme:

$$E(k) = K_0 \varepsilon^{2/3} k^{-5/3} \widehat{G}^2(k) \tag{7.1}$$

où $\widehat{G}(k)$ est la fonction de transfert associée au filtre. Cette démarche est la démarche dite *classique* et correspond à une vision *statique* et *explicite* du filtrage.

Une démarche alternative est proposée par Mason et ses co-auteurs [136, 137, 138], qui remarquent tout d'abord que les modèles de viscosité sous-maille font intervenir une échelle de longueur intrinsèque, notée Δ_{f}, qui peut être interprétée comme la *longueur de mélange associée aux échelles sous-maille*. Un modèle de viscosité sous-maille basé sur les grandes échelles s'écrit ainsi (voir section 4.3.2):

$$\nu_{\mathrm{sm}} = \Delta_{\mathrm{f}}^2 |\overline{S}| \tag{7.2}$$

Le rapport entre la longueur de coupure du filtre $\overline{\Delta}$ et cette longueur de mélange vaut:

$$\frac{\Delta_{\mathrm{f}}}{\overline{\Delta}} = C_{\mathrm{s}} \tag{7.3}$$

En tenant compte des résultats exposés dans la section consacrée aux modèles de viscosité sous-maille, on reconnaît en C_{s} la constante du modèle sous-maille. Faire varier cette constante est donc équivalent à modifier le rapport entre la longueur de coupure du filtre et l'échelle de longueur incluse dans le modèle. Ces deux échelles peuvent en conséquence être considérées comme indépendantes. D'autre part, durant la simulation, les échelles sous-maille ne sont représentées que par les modèles sous-maille, qui, par leurs effets, assurent l'imposition du filtre à la solution calculée[1]. Or, les modèles sous-maille n'étant pas parfaits, le passage entre la solution calculée et la solution exacte ne correspond pas à l'application du filtre théorique désiré. Ce passage est assuré par l'application d'un filtre appelé *filtre implicite*, qui est contenu intrinsèquement dans chaque modèle sous-maille. Il s'agit ici d'une conception *dynamique* et *implicite* du filtrage, qui prend en compte les erreurs de modélisation. La question se pose alors de la qualification des filtres associés aux différents modèles sous-maille, autant pour leur forme que pour leur longueur de coupure.

Le système dynamique discret représenté par la simulation numérique est donc sujet à deux opérations de filtrage:

– La première est imposée par le choix d'un niveau de représentation du système physique et est représentée par l'application d'un filtre aux équations de Navier-Stokes sous la forme d'un produit de convolution ;
– La seconde est induite par l'existence d'une longueur de coupure intrinsèque dans les modèles sous-maille utilisés.

---

[1] Ceci en assurant une dissipation d'énergie cinétique résolue $-\tau_{ij}\overline{S}_{ij}$ égale au flux $\widetilde{\varepsilon}$ à travers la coupure située au nombre d'onde désiré.

Pour représenter la somme de ces deux filtrages, on définit le *filtre effectif*, qui est le filtre réellement vu par le système dynamique. Pour qualifier ce filtre, il se pose donc le problème de savoir quelle est la part de chacune des deux opérations de filtrage précitées.

7.1.2 Analyse théorique de la turbulence générée par simulation des grandes échelles

On s'intéresse tout d'abord à l'étude du filtre associé à un modèle de viscosité sous-maille.

Cette section reprend l'analyse faite par Muschinsky [156] des propriétés d'une turbulence homogène simulée au moyen d'un modèle de Smagorinsky. L'analyse est conduite en établissant une analogie entre les équations de la simulation des grandes échelles incorporant un modèle de viscosité sous-maille et celles qui décrivent les mouvements d'un fluide non-newtonien. Les propriétés de ce dernier sont étudiées dans le cadre de la turbulence homogène isotrope, de manière à exhiber le rôle des différents paramètres du modèle sous-maille.

Analogie avec les fluides newtoniens généralisés - Fluide de Smagorinsky. Les équations constitutives de la simulation des grandes échelles pour un fluide newtonien, au moins dans le cas où l'on utilise un modèle de viscosité sous-maille, peuvent être réinterprétées comme étant celles qui décrivent la dynamique d'un fluide non-newtonien de type newtonien généralisé dans le cadre de la simulation directe. La loi de comportement de ce dernier s'écrit:

$$\sigma_{ij} = -p\delta_{ij} + \nu_{\mathrm{sm}} S_{ij} \tag{7.4}$$

où σ_{ij} est le tenseur des contraintes et S celui des taux de déformations, défini comme plus haut et ν_{sm} sera une fonction des invariants de S. Il est fait abstraction des effets liés à la viscosité moléculaire, car il s'agit ici d'une analyse canonique faisant appel à la notion de zone inertielle. Il est à noter que la barre symbole du filtrage n'apparaît plus, puisqu'on interprète désormais la simulation comme une simulation directe d'un fluide ayant une loi constitutive non-linéaire. Dans le cas où l'on emploie le modèle de Smagorinsky, *i.e.*:

$$\nu_{\mathrm{sm}} = \Delta_{\mathrm{f}}^2 |S| = \left(C_{\mathrm{s}} \overline{\Delta} \right)^2 |S| \tag{7.5}$$

un tel fluide sera appelé *fluide de Smagorinsky*.

Lois de similitude du fluide de Smagorinsky. Une première étape consiste à étendre les hypothèses de similitude de Kolmogorov (rappelées dans l'annexe A):

1. *Première hypothèse de similitude*: $E(k)$ ne dépend que de ε, Δ_{f} et $\overline{\Delta}$;

2. *Deuxième hypothèse de similitude*: $E(k)$ ne dépend que de ε et $\overline{\Delta}$ pour les nombres d'onde k très supérieurs à $1/\Delta_f$;

3. *Troisième hypothèse de similitude*: $E(k)$ ne dépend que de ε et Δ_f si $\overline{\Delta} \ll \Delta_f$

Le spectre peut alors se mettre sous la forme:

$$E(k) = \varepsilon^{2/3} k^{-5/3} G_s(\Pi_1, \Pi_2) \tag{7.6}$$

où G_s est une fonction sans dimension, dont les deux arguments sont définis comme:

$$\Pi_1 = k\Delta_f, \quad \Pi_2 = \frac{\overline{\Delta}}{\Delta_f} = \frac{1}{C_s} \tag{7.7}$$

Par analogie, la limite dans la zone inertielle de G_s est une quantité équivalente à la constante de Kolmogorov pour la simulation des grandes échelles, notée $K_{les}(C_s)$:

$$K_{les}(C_s) = G_s(0, \Pi_2) \tag{7.8}$$

En introduisant la fonction de forme

$$f_{les}(k\Delta_f, C_s) = \frac{G_s(\Pi_1, \Pi_2)}{G_s(0, \Pi_2)} \tag{7.9}$$

le spectre s'écrit:

$$E(k) = K_{les}(C_s)\varepsilon^{2/3} k^{-5/3} f_{les}(k\Delta_f, C_s) \tag{7.10}$$

Par analogie avec les travaux de Kolmogorov, on définit l'échelle de dissipation du fluide non-newtonien η_{les} comme:

$$\eta_{les} = \left(\frac{\nu_{sm}^3}{\varepsilon}\right)^{1/4} \tag{7.11}$$

Pour le modèle de Smagorinsky, il vient, en remplaçant ε par sa valeur:

$$\eta_{les} = \Delta_f = C_s \overline{\Delta} \tag{7.12}$$

En se servant de cette définition et en postulant que la théorie de similitude de Kolmogorov pour la turbulence classique demeure valide, la troisième hypothèse de similitude énoncée plus haut implique, pour les grandes valeurs de la constante C_s:

$$E(k) = \left(\lim_{C_s \to \infty} K_{les}(C_s)\right) \varepsilon^{2/3} k^{-5/3} \left(\lim_{C_s \to \infty} f_{les}(k\eta_{les}, C_s)\right) \tag{7.13}$$

ce qui permet de présumer que les deux relations suivantes sont valables:

$$\lim_{C_{\mathrm{s}} \to \infty} K_{\mathrm{les}}(C_{\mathrm{s}}) = K_0 \tag{7.14}$$

$$\lim_{C_{\mathrm{s}} \to \infty} f_{\mathrm{les}}(x, C_{\mathrm{s}}) = f(x) \tag{7.15}$$

où $f(x)$ est la fonction d'amortissement prenant en compte les effets visqueux à petite échelle, dont les modèles de Heisenberg-Chandrasekhar, de Kovazsnay et de Pao ont déjà été rencontrés dans la section 4.3.2.

Le spectre normalisé de la dissipation[2] correspondant est de la forme:

$$g_{\mathrm{les}}(x, C_{\mathrm{s}}) = x^{1/3} f_{\mathrm{les}}(x, C_{\mathrm{s}}) \tag{7.16}$$

où x est la variable réduite $x = k\eta_{\mathrm{les}}$

En comparant la dissipation calculée en intégrant ce spectre et celle évaluée à partir du spectre d'énergie (7.10), la dépendance de la constante de Kolmogorov en fonction de la constante de Smagorinsky se formule comme:

$$K_{\mathrm{les}}(C_{\mathrm{s}}) = \frac{1}{2 \int_0^\infty g_{\mathrm{les}}(x, C_{\mathrm{s}})} \approx \frac{1}{2 \int_0^{C_{\mathrm{s}}\pi} g_{\mathrm{les}}(x, C_{\mathrm{s}})} \tag{7.17}$$

Le calcul de cette expression en utilisant les formules de Heisenberg-Chandrasekhar et de Pao, montre que la fonction K_{les} tend bien asymptotiquement vers la valeur $K_0 = 1,5$ pour les grandes valeurs de C_{s}, l'erreur étant négligeable après $C_{\mathrm{s}} = 0,5$. L'évolution du paramètre K_{les} en fonction de C_{s} pour les spectres de Heisenberg-Chandrasekhar et de Pao est présentée sur la figure 7.1. Lorsque C_{s} est inférieur à 0,5 , la constante de Kolmogorov est surévaluée, comme cela a effectivement été observé au cours des expériences numériques.

Interprétations des paramètres de la simulation.

Filtre effectif. Les résultats précédents permettent d'affiner l'analyse concernant le filtre effectif. Pour des grandes valeurs de la constante de Smagorinsky ($C_{\mathrm{s}} \geq 0,5$), la longueur de coupure caractéristique est la longueur de mélange produite par le modèle. Le modèle dissipe alors plus d'énergie que si la coupure était effectivement située à l'échelle $\overline{\Delta}$, car il assure l'équilibre des flux d'énergie au travers d'une coupure associée à une longueur caractéristique plus grande. Le filtre effectif est donc entièrement déterminé par le modèle sous-maille. Ce critère de résolution est à rapprocher de celui défini pour la mesure par fil chaud, qui préconise que la longueur du fil doit être inférieure au double de l'échelle de Kolmogorov dans les écoulements turbulents développés.

Pour des petites valeurs de la constante, c'est la longueur de coupure $\overline{\Delta}$ qui joue le rôle de longueur caractéristique et le filtre effectif correspond au

---

[2] Le spectre de dissipation, noté $D(k)$, associé au spectre d'énergie $E(k)$ est défini par la relation:

$$D(k) = k^2 E(k)$$

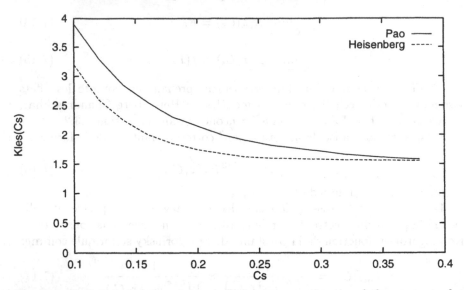

Fig. 7.1. Evolution de la constante de Kolmogorov en fonction de la constante de Smagorinsky pour le spectre de Heisenberg-Chandrasekhar et le spectre de Pao.

filtre analytique classique. Il faut noter que dans ce cas le drainage d'énergie induit par le modèle est inférieur au flux d'énergie cinétique à travers la coupure, donc l'équilibre énergétique n'est plus assuré. Ceci se traduit par une accumulation d'énergie dans les échelles résolues et la pertinence des résultats de la simulation est sujette à caution.

Pour des valeurs intermédiaires de la constante, c'est-à-dire des valeurs proches de la valeur théorique prédite dans la section 4.3.2 (*i.e.* $C_s \approx 0,2$), le filtre effectif est une combinaison du filtre analytique et du filtre implicite du modèle, ce qui rend difficile l'interprétation de la dynamique des plus petites échelles résolues. Dans ce cas, la dissipation induite par le modèle assure de manière correcte l'équilibre des flux d'énergie à travers la coupure.

Nombre de Knudsen de microstructure. Il a déjà été vu (relation (7.12)) que la longueur longueur de mélange peut être interprétée comme jouant un rôle analogue à celui de l'échelle de Kolmogorov pour la simulation directe. La longueur de coupure $\overline{\Delta}$, peut, quant à elle, être assimilée au libre parcours moyen pour les fluides newtoniens. En faisant le rapport de ces deux quantités, on peut définir un équivalent du nombre de Knudsen de microstructure K_{nm} pour la simulation des grandes échelles:

$$K_{nm} = \frac{\overline{\Delta}}{\Delta_f} = \frac{1}{C_s} \tag{7.18}$$

Nombre de Reynolds effectif. Notons par ailleurs que le nombre de Reynolds effectif de la simulation, noté Re_{les}, qui mesure le rapport des effets d'inertie et des effets de dissipation, est rapporté au nombre de Reynolds Re correspondant à la solution exacte par la relation:

$$Re_{\text{les}} = \left(\frac{\eta}{\eta_{\text{les}}}\right)^{4/3} Re \qquad (7.19)$$

où η est l'échelle dissipative de la solution complète. Cette diminution du nombre de Reynolds effectif de la simulation peut poser des problèmes, si les mécanismes physiques qui gouvernent la dynamique des échelles résolues en dépend explicitement. Ce sera par exemple le cas de tous les écoulements pour lesquels on peut définir des nombres de Reynolds critiques auxquels sont associées des bifurcations de la solution[3].

Concept d'échelles sous-filtre. L'analyse du découplage entre la longueur de coupure du filtre analytique $\overline{\Delta}$ et la longueur de mélange Δ_f permet de définir trois familles d'échelles [136, 156], au lieu des deux familles classiques que sont les échelles résolues et les échelles sous-maille. Ces trois catégories, qui sont illustrées par la figure 7.2, sont:

1. Les *échelles sous-maille* sont les échelles qui sont exclues de la solution par le filtre analytique ;
2. Les *échelles sous-filtre* sont les échelles d'une taille inférieure à la longueur de coupure du filtre effectif, notée Δ_{eff}, qui sont des échelles résolues au sens classique, mais dont la dynamique est fortement affectée par le modèle sous-maille. De telles échelles n'existent que si le filtre effectif est déterminé par le modèle de viscosité sous-maille. Le problème de l'évaluation de Δ_{eff} demeure et dépend à la fois de la forme présumée du spectre et du niveau à partir duquel on considère qu'une échelle est "fortement affectée". Par exemple, en utilisant le spectre de Pao et en définissant les modes non-physiquement résolus comme ceux dont le niveau d'énergie est diminué d'un facteur $e = 2,7181...$, il vient:

$$\Delta_{\text{eff}} = \frac{C_{\text{s}}}{C_{\text{theo}}} \overline{\Delta} \qquad (7.20)$$

où C_{theo} est la valeur théorique de la constante qui correspond à la longueur de coupure $\overline{\Delta}$;
3. Les *échelles physiquement résolues* sont les échelles de taille supérieure à la longueur de coupure du filtre effectif, dont la dynamique est parfaitement capturée par la simulation, comme pour les simulations directes.

---

[3] Les expériences numériques montrent que, pour de tels écoulements, une trop forte dissipation induite par le modèle sous-maille peut conduire à l'inhibition des mécanismes moteurs de l'écoulement et en conséquence à la réalisation de simulations inexploitables. Un exemple connu est celui de l'emploi d'un modèle de Smagorinsky pour simuler un écoulement de canal plan: la dissipation est suffisamment forte pour empêcher la transition à la turbulence.

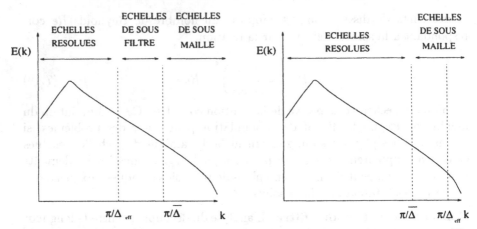

Fig. 7.2. Représentation des différentes familles d'échelles, dans les cas $\Delta_{eff} < \overline{\Delta}$ (droite) et $\Delta_{eff} > \overline{\Delta}$ (gauche).

Caractérisation du filtre associé au modèle sous-maille. Les développements précédents sont basés sur une hypothèse de similitude entre les propriétés de la turbulence homogène isotrope et celles de l'écoulement simulé en utilisant un modèle de viscosité sous-maille. Ceci est notamment vrai des effets dissipatifs, qui sont décrits en utilisant le spectre de Pao ou de Heisenberg-Kovazsnay. On fait donc ici l'hypothèse que la dissipation sous-maille agit comme une dissipation classique (ce qui a déjà été assumé en partie en utilisant un modèle de viscosité sous-maille). Le spectre $E(k)$ de la solution issue de la simulation peut donc être interprété comme le produit du spectre de la solution exacte $E_{\text{tot}}(k)$ par le carré de la fonction de transfert associée au filtre effectif $\widehat{G}_{\text{eff}}(k)$:

$$E(k) = E_{\text{tot}}(k)\widehat{G}_{\text{eff}}^2(k) \tag{7.21}$$

En considérant que la solution exacte correspond au spectre de Kolmogorov et en utilisant la forme (7.10), il vient:

$$\widehat{G}_{\text{eff}}(k) = \sqrt{\frac{K_{\text{les}}(C_{\text{s}})}{K_0} f_{\text{les}}(k\Delta_{\text{f}}, C_{\text{s}})} \tag{7.22}$$

Le filtre associé au modèle de Smagorinsky est donc un filtre dit diffus dans l'espace spectral, qui correspond à un amortissement progressif, très différent du filtre porte.

7.2 Liens entre le filtre et le maillage de calcul - Notion de préfiltrage

Les développements précédents font complètement abstraction de la grille de calcul utilisée pour résoudre numériquement les équations constitutives de la simulation des grandes échelles. La prise en compte de ce nouvel élément introduit une échelle d'espace supplémentaire: le pas de discrétisation spatial Δx pour les simulations dans l'espace physique et le nombre d'onde maximal $k_{\max}$ pour les simulations basées sur des méthodes spectrales.

Le pas de discrétisation doit être suffisamment petit pour pouvoir intégrer correctement le produit de convolution qui définit le filtrage analytique. Pour des filtres dont le noyau est à décroissance rapide, on a la relation:

$$\Delta x \leq \overline{\Delta} \tag{7.23}$$

Le cas $\Delta x = \overline{\Delta}$ représente le *cas optimal* en qui concerne le nombre de degrés de liberté du système discret nécessaires pour effectuer la simulation. Ce cas est représenté sur la figure 7.3.

Il reste à évaluer les erreurs numériques, issues de la résolution du système discrétisé. Afin d'assurer la qualité des résultats, il est nécessaire que l'erreur numérique commise sur les modes physiquement résolus soit négligeable, donc commise uniquement sur les échelles sous-filtre. Son analyse théorique, effectuée par Ghosal dans le cas simple de la turbulence homogène isotrope, est présentée dans ce qui suit.

Les schémas numériques employés étant consistants, l'erreur de discrétisation s'annule lorsque les pas d'espace et de temps tendent vers zéro. Pour minimiser la part de l'erreur numérique, un solution consiste à diminuer le pas de discrétisation, tout en maintenant fixe la longueur de coupure du filtre, ce qui revient à augmenter le rapport $\overline{\Delta}/\Delta x$ (voir figure 7.3). Cette technique, basée sur le découplage de ces deux échelles d'espace, est appelée *préfiltrage* [3] et vise à assurer la convergence en maillage de la solution[4]. Elle permet de minimiser l'erreur numérique, mais induit en contrepartie plus de calculs, puisqu'elle augmente le nombre de degrés de liberté de la solution numérique, sans augmenter le nombre de degrés de liberté de la solution physiquement résolue et qu'elle impose d'effectuer explicitement le filtrage analytique [3] [17]. Du fait de son coût[5], cette solution est très peu utilisée en pratique.

Une autre solution consiste à relier le filtre analytique à la grille de calcul. La longueur de coupure analytique est associée au pas d'espace en utilisant le

---

[4] Une analyse simplifiée montre que pour une méthode numérique d'ordre n, le poids de l'erreur numérique décroît *a priori* comme $(\overline{\Delta}/\Delta x)^{-n}$. Une estimation plus fine est donnée dans le suite de ce chapitre.

[5] Pour une valeur de $\overline{\Delta}$ fixée, augmenter d'un facteur n le rapport $\overline{\Delta}/\Delta x$ conduit à augmenter d'un facteur n^3 le nombre de points de la simulation et, pour conserver le même rapport entre le pas de temps et le pas d'espace, d'un facteur n le nombre de pas de temps. Soit au total une augmentation d'un facteur n^4 du coût global de la simulation.

rapport optimal de ces deux quantités et la forme du noyau de convolution à la méthode numérique. Notons ici un problème analogue à celui, déjà évoqué, du filtre effectif: le *filtre numérique effectif* et donc la *longueur de coupure numérique effective* sont généralement inconnus. Cette méthode a l'avantage de réduire au mieux la taille du système et de ne pas nécessiter l'imposition d'un filtre analytique, mais, en revanche, ne permet aucun contrôle explicite du filtre numérique effectif, ce qui peut rendre difficile la calibration des modèles sous-maille. Cette méthode, du fait de sa simplicité, est utilisée par la quasi-totalité des auteurs.

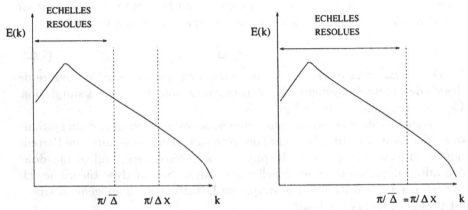

Fig. 7.3. Représentation des découpages spectraux associés au préfiltrage (gauche) et au cas optimal (droite)

7.3 Erreurs numériques et termes sous-maille

7.3.1 Analyse générale de Ghosal

Ghosal [76] propose une analyse non-linéaire de l'erreur numérique dans le cas de la résolution de équations de Navier-Stokes, pour un écoulement turbulent homogène isotrope, dont le spectre d'énergie est approché par le modèle de von Karman.

Classification des différentes sources d'erreurs. L'analyse et l'estimation de l'erreur de discrétisation nécessitent tout d'abord une définition précise de celle-ci. Dans tout ce qui suit, on considère un maillage cartésien uniforme, comprenant N^3 points, qui sont les degrés de liberté de la solution numérique. Des conditions de périodicité sont utilisées sur les frontières du domaine.

Une première erreur vient de ce que l'on approche une solution continue $\overline{u}$ par un ensemble discret de N^3 valeurs, qui forment la solution discrète notée u_d. Elle est évaluée comme:

$$|\mathbf{u}_d - \mathcal{P}\overline{\mathbf{u}}| \qquad (7.24)$$

où $\mathcal{P}$ est un opérateur de projection défini de l'espace des solutions continues vers celui des solutions discrètes. Cette erreur est minimale (au sens L^2) si $\mathcal{P}$ est associée à la décomposition de la solution continue sur une base finie de polynômes trigonométriques, les composantes de $\mathbf{u}_d$ étant les coefficients de Fourier associés. Cette erreur est intrinsèque et ne peut être annulée. En conséquence, elle n'entrera pas dans la définition de l'erreur numérique qui fait l'objet de cette section. La meilleure solution discrète possible est $\mathbf{u}_{\text{opt}} \equiv \mathcal{P}\overline{\mathbf{u}}$.

Les équations du problème continu s'écrivent sous la forme symbolique:

$$\frac{\partial \overline{\mathbf{u}}}{\partial t} = [\mathcal{NS}]\overline{\mathbf{u}} \qquad (7.25)$$

où $[\mathcal{NS}]$ est l'*opérateur Navier-Stokes*. La solution discrète optimale $\mathbf{u}_{\text{opt}}$ est solution du problème

$$\frac{\partial \mathcal{P}\overline{\mathbf{u}}}{\partial t} = \mathcal{P}[\mathcal{NS}]\overline{\mathbf{u}} \qquad (7.26)$$

où $\mathcal{P}[\mathcal{NS}]$ est l'opérateur Navier-Stokes discret optimal, qui, dans le cadre fixé, correspond aux opérateurs discrets obtenus par une méthode spectrale.

D'autre part, on note le problème discret associé à un schéma discret fixé comme:

$$\frac{\partial \mathbf{u}_d}{\partial t} = [\mathcal{NS}]_d \mathbf{u}_d \qquad (7.27)$$

En effectuant la différence de (7.26) et de (7.27), il apparaît que la *meilleure méthode numérique possible*, notée $[\mathcal{NS}]_{\text{opt}}$, est celle qui vérifie la relation:

$$[\mathcal{NS}]_{\text{opt}}\mathcal{P} = \mathcal{P}[\mathcal{NS}] \qquad (7.28)$$

L'erreur numérique E_{num} associée au schéma $[\mathcal{NS}]_d$ et qui fait l'objet de l'analyse qui suit, est définie comme:

$$E_{\text{num}} \equiv \left(\mathcal{P}[\mathcal{NS}] - [\mathcal{NS}]_d\mathcal{P}\right)\overline{\mathbf{u}} \qquad (7.29)$$

Elle représente l'écart de la solution numérique à la solution discrète optimale. Afin de simplifier l'analyse, on considère dans ce qui suit que les modèles sous-maille sont parfaits, c'est-à-dire qu'ils n'induisent pas d'erreur par rapport à la solution exacte du problème filtré. Cette hypothèse permet de séparer de manière nette les erreurs numériques des erreurs de modélisation.

L'*erreur numérique* $E_{\text{num}}(k)$ associée au nombre d'onde k est décomposée comme la somme de deux termes d'origines disctinctes:

– L'*erreur de différentiation* $E_{\mathrm{df}}(k)$, qui mesure l'erreur commise par les opérateurs discrets pour évaluer les dérivées de l'onde associée à k. Notons que cette erreur est nulle pour une méthode spectrale, si la fréquence de coupure de l'approximation numérique est suffisamment élevée;

– L'*erreur de relèvement de spectre* $E_{\mathrm{rs}}(k)$, qui est due au fait que l'on calcule les termes non-linéaires dans l'espace physique dans un espace discret de dimension finie. Par exemple, un terme quadratique fait intervenir des fréquences plus élevées que celles de chacun des arguments du produit. Si certaines de ces fréquences sont trop élevées pour être représentées directement sur la base discrète, elles se combinent avec les basses fréquences et introduisent une erreur sur la représentation de ces dernières[6].

Estimations des termes d'erreur. Pour une solution dont le spectre est de la forme proposée par von Karman:

$$E(k) = \frac{ak^4}{(b + k^2)^{17/6}} \tag{7.30}$$

avec $a = 2,682$ et $b = 0,417$ et en utilisant une hypothèse de quasi-normalité pour évaluer certains termes non-linéaires, Ghosal propose une évaluation quantitative des différents termes d'erreurs, des termes sous-maille et du terme de convection et ce pour différents schémas centrés, ainsi que pour un schéma spectral. Le terme de convection est écrit sous forme conservative et tous les schémas en espace sont centrés. L'intégration temporelle est supposée être exacte.

Les formes exactes de ces termes, disponibles dans la référence originale, ne sont pas reproduites ici. Pour un nombre d'onde de coupure k_c et un filtre porte, des estimations approchées simplifiées de l'amplitude moyenne de certains de ces termes peuvent être dérivées.

L'amplitude du terme sous-maille $\sigma_{\mathrm{sm}}(k_c)$, défini comme:

---

[6] Soient les développements de Fourier de deux fonctions discrètes u et v représentées par N degrés de liberté. Au point d'indice j, ces développements s'écrivent:

$$u_j = \sum_{n=-N/2}^{N/2-1} \widehat{u}_n e^{(\mathrm{i}(2\pi/N)jn)}, \quad v_j = \sum_{m=-N/2}^{N/2-1} \widehat{v}_m e^{(\mathrm{i}(2\pi/N)jm)} \quad j = 1, N$$

Le coefficient de Fourier du produit $w_j = u_j v_j$ (sans sommation sur j) se décompose sous la forme:

$$w_k = \sum_{n+m=k} \widehat{u}_n \widehat{v}_m + \sum_{n+m=k\pm N} \widehat{u}_n \widehat{v}_m$$

Le dernier terme du second membre représente l'erreur de relèvement de spectre: il s'agit des termes de fréquence plus haute que la fréquence de Nyquist associée à l'échantillonnage, qui vont parasiter les fréquences résolues.

$$\sigma_{sm}(k_c) = \left[\int_0^{k_c} |\tau(k)| dk \right]^{1/2} \tag{7.31}$$

où $\tau(k)$ est le terme sous-maille pour le nombre d'onde k, est bornée par:

$$\sigma_{sm}(k_c) = \begin{cases} 0,36 \ k_c^{0,39} & \text{limite supérieure} \\ 0,62 \ k_c^{0,48} & \text{limite inférieure} \end{cases} \tag{7.32}$$

celle de la somme du terme de convection et du terme sous-maille par:

$$\sigma_{tot}(k_c) = 1,04 \ k_c^{0,97} \tag{7.33}$$

avec

$$\frac{\sigma_{sm}(k_c)}{\sigma_{tot}(k_c)} \approx k_c^{-0,5} \tag{7.34}$$

L'amplitude de l'erreur de différentiation $\sigma_{df}(k_c)$, définie par:

$$\sigma_{df}(k_c) = \left[\int_0^{k_c} E_{df}(k) dk \right]^{1/2} \tag{7.35}$$

est évaluée comme:

$$\sigma_{df}(k_c) = k_c^{0,75} \times \begin{cases} 1,03 & \text{(ordre 2)} \\ 0,82 & \text{(ordre 4)} \\ 0,70 & \text{(ordre 6)} \\ 0,5 & \text{(ordre 8)} \\ 0 & \text{(spectral)} \end{cases} \tag{7.36}$$

et l'erreur de relèvement de spectre $\sigma_{rs}(k_c)$, qui est égale à:

$$\sigma_{rs}(k_c) = \left[\int_0^{k_c} E_{rs}(k) dk \right]^{1/2} \tag{7.37}$$

est estimée comme:

$$\sigma_{rs} = \begin{cases} 0,90 \ k_c^{0,46} & \text{(estimation min, spectral sans traitement)} \\ 2,20 \ k_c^{0,66} & \text{(estimation max, spectral sans traitement)} \\ 0,46 \ k_c^{0,41} & \text{(estimation min, ordre 2)} \\ 1,29 \ k_c^{0,65} & \text{(estimation max, ordre 2)} \end{cases} \tag{7.38}$$

L'erreur de relèvement de spectre de la méthode spectrale peut être réduite à zéro en utilisant la règle des 2/3, qui consiste à ne pas tenir compte du dernier tiers des nombres d'onde représentés par la solution discrète. Il faut noter que dans ce cas, seuls les deux premiers tiers des modes de la solution sont correctement représentés numériquement. L'erreur des schémas aux différences finies d'ordre plus élevé est intermédiaire entre celle du schéma du second ordre et celle du schéma spectral.

Ces estimations permettent de constater que, pour tous les schémas aux différences finies considérés, l'erreur de discrétisation domine les termes sous-maille. Il en est de même pour l'erreur de relèvement de spectre, y compris pour les schémas aux différences finies. Une analyse plus fine, réalisée à partir des spectres des différents termes, montre que, pour le schéma du second ordre, l'erreur de discrétisation est dominante pour tous les nombres d'onde, alors que, pour le schéma d'ordre huit, les termes sous-maille sont dominants aux basse-fréquences. Dans le premier cas, le filtre numérique effectif est dominant et régit la dynamique de la solution. Sa longueur de coupure peut être considérée comme étant de l'ordre de la taille du domaine de calcul. Dans le second, sa longueur de coupure, définie comme la longueur d'onde du mode à partir duquel il devient dominant par rapport aux termes sous-maille, est moindre et il existe des échelles numériquement bien résolues.

Effet du préfiltrage. L'effet du préfiltrage est clairement visible à partir des relations (7.32) à (7.38). Le découplage du filtre analytique et du filtre numérique permet d'introduire deux échelles de coupure différentes, donc deux nombres d'onde différents pour évaluer les termes d'erreur numérique et les termes sous-maille: alors que l'échelle de coupure $\overline{\Delta}$ associée au filtre reste constante, celle associée à l'erreur numérique (i.e. Δx) est maintenant variable.

En désignant le rapport des deux longueurs de coupure par $C_{\mathrm{rap}} = \Delta x / \overline{\Delta} < 1$, on voit que l'erreur de différentiation $\sigma_{\mathrm{df}}(k_{\mathrm{c}})$ des schémas aux différences finies est réduite d'un facteur $C_{\mathrm{rap}}^{-3/4}$ par rapport au cas précédent, puisqu'elle évolue comme $k_{\mathrm{c}}^{3/4}$. Cette réduction est beaucoup plus forte que celle obtenue en accroissant l'ordre des schémas.

Ainsi, une analyse plus détaillée montre que, pour le schéma d'ordre deux, le dominance du terme sous-maille sur l'ensemble du spectre de la solution est assurée pour $C_{\mathrm{rap}} = 1/8$. Pour un rapport de $1/2$, cette dominance est retrouvée pour les schémas d'ordre quatre ou plus.

Conclusions. Cette analyse ne peut être utilisée qu'à titre indicatif, car elle repose sur des hypothèses très restrictives. Elle indique toutefois que l'erreur numérique n'est pas négligeable et qu'elle peut même être dominante dans certains cas par rapport aux termes sous-maille. Le filtre numérique effectif est alors dominant par rapport au filtre qui assure la séparation d'échelles.

Cette erreur peut être réduite soit en augmentant l'ordre du schéma numérique, soit en utilisant une technique de préfiltrage qui découple la longueur de coupure du filtre analytique du pas de discrétisation. Les résultats de Ghosal semblent indiquer qu'une combinaison de ces deux techniques soit une solution plus efficace.

Ces résultats théoriques sont confirmés par les expériences numériques de Najjar et Tafti [160] et Kravenchko et Moin [107], qui ont observé que l'action des modèles sous-maille est complètement ou partiellement masquée par l'erreur numérique lorsque des méthodes du second ordre sont employées. Il faut noter ici que l'expérience pratique conduit à des conclusions moins pessimistes que les analyses théoriques: des simulations des grandes échelles effectuées avec un schéma précis au second ordre montrent une dépendance vis-à-vis du modèle sous-maille employé. Les effets de ces derniers ne sont donc pas totalement masqués, ce qui justifie leur utilisation. Toutefois, il n'existe pas aujourd'hui de qualification précise de la perte d'information liée à l'emploi d'un schéma donné: ces constatations sont effectuées empiriquement au cas par cas.

7.3.2 Remarques sur l'utilisation de dissipations artificielles

De nombreuses observations sur la sensibilité des résultats de la simulation des grandes échelles ont été effectuées au cours des dernières décennies. Elles portent par exemple sur la formulation du terme de convection [87, 107], la forme discrète du filtre test [160], ou encore la formulation du terme sous-maille [184]. Ces résultats sont trop nombreux, trop dispersés et trop peu généraux pour être détaillés ici. D'autre part, d'innombrables analyses de l'erreur numérique associée à différents schémas ont également été réalisées, notamment en ce qui concerne le traitement des termes non-linéaires, qui ne seront pas reprises ici. On peut toutefois noter plus particulièrement les résultats de Fabignon *et al.* [61] concernant la caractérisation du filtre numérique effectif de plusieurs schémas.

Une attention particulière doit toutefois être portée à la discrétisation des termes convectifs. Pour permettre la capture des forts gradients sans voir la solution numérique être polluée par des oscillations parasites à haute fréquence, le schéma est très souvent stabilisé par l'introduction d'une dissipation artificielle. Cette dissipation est ajoutée explicitement ou implicitement en utilisant un schéma décentré pour le terme de convection. L'introduction d'un terme dissipatif supplémentaire pour la simulation des grandes échelles est toujours controversée [160, 150]. En effet, le filtre numérique effectif est alors très similaire dans sa forme à celui qui serait imposé par un modèle de viscosité sous-maille: il y a concurrence entre les deux mécanismes de dissipation d'énergie cinétique résolue. L'analyse de la similitude entre la dissipation numérique et la dissipation associée au modèles de cascade d'énergie est toujours un sujet de recherche, mais quelques conclusions ont déjà été tirées.

Il semble que la dissipation numérique totale soit toujours supérieure à celle des modèles de viscosité sous-maille, si une méthode de préfiltrage n'est pas mise en œuvre. Ceci est vrai même pour des schémas décentrés du septième ordre [15]. Ces deux dissipations sont corrélées en espace (notamment dans le cas du modèle de Smagorinsky), mais ont des répartitions spectrales différentes: un modèle de viscosité sous-maille correspond à une dissipation du second ordre, associée à un spectre de la forme $(k/k_{\rm c})^2 E(k)$, alors qu'une dissipation numérique d'ordre n est associée à un spectre de la forme $(k/k_c)^n E(k)$. Pour $n > 2$ (resp. $n < 2$), la dissipation numérique (resp. sous-maille) sera dominante pour les plus hautes fréquences résolues et la dissipation sous-maille (resp. numérique) gouvernera la dynamique des basses fréquences.

Les études effectuées montrent une sensibilité des résultats au modèle sous-maille mis en œuvre, ce qui prouve que les effets de ce dernier ne sont pas totalement masqués par la dissipation numérique. Les résultats de l'analyse théorique présentée plus haut doivent donc être relativisés. Mais, de façon consistante avec celle-ci, Beaudan *et al.* [15] ont mis en évidence une réduction de la longueur de coupure numérique au fur et à mesure que l'ordre du schéma est augmenté. Ce type de résultats doit toutefois être manipulé avec précaution, les conclusions pouvant être inversées si l'on fait intervenir un paramètre supplémentaire qui est le raffinement du maillage. Certaines études ont en effet montré que, pour des maillages grossiers, c'est-à-dire des fortes valeurs de la longueur de coupure numérique, augmenter l'ordre du schéma décentré peut conduire à une dégradation des résultats [203].

Cette similitude relative entre dissipation artificielle et modèle de cascade directe d'énergie a conduit certains auteurs à effectuer des simulations des grandes échelles dites sans modèles, le filtrage reposant entièrement sur la méthode numérique. Ainsi, de nombreuses simulations d'écoulements en géométrie complexe, basées sur l'utilisation d'un schéma décentré d'ordre trois proposé par Kawamura et Kuwahara [100], ont vu le jour et ont donné des résultats intéressants. Dans le cas compressible, cette approche a été appelée méthode MILES (*Monotone Integrated Large Eddy Simulation*) [20].

L'utilisation de dissipations artificielles pose donc de nombreuses questions, mais est très courante pour effectuer des simulations très fortement sous-résolues physiquement dans les cas complexes, car l'expérience montre que l'ajout de modèles sous-maille ne permet pas de garantir la monotonie de la solution. Pour assurer la positivité de certaines variables, comme des concentrations de polluant ou la température, le recours à de telles méthodes numériques semble être nécessaire. Des solutions alternatives, basées sur le raffinement local de la résolution, c'est-à-dire la diminution de la longueur de coupure effective, par enrichissement ou adaptation du maillage, sont étudiées par certains auteurs, mais aucune conclusion définitive n'a pu être tirée.

Les équations de Navier-Stokes, si elles contiennent une information énergétique, contiennent également une information sur la phase du signal. L'utilisation de schémas centrés pour le terme de convection pose donc également des problèmes, à cause des erreurs dispersives qu'ils induisent sur les hautes fréquences résolues.

D'une manière générale, l'estimation de la longueur d'onde à partir de laquelle les modes sont considérés comme bien résolus numériquement varie de $2\Delta x$ à $12\Delta x$ suivant les schémas et les auteurs.

7.3.3 Remarques sur la méthode d'intégration temporelle

La simulation des grandes échelles est classiquement abordée au moyen d'un filtrage spatial, sans expliciter le filtrage temporel associé. Ceci est dû au fait que la plupart des calculs sont réalisés pour des pas de temps modérés (CFL $\equiv u\Delta t/\Delta x < 1$) et l'on considère que les effets du filtrage temporel sont masqués par ceux du filtrage spatial. En effectuant des simulations directes d'un écoulement de canal plan, Choi et Moin [33] ont toutefois démontré que, même pour des CFL de l'ordre de 0,5, les effets du filtrage temporel peuvent être très importants, puisque la turbulence ne pouvait être maintenue numériquement si le pas de temps était supérieur au temps caractéristique associé à l'échelle de Kolmogorov. La plupart des auteurs emploient des schémas d'intégration du second ordre, mais aucune étude complète visant à déterminer quelles sont les échelles temporelles numériquement et physiquement bien résolues n'a été publiée à ce jour. Il faut également noter les résultats de Beaudan et Moin [15] et Mittal et Moin [150], qui ont démontré que l'emploi de viscosité artificielle affecte la résolution d'une très grande partie des fréquences temporelles simulées (environ 75% pour le cas étudié).

8. Analyse et validation des résultats des calculs de simulation des grandes échelles

8.1 Position du problème

8.1.1 Nature de l'information contenue dans une simulation des grandes échelles

La résolution des équations qui définissent la simulation des grandes échelles ne fournit explicitement des informations que sur les échelles résolues, c'est-à-dire les échelles conservées par l'opération de réduction du nombre de degrés de liberté de la solution exacte. Il s'agit donc d'une information tronquée en espace et en temps. Le filtrage temporel est induit implicitement par le filtrage spatial, car ce dernier, en faisant disparaître certaines échelles d'espace, fait disparaître les échelles temporelles qui leur sont associées.

L'information utile pour l'exploitation ou la validation est celle contenue dans les échelles à la fois physiquement et numériquement bien résolues. Il est à remarquer que le plus souvent, puisque les filtres numérique et physique effectifs sont inconnus, l'identification de ces échelles exploitables est empirique.

En faisant l'hypothèse que toutes les échelles représentées par la simulation sont physiquement et numériquement bien résolues, la moyenne statistique du champ résolu exploitable s'écrit $\langle \overline{u} \rangle$. La fluctuation statistique du champ résolu, notée $\overline{u}''$, est définie par:

$$\overline{u}_i'' = \overline{u}_i - \langle \overline{u}_i \rangle \qquad (8.1)$$

La différence de la moyenne statistique des échelles résolues avec celle de la solution exacte, qui est définie comme:

$$\langle u_i \rangle - \langle \overline{u}_i \rangle = \langle u'_i \rangle \qquad (8.2)$$

correspond à la moyenne statistique des échelles non-résolues. Les tensions de Reynolds calculées à partir des échelles résolues sont égales à $\langle \overline{u}_i'' \overline{u}_j'' \rangle$. La différence avec les tensions exactes $\langle u_i'^e u_j'^e \rangle$, où la fluctuation exacte est définie comme $\mathbf{u}'^e = \mathbf{u} - \langle \mathbf{u} \rangle$, est:

$$\begin{aligned}
\langle u_i'^e u_j'^e \rangle &= \langle (u_i - \langle u_i \rangle)(u_j - \langle u_j \rangle) \rangle \\
&= \langle u_i u_j \rangle - \langle u_i \rangle \langle u_j \rangle \\
&= \langle \overline{u}_i \overline{u}_j + \tau_{ij} \rangle - \langle \overline{u}_i + u_i' \rangle \langle \overline{u}_j + u_j' \rangle \\
&= \langle \overline{u}_i \overline{u}_j \rangle + \langle \tau_{ij} \rangle - \langle \overline{u}_i \rangle \langle \overline{u}_j \rangle - \langle u_i' \rangle \langle \overline{u}_j \rangle - \langle \overline{u}_i \rangle \langle u_j' \rangle - \langle u_i' \rangle \langle u_j' \rangle \\
&= \langle \overline{u}_i'' \overline{u}_j'' \rangle + \langle \tau_{ij} \rangle - \langle u_i' \rangle \langle \overline{u}_j \rangle - \langle \overline{u}_i \rangle \langle u_j' \rangle - \langle u_i' \rangle \langle u_j' \rangle
\end{aligned}$$

Puisque les échelles sous-maille ne sont pas connues, les termes faisant apparaître la contribution $\langle \mathbf{u}' \rangle$ ne sont pas calculables à partir de la simulation. Dans le cas où la moyenne statistique des modes sous-maille est très petite devant les autres termes, il vient:

$$\langle u_i'^e u_j'^e \rangle \simeq \langle \overline{u}_i'' \overline{u}_j'' \rangle + \langle \tau_{ij} \rangle \tag{8.3}$$

Les deux termes du second membre sont évaluables à partir de la simulation numérique, mais la qualité de la représentation du tenseur sous-maille par le modèle mis en œuvre conditionne en partie celle du résultat.

8.1.2 Méthodes de validation

Les modèles sous-maille, ainsi que les différentes hypothèses qui leur sont sous-jacentes, peuvent être validés de deux manières [66]:

- Par des validations *a priori*: la solution exacte, qui dans ce cas est connue, est filtrée analytiquement, conduisant à la définition d'un champ résolu et d'un champ sous-maille complètement déterminés. Les différentes hypothèses ou les modèles peuvent alors être éprouvés. Les solutions exactes sont le plus souvent fournies par des simulations numériques directes à nombre de Reynolds modéré ou faible, ce qui limite le champ d'investigation. Des tests *a priori* ont également été réalisés à partir de données expérimentales, permettant d'atteindre des nombres de Reynolds plus élevés. Ce type de validation pose toutefois un problème fondamental: en comparant les tensions sous-maille exactes avec celles prédites par un modèle sous-maille évalué à partir de la solution exacte filtrée, on néglige les effets des erreurs de modélisation[1] et l'on ne prend donc pas en compte le filtre implicite associé au modèle. Ceci fait que les résultats des validations *a priori* ne possèdent qu'une valeur relative ;

---

[1] Ce champ n'aurait pas pu être obtenu par un calcul de simulation des grandes échelles, puisqu'il est solution des équations de quantité de mouvement filtrées dans lesquelles apparaissent le tenseur sous-maille exact. Le modèle sous-maille, au cours d'une simulation, est appliqué à un champ de vitesse qui est solution d'une équation de quantité de mouvement où apparaît le tenseur de sous-maille modélisé. Ces deux champs sont donc *a priori* différents. Pour être pleinement représentatif, un test *a priori* doit en conséquence être réalisé à partir d'un champ de vitesse qui peut être obtenu à partir du modèle sous-maille étudié.

– Par des validations *a posteriori*: on effectue ici un calcul de simulation des
grandes échelles et la validation est effectuée par comparaisons des résultats
obtenus avec une solution de référence. Il s'agit ici d'une validation dynamique, qui prend en compte tous les facteurs de la simulation, alors que
la méthode précédente est une validation statique. L'expérience montre que
des modèles donnant de mauvais résultats *a priori* peuvent donner satisfac-
tion *a posteriori* et *vice versa* [168]. La validation *a posteriori* des modèles
est la plus intéressante, puisqu'elle correspond à l'utilisation de ceux-ci
pour la simulation, mais il est parfois difficile d'en tirer des conclusions
sur un point précis, car les facteurs qui interviennent dans une simulation
numérique sont très nombreux et souvent imparfaitement contrôlés.

8.1.3 Classes d'équivalence statistiques des réalisations

Les modèles sous-maille sont des modèles statistiques et il semble vain
d'attendre d'eux qu'ils permettent des simulations déterministes dont les
échelles résolues coïncident exactement avec celles d'autres réalisations, par
exemple expérimentales. Par contre, la simulation des grandes échelles doit
reproduire correctement le comportement statistique des échelles qui composent le champ résolu. On peut ainsi définir des classes d'équivalence des
réalisations [140], en considérant qu'une de ces classes est formée par les
réalisations qui conduisent aux mêmes valeurs de certaines quantités statistiques calculées à partir des échelles résolues.

L'appartenance à la même classe d'équivalence qu'une solution de référence
est un critère de validation pour les autres réalisations. Si l'on fait abstraction des erreurs numériques, la vérification de ces critères de validité permet
de définir des conditions nécessaires portant sur les modèles sous-maille pour
que deux réalisations soient équivalentes. Ces conditions vont être discutées
dans les sections suivantes. Un modèle sous-maille pourra donc être considéré
comme validé s'il permet d'obtenir des réalisations équivalentes, en un sens
défini plus loin, à un solution de référence.

A priori, s'il est fait abstraction de l'influence de la discrétisation sur la
modélisation, il est juste de penser qu'un modèle reproduisant exactement les
interactions inter-échelles permettra d'obtenir de bons résultats. La contra-
posée de cette proposition est fausse. En effet, il est nécessaire d'introduire
la notion de *complexité suffisante* d'un modèle pour l'obtention d'un type de
résultat sur une configuration donnée avec une marge d'erreur tolérée pour
définir ce qu'est un bon modèle. *L'idée de modèle universel ou de meilleur
modèle doit, sinon être rejetée, du moins être relativisée.* La question se pose
donc de savoir quelles sont les propriétés statistiques que doivent partager
deux modèles sous-maille pour que les deux solutions auxquelles il mènent
possèdent des propriétés communes.

Soient $\overline{u}$ et $\overline{u}^*$ respectivement la solution exacte filtrée et la solution
calculée avec un modèle sous-maille pour un même filtre. Le tenseur sous-
maille exact (non modélisé) correspondant à $\overline{u}$ est noté τ_{ij} et le tenseur

sous-maille modélisé calculé à partir du champ $\overline{\mathbf{u}}^*$ est noté $\tau_{ij}^*(\overline{\mathbf{u}}^*)$. Les deux champs de vitesse sont solution des équations de quantité de mouvement suivantes:

$$\frac{\partial \overline{\mathbf{u}}}{\partial t} + \nabla \cdot (\overline{\mathbf{u}} \otimes \overline{\mathbf{u}}) = -\nabla \cdot \overline{p} + \nu \nabla^2 \overline{\mathbf{u}} - \nabla \cdot \tau \tag{8.4}$$

$$\frac{\partial \overline{\mathbf{u}}^*}{\partial t} + \nabla \cdot (\overline{\mathbf{u}}^* \otimes \overline{\mathbf{u}}^*) = -\nabla \cdot \overline{p}^* + \nu \nabla^2 \overline{\mathbf{u}}^* - \nabla \cdot \tau^*(\overline{\mathbf{u}}^*) \tag{8.5}$$

Une analyse simple montre que si tous les moments statistiques (en tous les points d'espace et à tous les temps) de τ_{ij} conditionnés par le champ $\overline{\mathbf{u}}$ sont égaux à ceux de $\tau_{ij}^*(\overline{\mathbf{u}}^*)$ conditionnés par $\overline{\mathbf{u}}^*$, alors tous les moments statistiques de $\overline{\mathbf{u}}$ et $\overline{\mathbf{u}}^*$ seront égaux. Il s'agit d'un équivalence statistique complète, qui implique que les modèles sous-maille remplissent une infinité de conditions. Pour relaxer cette contrainte, on définit des classes d'équivalence de solutions moins restrictives, qui font l'objet des sections suivantes. Elles sont définies de manière à faire apparaître des *conditions nécessaires* portant sur les modèles sous-maille, afin de qualifier ces derniers [140]. On s'attache à définir des conditions telles que les moments statistiques d'ordre modérés[2] (1 et 2) du champ issu de la simulation des grandes échelles $\overline{\mathbf{u}}^*$ soient égaux à ceux d'une solution de référence $\overline{\mathbf{u}}$.

Equivalence des moments d'ordre 1. On bâtit la relation d'équivalence sur l'égalité des moments statistiques d'ordre 1 des réalisations. A chaque réalisation sont associés un champ de vitesse et un champ de pression. Soient $(\overline{\mathbf{u}}, \overline{p})$ et $(\overline{\mathbf{u}}^*, \overline{p}^*)$ les doublets associés respectivement à la première et à la seconde réalisation. Les équations d'évolution des moments statistiques d'ordre 1 du champ de vitesse de ces deux réalisations s'écrivent:

$$\frac{\partial \langle \overline{\mathbf{u}} \rangle}{\partial t} + \nabla \cdot (\langle \overline{\mathbf{u}} \rangle \otimes \langle \overline{\mathbf{u}} \rangle) = -\nabla \cdot \langle \overline{p} \rangle + \nu \nabla^2 \langle \overline{\mathbf{u}} \rangle - \nabla \cdot \langle \tau \rangle - \nabla \cdot (\langle \overline{\mathbf{u}} \otimes \overline{\mathbf{u}} \rangle - \langle \overline{\mathbf{u}} \rangle \otimes \langle \overline{\mathbf{u}} \rangle) \tag{8.6}$$

$$\frac{\partial \langle \overline{\mathbf{u}}^* \rangle}{\partial t} + \nabla \cdot (\langle \overline{\mathbf{u}}^* \rangle \otimes \langle \overline{\mathbf{u}}^* \rangle) = -\nabla \cdot \langle \overline{p}^* \rangle + \nu \nabla^2 \langle \overline{\mathbf{u}}^* \rangle - \nabla \cdot \langle \tau^*(\overline{\mathbf{u}}^*) \rangle$$
$$-\nabla \cdot (\langle \overline{\mathbf{u}}^* \otimes \overline{\mathbf{u}}^* \rangle - \langle \overline{\mathbf{u}}^* \rangle \otimes \langle \overline{\mathbf{u}}^* \rangle) \tag{8.7}$$

où $\langle \ \rangle$ désigne une moyenne d'ensemble effectuée sur des réalisations indépendantes. Les deux réalisations seront dites équivalentes si leurs moments d'ordre 1 et 2 sont équivalents, *i.e.*:

$$\langle \overline{u}_i \rangle = \langle \overline{u}_i^* \rangle \tag{8.8}$$

$$\langle \overline{p} \rangle = \langle \overline{p}^* \rangle \tag{8.9}$$

$$\langle \overline{u}_i \overline{u}_j \rangle = \langle \overline{u}_i^* \overline{u}_j^* \rangle \tag{8.10}$$

---

[2] Car ce sont les quantités recherchées en pratique.

L'analyse des équations d'évolution (8.6) et (8.7) montre qu'une condition nécessaire est que les contraintes résolues et sous-maille soit statistiquement équivalentes. La dernière condition s'écrit:

$$\langle \tau_{ij} \rangle = \langle \tau_{ij}^* \rangle + C_{ij} \qquad (8.11)$$

où C_{ij} est un tenseur à divergence nulle. Cette condition n'est pas suffisante, car un modèle qui conduit à une bonne prédiction des tensions moyennes peut commettre une erreur sur le champ moyen, si les tensions résolues moyennes ne sont pas correctes. Pour obtenir une condition suffisante, il faut garantir par une autre relation l'équivalence des tensions $\langle \overline{u}_i \overline{u}_j \rangle$ et $\langle \overline{u}_i^* \overline{u}_j^* \rangle$.

Equivalence des moments d'ordre 2. On base maintenant la relation d'équivalence sur l'égalité des moments d'ordre 2 des échelles résolues. Deux réalisations seront dites équivalentes si les conditions suivantes sont vérifiées:

$$\langle \overline{u}_i \rangle = \langle \overline{u}_i^* \rangle \qquad (8.12)$$

$$\langle \overline{u}_i \overline{u}_j \rangle = \langle \overline{u}_i^* \overline{u}_j^* \rangle \qquad (8.13)$$

$$\langle \overline{u}_i \overline{u}_j \overline{u}_k \rangle = \langle \overline{u}_i^* \overline{u}_j^* \overline{u}_k^* \rangle \qquad (8.14)$$

$$\langle \overline{p u}_i \rangle = \langle \overline{p^* u_i^*} \rangle \qquad (8.15)$$

$$\langle \overline{p} \overline{S}_{ij} \rangle = \langle \overline{p}^* \overline{S}_{ij}^* \rangle \qquad (8.16)$$

$$\langle \frac{\partial \overline{u}_i}{\partial x_k} \frac{\partial \overline{u}_i}{\partial x_k} \rangle = \langle \frac{\partial \overline{u}_i^*}{\partial x_k} \frac{\partial \overline{u}_i^*}{\partial x_k} \rangle \qquad (8.17)$$

L'étude de l'équation d'évolution des moments du second ordre $\langle \overline{u}_i \overline{u}_j \rangle$ montre que, pour que deux réalisations puissent être équivalentes, la condition nécessaire suivante doit être satisfaite:

$$\langle \tau_{ik} \overline{S}_{kj} \rangle + \langle \tau_{jk} \overline{S}_{ki} \rangle - \frac{\partial}{\partial x_k} \left(\langle \overline{u}_i \tau_{jk} \rangle + \langle \overline{u}_j \tau_{ik} \rangle \right) =$$

$$\langle \tau_{ik}^* \overline{S}_{kj}^* \rangle + \langle \tau_{jk}^* \overline{S}_{ki}^* \rangle - \frac{\partial}{\partial x_k} \left(\langle \overline{u}_i^* \tau_{jk}^* \rangle + \langle \overline{u}_j^* \tau_{ik}^* \rangle \right)$$

Cette condition n'est pas suffisante. Pour obtenir une telle réalisation, il faut garantir par ailleurs l'égalité des moments d'ordre 3. On constate que le couplage non-linéaire interdit la définition de conditions suffisantes portant sur le modèle sous-maille pour assurer l'égalité des moments d'ordre n du champ résolu, sans faire intervenir des conditions nécessaires sur l'égalité des moments d'ordre $n + 1$.

Equivalence des densités de probabilité. On base maintenant la définition des classes d'équivalence sur la fonction de densité de probabilité
$f_{\text{prob}}(\mathbf{V}, \mathbf{x}, t)$ des échelles résolues. Le champ $\mathbf{V}$ est le champ de vitesse test
à partir duquel la moyenne conditionnelle est effectuée. La fonction f_{prob} est
définie comme la moyenne statistique des probabilités ponctuelles :

$$f_{\text{prob}}(\mathbf{V}, \mathbf{x}, t) \equiv \langle \delta(\overline{\mathbf{u}}(\mathbf{x}, t) - \mathbf{V}) \rangle \tag{8.18}$$

et est solution de l'équation de transport suivante:

$$\frac{\partial f_{\text{prob}}}{\partial t} + V_j \frac{\partial f_{\text{prob}}}{\partial x_j} = \frac{\partial}{\partial V_j} \left\{ f_{\text{prob}} \langle \frac{\partial p}{\partial x_j} + \frac{\partial \tau_{ij}}{\partial x_j} - \nu \nabla^2 \overline{u}_j | \overline{\mathbf{u}} = \mathbf{V} \rangle \right\} \tag{8.19}$$

Deux réalisations seront dites équivalentes si:

$$f_{\text{prob}}(\mathbf{V}, \mathbf{x}, t) = f^*_{\text{prob}}(\mathbf{V}, \mathbf{x}, t) \tag{8.20}$$

$$\langle \overline{u}_i(\mathbf{y}) | \overline{\mathbf{u}} = \mathbf{V} \rangle = \langle \overline{u}_i^*(\mathbf{y}) | \overline{\mathbf{u}} = \mathbf{V} \rangle \tag{8.21}$$

$$\langle \overline{u}_i(\mathbf{y}) \overline{u}_j(\mathbf{y}) | \overline{\mathbf{u}} = \mathbf{V} \rangle = \langle \overline{u}_i^* \overline{u}_j^*(\mathbf{y}) | \overline{\mathbf{u}} = \mathbf{V} \rangle \tag{8.22}$$

Après avoir exprimé le gradient de pression en fonction de la vitesse (par
une formulation intégrale faisant intervenir une fonction de Green) et en
exprimant la moyenne conditionnelle du tenseur des contraintes au moyen
des gradients des moyennes conditionnelles en deux points, l'équation (8.19)
permet d'obtenir la condition nécessaire suivante:

$$-\frac{1}{4\pi} \int \frac{\partial^2}{\partial y_i \partial y_k} \langle \tau_{ik} | \overline{\mathbf{u}}(\mathbf{x}) = \mathbf{V} \rangle \frac{x_j - y_j}{|\mathbf{x} - \mathbf{y}|} d^3\mathbf{y} + \lim_{\mathbf{y} \to \mathbf{x}} \frac{\partial}{\partial y_i} \langle \tau_{ij} | \overline{\mathbf{u}}(\mathbf{x}) = \mathbf{V} \rangle$$

$$= -\frac{1}{4\pi} \int \frac{\partial^2}{\partial y_i \partial y_k} \langle \tau_{ik}^* | \overline{\mathbf{u}}^*(\mathbf{x}) = \mathbf{V} \rangle \frac{x_j - y_j}{|\mathbf{x} - \mathbf{y}|} d^3\mathbf{y} + \lim_{\mathbf{y} \to \mathbf{x}} \frac{\partial}{\partial y_i} \langle \tau_{ij}^* | \overline{\mathbf{u}}^*(\mathbf{x}) = \mathbf{V} \rangle + C_j$$

où le vecteur C_j est à divergence nulle. On remarque que la condition
définie à partir de la densité de probabilité en un point fait intervenir des
probabilités en deux points. On retrouve ici le problème de non-localité déjà
rencontré lorsque la classe d'équivalence est basée sur les moments statistiques. Une condition plus restrictive est:

$$\langle \tau_{ik} | \overline{\mathbf{u}}(\mathbf{x}) = \mathbf{V} \rangle = \langle \tau_{ik}^* | \overline{\mathbf{u}}^*(\mathbf{x}) = \mathbf{V} \rangle \tag{8.23}$$

8.2 Techniques de correction

Comme le montrent les relations (8.2) et (8.3), les moments statistiques calculés à partir du champ résolu ne peuvent pas être égaux à ceux calculés à partir de la solution exacte. Pour pouvoir comparer ces moments à des fins de validation, ou encore exploiter les résultats issus de la simulation des grandes échelles, il est nécessaire d'évaluer ou d'éliminer le terme d'erreur. Pour cela, plusieurs techniques sont envisageables, qui sont décrites dans ce qui suit.

8.2.1 Filtrage des données de référence

La première solution consiste à appliquer à la solution de référence un filtrage identique à celui utilisé pour effectuer la séparation d'échelles [152]. Cette technique permet d'effectuer des comparaisons en toute rigueur, mais ne permet pas d'accéder à des valeurs exploitables *a priori*: l'exploitation des données issues d'un calcul de simulation des grandes échelles pour la prédiction de phénomènes physiques est rendue difficile dans ce cas, car seules des données filtrées sont accessibles. Les analyses physiques, pour être pleinement satisfaisantes, devraient être réalisées à partir de données complètes. Toutefois, l'analyse est possible lorsque les quantités considérées sont indépendantes ou faiblement dépendante des échelles sous-maille[3].

De plus, cette approche est difficilement applicable lorsque le filtre effectif n'est pas connu analytiquement, car les données de référence ne peuvent pas être filtrées de manière consistante. De plus, l'application d'un filtre analytique à des données expérimentales peut se révéler difficile à mettre en œuvre, car elle nécessite l'accès aux spectres des données qui doivent servir pour la validation ou l'exploitation. On voit apparaître ici une autre source de problèmes [159]: les spectres mesurés expérimentalement sont dans la très grande majorité des cas des spectres temporels, alors que la simulation des grandes échelles est basée sur un filtrage en espace. Ceci peut introduire des différences essentielles, notamment lorsque l'écoulement est très anisotrope en espace, comme dans les zones de proche paroi. Des remarques similaires peuvent être faites concernant le filtrage spatial des données issues d'une simulation numérique directe, en vue de réaliser des tests *a priori*: l'application d'un filtre mono- ou bi-dimensionnel peut mener à des observations différentes de celles qui pourraient être obtenues avec un filtre tri-dimensionnel.

8.2.2 Evaluation de la contribution des échelles sous-maille

Une seconde solution consiste à évaluer le terme d'erreur et à reconstruire à partir de la solution filtrée des moments égaux à ceux obtenus à partir du champ complet.

---

[3] Comme c'est généralement le cas du champ de vitesse moyen. Voir les exemples donnés au chapitre 11.

Emploi d'une technique de défiltrage. Une première solution consiste à tenter de reconstruire le champ complet à partir du champ résolu et de calculer les moments statistiques à partir de ce champ reconstruit. Cette méthode permet, *a priori*, d'obtenir des résultats exacts si la reconstruction l'est aussi. Cette opération de reconstruction peut être interprétée comme un *défiltrage*, c'est-à-dire comme l'inversion de l'opération de séparation d'échelles. Comme il a été vu au chapitre 2, cette opération est possible si le filtre est un filtre analytique n'appartenant pas à la classe des opérateurs de Reynolds. Dans les autres cas, c'est-à-dire lorsque le filtre effectif est inconnu ou possède les propriétés d'un projecteur, cette technique n'est pas applicable en toute rigueur et l'on doit se contenter d'employer une reconstruction approchée. On utilise alors une technique basée sur l'interprétation différentielle des filtres, analogue à celle décrite dans la section 6.1.1. Cette interprétation permet d'exprimer le champ filtré $\overline{u}$ comme:

$$\overline{u} = \left(Id + \sum_{n=1}^{\infty} C_n \overline{\Delta}^{2n} \frac{\partial^{2n}}{\partial x^{2n}} \right) u \tag{8.24}$$

Cette relation peut être inversée formellement en écrivant:

$$u = \left(Id + \sum_{n=1}^{\infty} C_n \overline{\Delta}^{2n} \frac{\partial^{2n}}{\partial x^{2n}} \right)^{-1} \overline{u} \tag{8.25}$$

et, en interprétant l'opérateur différentiel comme un développement en fonction du petit paramètre $\overline{\Delta}$, il vient:

$$u = \left(Id + \sum_{n=1}^{\infty} C_n' \overline{\Delta}^{2n} \frac{\partial^{2n}}{\partial x^{2n}} \right) \overline{u} \tag{8.26}$$

En tronquant la série à un ordre arbitraire, on obtient ainsi une méthode de reconstruction locale en espace facile à mettre en œuvre. La difficulté réside dans le choix des coefficients C_n, qui décrivent le filtre effectif et ne peuvent être déterminés que de façon empirique.

Emploi du modèle sous-maille. Un autre moyen, plus simple à mettre en œuvre, consiste à calculer la contribution des termes sous-maille au moyen de la représentation des tensions sous-maille fournie par le modèle employé lors de la simulation. Cette technique ne permet pas d'évaluer tous les termes d'erreur présents dans les équations (8.2) et (8.3) et ne peut, *a priori*, conduire qu'à une réduction de l'erreur commise lors du calcul des moments du second ordre.

Elle présente toutefois l'avantage de ne pas nécessiter de calculs supplémentaires, comme c'est le cas pour la technique de reconstruction.

Il faut noter ici que cette technique semble appropriée lorsque les modèles mis en œuvre sont des modèles structurels, qui représentent le tenseur sous-maille, mais que l'emploi de modèles fonctionnels ne la justifie plus, car ceux-ci ne font que garantir un équilibre énergétique.

8.3 Expérience pratique

La pratique montre que la quasi-totalité des auteurs effectuent des comparaisons avec des données de référence ou exploitent les résultats des calculs de simulation des grandes échelles sans traitement aucun des données. Les accords observés avec les données de référence peuvent alors être expliqués par le fait que les grandeurs sur lesquelles portent la comparaison sont essentiellement liées à des gammes d'échelles contenues dans le champ résolu. Ceci est généralement vrai des moments d'ordre 1 (*i.e.* le champ de vitesse moyen) et dans certains cas des moments d'ordre 2 (les tensions de Reynolds). Cette absence de traitement des données avant leur exploitation semble être due principalement aux incertitudes associées aux techniques d'évaluation des contributions des échelles sous-maille et à la difficulté de filtrer de manière *ad hoc* les données de référence. La simulation des grandes échelles permet également de prédire de manière satisfaisante la fréquence temporelle associée à des phénomènes répétitifs à grande échelle (comme l'échappement tourbillonnaire) et, pour des maillages fins, les premières harmoniques de cette fréquence.

9. Conditions aux limites

Comme toutes les autres approches évoquées dans l'introduction, la simulation des grandes échelles requiert que l'on se donne des conditions aux limites pour déterminer complètement le système et obtenir un problème mathématiquement bien posé. Ce chapitre est consacré aux questions liées à la détermination de conditions aux limites adaptées pour les calculs de simulation des grandes échelles. La première section expose les réflexions d'ordre général, la seconde est consacrée à la représentation des parois solides et la troisième discute des méthodes employées pour représenter un écoulement amont instationnaire.

9.1 Problème général

9.1.1 Aspects mathématiques

Les développements précédents font clairement apparaître que les équations constitutives de la simulation des grandes échelles peuvent être d'un degré différent de celui des équations de Navier-Stokes originales. Ceci est trivialement vérifié en considérant l'interprétation différentielle des filtres: les équations résolues sont obtenues en appliquant un opérateur différentiel d'ordre arbitrairement élevé aux équations de base. D'autre part, il a été vu que certains modèles sous-maille font apparaître des dérivées d'ordre élevé du champ de vitesse.

Ce changement du degré des équations résolues pose le problème de la détermination des conditions aux limites associées, car celles associées aux équations qui régissent l'évolution de la solution exacte ne permettent plus, *a priori*, d'obtenir un problème mathématiquement bien posé. Ce problème n'est généralement pas pris en compte, en arguant du fait que les termes d'ordre supérieur n'apparaissent que sous la forme de perturbations en $\overline{\Delta}$ des équations de Navier-Stokes et les mêmes conditions aux limites sont employées tant pour la simulation des grandes échelles que pour la simulation directe des équations de Navier-Stokes. De plus, lorsque le filtre effectif n'est pas connu, la dérivation rigoureuse de conditions aux limites adaptées n'est pas possible, ce qui conduit également à utiliser les conditions aux limites du problème de base.

9.1.2 Aspects physiques

Les conditions aux limites permettent, avec les paramètres de similitude des équations, de spécifier l'écoulement, c'est-à-dire déterminer la solution. Ces conditions permettent de représenter l'ensemble du domaine fluide situé à l'extérieur du domaine de calcul. Pour spécifier complètement la solution, elles doivent porter sur toutes les échelles de celle-ci, c'est-à-dire sur tous les modes spatio-temporels qui la composent.

Donc, pour caractériser un écoulement particulier, les conditions aux limites doivent contenir d'autant plus d'information que le nombre de degrés de liberté du système dynamique discret est grand. Ceci pose le problème de la représentation d'une solution particulière, afin de pouvoir la reproduire numériquement. Il s'agit ici d'un nouveau problème de modélisation, à savoir celui de la *modélisation du dispositif de référence*.

Cette difficulté est accrue pour la simulation des grandes échelles et la simulation numérique directe, car ces simulations contiennent un grand nombre de degrés de liberté et requièrent une représentation déterministe spatio-temporelle précise de la solution aux frontières du domaine de calcul.

Deux cas particuliers vont être évoqués dans les sections suivantes: le cas de la représentation des parois solides et celui de la représentation d'un écoulement amont turbulent. Le problème des conditions de sortie, qui n'est pas spécifique de la technique de simulation des grandes échelles, ne sera pas abordé.

9.2 Cas des parois solides

9.2.1 Position du problème

Spécificités de la zone de proche paroi. La structure de l'écoulement de couche limite possède des caractéristiques qui impliquent des traitements particuliers dans le cadre de la simulation des grandes échelles. On décrit dans cette section les éléments caractéristiques de la dynamique et de la cinématique de la couche limite, qui mettent en lumière la différence d'avec la turbulence homogène isotrope. Pour une description détaillée, on pourra se référer à l'ouvrage de Cousteix [44].

Définitions. On se place ici dans le cadre idéal d'une couche limite de plaque plane, turbulente, sans gradient de pression. L'écoulement extérieur est suivant la direction (Ox) et la direction normale à la paroi est la direction (Oz). La vitesse extérieure est notée U_e. Dans ce qui suit, le repère cartésien est noté indifféremment (x, y, z) ou (x_1, x_2, x_3), par souci de commodité. De même, le vecteur vitesse est noté (u, v, w) ou (u_1, u_2, u_3).

On rappelle tout d'abord quelques définitions. L'*épaisseur de couche limite* δ est définie comme la distance à la plaque à partir de laquelle le fluide est irrotationnel et donc où la vitesse du fluide est égale à la vitesse extérieure.

La *contrainte pariétale* τ_p est définie comme:

$$\tau_p = \sqrt{\tau_{p,13}^2 + \tau_{p,23}^2} \tag{9.1}$$

avec $\tau_{p,ij} = \nu \overline{S}_{ij}(x, y, 0)$. La *vitesse de frottement* u_τ est définie comme:

$$u_\tau = \sqrt{\tau_p} \tag{9.2}$$

Dans la cas de la couche limite canonique, il vient:

$$u_\tau = \sqrt{\nu \frac{\partial u_1}{\partial z}(x, y, 0)} \tag{9.3}$$

On définit le nombre de Reynolds Re_τ par:

$$Re_\tau = \frac{\delta u_\tau}{\nu} \tag{9.4}$$

La vitesse réduite $\mathbf{u}^+$, exprimée en unité de paroi, est définie comme:

$$\mathbf{u}^+ = \mathbf{u}/u_\tau \tag{9.5}$$

Les coordonnées réduites (x^+, y^+, z^+) sont obtenues par la transformation:

$$(x^+, y^+, z^+) = (x/l_\tau, y/l_\tau, z/l_\tau) \tag{9.6}$$

où la *longueur visqueuse* l_τ est définie comme $l_\tau = \nu/u_\tau$.

Description statistique de la couche limite canonique. La couche limite est divisée en deux parties: la *région interne* ($0 \leq z < 0, 2\delta$) et la *région externe* ($0, 2\delta \leq z$). Ce découpage est illustré par la figure 9.1. Dans la région interne, la dynamique est dominée par les effets visqueux. Dans la région externe, elle est contrôlée par la turbulence. Chacune de ces régions est décomposée en plusieurs couches, qui correspondent à des types de dynamique différents.

Dans le cas de la couche limite canonique, on distingue trois couches dans la région interne, dans lesquelles le profil de vitesse longitudinal moyen respecte des lois particulières. Les positions de ces couches sont repérées dans le système des coordonnées réduites, car la dynamique de la zone interne est dominée par les effets de paroi et l_τ est l'échelle de longueur pertinente pour décrire la dynamique. L'échelle de vitesse caractéristique est la vitesse de frottement. Ces trois couches sont:

− la *sous-couche laminaire*: $z^+ \leq 5$, dans laquelle

$$\langle u_1^+(z^+) \rangle = z^+ \tag{9.7}$$

− la *région de transition*, ou *région tampon*: $5 < z^+ \leq 30$, où

$$\langle u_1^+(z^+) \rangle \simeq 5 \ln z^+ - 3,05 \tag{9.8}$$

– la *couche de Prandtl* ou *région inertielle logarithmique*: $30 < z^+; z/\delta \ll 1$, pour laquelle

$$\langle u_1^+(z^+)\rangle \simeq \frac{1}{\kappa}\ln z^+ + 5,5 \pm 0,1, \quad \kappa = 0,4 \tag{9.9}$$

La zone externe comprend la fin de la région inertielle logarithmique et la région de sillage. Dans cette zone, la longueur caractéristique n'est plus l_τ, mais l'épaisseur δ. En revanche, l'échelle de vitesse caractéristique demeure inchangée. Les profils de vitesse moyenne sont décrits par:

– pour la *région inertielle logarithmique*:

$$\frac{\langle u_1(z)\rangle}{u_\tau} = A\ln\frac{zu_\tau}{\nu} + B \tag{9.10}$$

où A et B sont des constantes.
– pour la *région de sillage*:

$$\frac{\langle u_1(z)\rangle}{u_\tau} = A\ln\frac{zu_\tau}{\nu} + B + \frac{\Pi}{\kappa}W\left(\frac{z}{\delta}\right) \tag{9.11}$$

où A, B et Π sont des constantes et W la fonction de sillage définie par Clauser comme:

$$W(x) = 2\sin^2(\pi x/2) \tag{9.12}$$

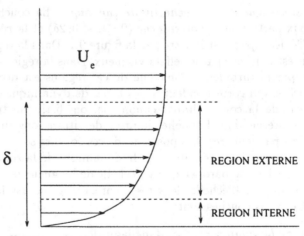

Fig. 9.1. Profil moyen de vitesse longitudinal pour le cas de la couche limite turbulente canonique et découpage en une région interne et une région externe.

Eléments sur la dynamique de la couche limite canonique. Les études expérimentales et numériques ont permis d'identifier des processus dynamiques distincts au sein de la couche limite. On résume ici les éléments principaux de la dynamique de la couche limite qui sont à l'origine de la création de la turbulence dans la zone de proche paroi.

Les observations montrent que, très près de la paroi, l'écoulement est très agité et qu'il est composé de poches de fluide rapide et de fluide lent, qui s'organisent en lanières parallèles à la vitesse extérieure. Les poches de faible vitesse migrent lentement vers l'extérieur de la couche limite (*éjection*) et sont soumises à une instabilité qui les fait exploser près de la frontière extérieure de la région interne (*explosion*). Cette explosion est suivie d'une arrivée de fluide rapide vers la paroi, qui balaie la région de proche paroi presque parallèlement à celle-ci (*balayage*). Ces évènements, très intermittents en espace et en temps, induisent de fortes variations des tensions de Reynolds instantanées et sont à l'origine d'une très grande partie de la production et de la dissipation d'énergie cinétique turbulente. Ces variations produisent des fluctuations de la dissipation sous-maille qui peuvent atteindre 300 % de la valeur moyenne et la faire changer de signe. Des analyses réalisées à partir de simulations numériques directes [83, 169] indiquent que, dans la région tampon, une dissipation à petite échelle très intense est corrélée avec la présence des couches cisaillées qui forment les interfaces entre les poches de fluide de vitesses différentes. Ces mécanismes sont fortement anisotropes: leurs échelles caractéristiques dans les directions longitudinale λ_x et transverse λ_y sont telles que $\lambda_x^+ \approx 200 - 1000$ et $\lambda_y^+ \approx 100$. Le maximum de production d'énergie turbulente est observé en $z^+ \approx 15$. Cette production d'énergie à petite échelle donne naissance à une forte cascade inverse d'énergie et est associée avec les évènements de type balayage. La cascade directe, quant à elle, est associée aux éjections.

Dans les régions supérieures de la couche limite, où les effets visqueux ne dominent plus la dynamique, le mécanisme de cascade d'énergie est prédominant. Les deux mécanismes de cascade sont associés de manière privilégiée avec les éjections.

Description cinématique de la couche limite turbulente. Les processus décrits ci-dessus sont associés à l'existence de structures tourbillonnaires cohérentes [176].

La région de transition est dominée par des structures quasi-longitudinales isolées, qui forment un angle avec la paroi allant en moyenne de 5^0 en $z^+ = 15$ à 15^0 en $z^+ = 30$. Leur diamètre moyen s'accroît avec la distance à la paroi[1].

La région inertielle logarithmique appartient à la fois à la zone interne et la zone externe et contient donc deux échelles d'espace caractéristiques, ce

---

[1] Il est à noter que des observations contradictoires sont recensées. Lamballais [109] observe que l'angle le plus probable de la vorticité (projetée sur un plan perpendiculaire à la paroi) est proche de 90^0 pour $5 < z^+ < 25$, ce qui va à l'encontre du modèle de tourbillons longitudinaux à la paroi.

qui est compatible avec l'existence de deux types de structures différentes. La dynamique est gouvernée par des structures quasi-longitudinales et des structures en arche. Les structures quasi-longitudinales peuvent être connectées à des structures transversales et forment un angle avec la paroi qui varie de 15^0 à 30^0. L'envergure des structures en arche est de l'ordre de la largeur des poches de fluide lent en bas de la couche et croît linéairement avec la distance à la paroi. Le nombre relatif de structures quasi-longitudinales décroît avec la distance à la paroi, jusqu'à s'annuler au début de la région de sillage.

La région de sillage est peuplée de structures en arche, qui forment un angle de 45^0 avec la paroi. Leur espacement en x et en y est de l'ordre de δ.

Résolution ou modélisation. La description qui vient d'être faite de la structure de l'écoulement de couche limite montre clairement le problème lié à l'application de la technique de simulation des grandes échelles dans ce cas. En effet, les mécanismes qui sont à la base de la création de la turbulence, c'est-à-dire les mécanismes moteurs de l'écoulement, sont associés à des échelles de longueurs caractéristiques fixes en moyenne. D'autre part, cette production de la turbulence est associée à une cascade inverse d'énergie, qui est largement dominante par rapport au mécanisme de cascade dans certaines régions de la couche limite. Ces deux facteurs font que les modèles sous-maille présentés dans les chapitres précédents deviennent inopérants, car ils ne permettent plus de réduire le nombre de degrés de liberté tout en assurant une représentation fine des mécanismes moteurs de l'écoulement.

Deux solutions s'offrent alors [153]:

– Résoudre directement la dynamique de proche paroi: les mécanismes de production échappant à la modélisation sous-maille classique, il est nécessaire, si l'on désire les prendre en compte, d'utiliser une résolution suffisamment fine pour les capturer. Ce cas est représenté sur la figure 9.2. La paroi solide est alors représentée par une condition d'adhérence: la vitesse du fluide est prise égale à celle de la paroi solide. Cette égalité fait appel implicitement à l'hypothèse que le libre parcours moyen des molécules est petit devant les échelles caractéristiques du mouvement et que ces dernières sont grandes devant la distance du premier point de maillage à la paroi. Ceci est réalisé en pratique en plaçant le premier point dans la zone ($0 \leq z^+ \leq 1$). Pour représenter complètement les mécanismes de production de la turbulence, Schumann [191] préconise une résolution spatiale telle que $\overline{\Delta}_1^+ < 10, \overline{\Delta}_2^+ < 5$ et $\overline{\Delta}_3^+ < 2$. D'autre part, Zang [233] indique que la résolution minimale pour capturer l'existence des ces mécanismes est $\overline{\Delta}_1^+ < 80, \overline{\Delta}_2^+ < 30$ et que trois points de maillage doivent être situés dans la zone $z^+ \leq 10$. Ces valeurs ne sont données qu'à titre indicatif, puisque des valeurs plus grandes sont répertoriées dans la littérature: par exemple, Piomelli [164] emploie $\overline{\Delta}_1^+ = 244$ pour un écoulement de canal plan. Cette solution implique l'utilisation d'un grand nombre de degrés de liberté: Chapman [30] estime que la représentation de la dynamique de la

zone interne, qui contribue pour environ 1% à l'épaisseur de la couche limite complète, nécessite $O(Re^{1,8})$ degrés de liberté, alors qu'il ne faut que
$O(Re^{0,4})$ pour représenter la zone externe ;

– Modéliser la dynamique de la proche paroi: pour réduire le nombre de
degrés de liberté et en particulier éviter d'avoir à représenter la zone interne, on utilise un modèle pour représenter la dynamique de la zone comprise entre le premier point de maillage et la paroi solide (voir figure 9.2).
Il s'agit ici d'un modèle sous-maille particulier, appelé *modèle de paroi*.
Comme la distance du premier point de calcul à la paroi est supérieure
aux échelles caractéristiques des modes existant dans la zone modélisée,
la condition d'adhérence ne peut plus être utilisée. La condition aux limites portera sur les valeurs des composantes de vitesse ou/et de leurs
gradients, qui seront fournies par le modèle de paroi. Cette approche permet de placer le premier point dans la couche logarithmique (en pratique
$50 \leq z^+ \leq 200$). L'avantage principal de cette approche est de permettre
une forte réduction du nombre de degrés de liberté de la simulation, mais,
puisqu'une partir de la dynamique est modélisée, elle représente une source
d'erreur supplémentaire.

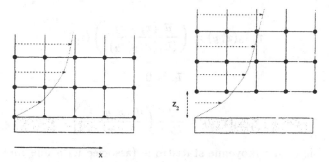

Fig. 9.2. Traitement de la zone de proche paroi - Résolution jusqu'à la paroi
(gauche) et résolution incomplète (droite).

9.2.2 Quelques modèles de parois

On présente dans ce qui suit les principaux modèles de parois employés pour
la simulation des grandes échelles. Ces modèles représentent tous une paroi
imperméable.

Modèle de Deardorff. Dans le cadre d'une simulation de canal plan à
nombre de Reynolds infini, Deardorff [50] propose d'utiliser les conditions
suivantes pour représenter les parois solides:

$$\frac{\partial^2 \overline{u}_1}{\partial z^2} = -\frac{1}{\kappa(z_2/2)^2} + \frac{\partial^2 \overline{u}_1}{\partial y^2} \tag{9.13}$$

$$\overline{u}_3 = 0 \qquad (9.14)$$

$$\frac{\partial^2 \overline{u}_2}{\partial z^2} = \frac{\partial^2 \overline{u}_2}{\partial x^2} \qquad (9.15)$$

où z_2 est la distance du premier point à la paroi et $\kappa = 0,4$ la constante de von Karman. La première condition suppose que le profil de vitesse moyenne vérifie la loi logarithmique et que les dérivées secondes de la fluctuation $\mathbf{u}'' = \overline{\mathbf{u}} - \langle \mathbf{u} \rangle$ dans les directions y et z sont égales. La condition d'imperméabilité (9.14) implique que les tensions résolues $\overline{u}_1\overline{u}_3$, $\overline{u}_3\overline{u}_3$ et $\overline{u}_2\overline{u}_3$ sont nulles à la paroi. Ce modèle souffre de plusieurs défauts: il ne fait apparaître aucune dépendance en fonction du nombre de Reynolds et il suppose que, près de la paroi, la tension de cisaillement est entièrement due aux échelles sous-maille.

Modèle de Schumann. Schumann [189] a développé un modèle de paroi pour effectuer une simulation d'écoulement de canal plan à un nombre de Reynolds fini. Comme il utilise un maillage décalé, seules les valeurs de la composante de vitesse normale à la paroi et de deux composantes du tenseur des contraintes doivent être spécifiées. Les conditions aux limites proposées sont:

$$\tau_{\mathrm{p},13}(x,y) = \left(\frac{\overline{u}_1(x,y,z_2)}{\langle \overline{u}_1(x,y,z_2) \rangle} \right) \langle \tau_\mathrm{p} \rangle \qquad (9.16)$$

$$\overline{u}_3 = 0 \qquad (9.17)$$

$$\tau_{\mathrm{p},23}(x,y) = \frac{2}{Re_\tau} \left(\frac{\overline{u}_3(x,y,z_2)}{z_2} \right) \qquad (9.18)$$

où $\langle \rangle$ désigne une moyenne statistique (associée ici à une moyenne temporelle), z_2 la distance du premier point à la paroi. La condition (9.16) équivaut à faire l'hypothèse que la composante de vitesse longitudinale à la position z_2 est en phase avec la contrainte pariétale instantanée. Le profil de vitesse moyenne peut être obtenu par la loi logarithmique et la contrainte pariétale moyenne $\langle \tau_\mathrm{p} \rangle$ est égale, pour un écoulement de canal plan, au gradient de pression moteur. Ce modèle de paroi implique donc que le champ de vitesse moyen vérifie la loi logarithmique et ne peut être appliqué qu'à des écoulements de canal plan pour lesquels la valeur du gradient de pression moteur est connue *a priori*. La seconde condition est la condition d'imperméabilité et la troisième correspond à une condition d'adhérence pour la composante de vitesse transversale $\overline{u}_2$.

Modèle de Grötzbach. Grötzbach [82] propose une extension du modèle de Schumann, de manière à ne plus avoir besoin de connaître la contrainte pariétale moyenne *a priori*. Pour cela, la moyenne d'ensemble $\langle\rangle$ est maintenant associée à une moyenne sur le plan parallèle à la paroi solide situé en $z = z_2$. Connaissant $\langle \overline{u}_1(z_2)\rangle$, la contrainte pariétale moyenne $\langle \tau_\mathrm{p}\rangle$ est calculée à partie de la loi logarithmique. La vitesse de frottement est calculée à partir de l'équation (9.9), *i.e.*:

$$u_1^+(z_2) = \langle \overline{u}_1(z_2)\rangle/u_\tau = \frac{1}{\kappa}\log(z_2 u_\tau/\nu) + 5,5 \pm 0,1 \qquad (9.19)$$

puis $\langle \tau_\mathrm{p}\rangle$ est calculée par la relation (9.2). Ce modèle est plus général que celui de Schumann, mais il impose toujours que le profil de vitesse moyenne vérifie la loi logarithmique. Un autre avantage de la modification de Grötzbach est qu'elle permet des variations du flux de masse total à travers le canal.

Modèle de corrélations retardées. En se basant sur les travaux expérimentaux de Rajagopalan et Antonia [174], une autre modification du modèle de Schumann peut être proposée. Ces deux auteurs ont observé que la corrélation entre la contrainte pariétale et la vitesse augmente lorsque l'on considère un temps de relaxation entre les deux évaluations. Ce phénomène est explicable par l'existence de structures cohérentes inclinées qui sont responsables des fluctuations de la vitesse et de la contrainte pariétale. Le modèle modifié s'écrit:

$$\tau_{\mathrm{p},13}(x, y) = \left(\frac{\overline{u}_1(x + \Delta_\mathrm{s}, y, z_2)}{\langle \overline{u}_1(x, y, z_2)\rangle}\right)\langle \tau_\mathrm{p}\rangle \qquad (9.20)$$

$$\overline{u}_3 = 0 \qquad (9.21)$$

$$\tau_{\mathrm{p},23}(x, y) = \left(\frac{\overline{u}_2(x + \Delta_\mathrm{s}, y, z_2)}{\langle \overline{u}_1(x, y, z_2)\rangle}\right)\langle \tau_\mathrm{p}\rangle \qquad (9.22)$$

où la valeur de la longueur Δ_s est donnée par la relation approchée:

$$\Delta_\mathrm{s} = \begin{cases} (1 - z_2)\cot(8^0) & \text{pour } 30 \le z_2^+ \le 50 - 60 \\[2mm] (1 - z_2)\cot(13^0) & \text{pour } z_2^+ \ge 60 \end{cases} \qquad (9.23)$$

Modèle de paroi rugueuse. Mason et Callen [138] proposent un modèle de paroi prenant en compte les effets de rugosité. Les trois composantes de vitesse sont spécifiées au premier point de calcul par les relations:

$$\overline{u}_1(x, y, z_2) = \cos\theta\left(\frac{u_\tau(x, y)}{\kappa}\right)\ln(1 + z_2/z_0) \qquad (9.24)$$

$$\overline{u}_2(x, y, z_2) = \sin\theta \left(\frac{u_\tau(x, y)}{\kappa}\right) \ln(1 + z_2/z_0) \qquad (9.25)$$

$$\overline{u}_3(x, y, z_2) = 0 \qquad (9.26)$$

où z_0 est l'épaisseur de rugosité de la paroi et l'angle θ est donné par la relation $\theta = \arctan(\overline{u}_2(z_2)/\overline{u}_1(z_2))$. Ces équations permettent de calculer la vitesse de frottement u_τ en fonction des composantes de vitesse instantanées $\overline{u}_1$ et $\overline{u}_2$. Le vecteur frottement pariétal instantané $\mathbf{u}_\tau^2$ est ensuite évalué comme:

$$\mathbf{u}_\tau^2 = \frac{1}{M}|\mathbf{u}_\parallel|\mathbf{u}_\parallel \qquad (9.27)$$

où $\mathbf{u}_\parallel$ est le vecteur $(\overline{u}_1(x, y, z_2), \overline{u}_2(x, y, z_2), 0)$ et

$$\frac{1}{M} = \frac{1}{\kappa^2} \ln^2(1 + z_2/z_0)$$

Les contraintes pariétales instantanées dans les directions x et y sont ensuite évaluées respectivement comme $|u_\tau^2|\cos\theta$ et $|u_\tau^2|\sin\theta$. Ce modèle repose sur l'hypothèse que le profil logarithmique est vérifié localement et instantanément par le champ de vitesse. Ceci est d'autant plus vrai que le maillage est relâché et que la vitesse à grande échelle se rapproche de la vitesse moyenne.

Modèle d'éjection. Un modèle de paroi supplémentaire est proposé par Piomelli, Ferziger, Moin et Kim [167]. Ces auteurs proposent de prendre en compte le fait que les mouvements de fluide rapide se rapprochant ou s'éloignant de la paroi modifient fortement la contrainte pariétale. L'impact de poches de fluide rapide sur la paroi provoque l'étirement des lignes tourbillonnaires longitudinales et latérales, augmentant les fluctuations de vitesse près de la paroi. L'éjection de masses de fluide rapide induit l'effet inverse, c'est-à-dire une diminution de la contrainte pariétale. Pour représenter la corrélation entre la contrainte pariétale et les fluctuations de vitesse, les auteurs proposent les conditions suivantes:

$$\tau_{p,13}(x, y) = \langle\tau_p\rangle - Cu_\tau\overline{u}_3(x + \Delta_s, y, z_2) \qquad (9.28)$$

$$\tau_{p,23}(x, y) = \left(\frac{\langle\tau_p\rangle}{\langle\overline{u}_1(z_2)\rangle}\right)\overline{u}_2(x + \Delta_s, y, z_2) \qquad (9.29)$$

$$\overline{u}_3(x, y) = 0 \qquad (9.30)$$

où C est une constante de l'ordre de l'unité, $\langle\tau_p\rangle$ est calculé à partir de la loi logarithmique, comme pour le modèle de Grötzbach et Δ_s est calculé par la relation (9.23).

Modèle de couche limite simplifié. Balaras *et al.* [8] et Cabot [24, 25] proposent des modèles plus sophistiqués, basés sur un système d'équations simplifiées, dérivées des équations de couche limite. Entre le premier point de maillage et la paroi solide, un maillage secondaire est inclus sur lequel est résolu le système:

$$\frac{\partial \overline{u}_i}{\partial t} + \frac{\partial}{\partial x_1}(\overline{u}_1 \overline{u}_i) + \frac{\partial}{\partial x_n}(\overline{u}_n \overline{u}_i) = -\frac{\partial \overline{p}}{\partial x_i} + \frac{\partial}{\partial x_n}\left((\nu + \nu_{\mathrm{sm}})\frac{\partial \overline{u}_i}{\partial x_n}\right), \qquad i \neq n$$
(9.31)

où n est l'indice qui correspond à la direction normale à la paroi.

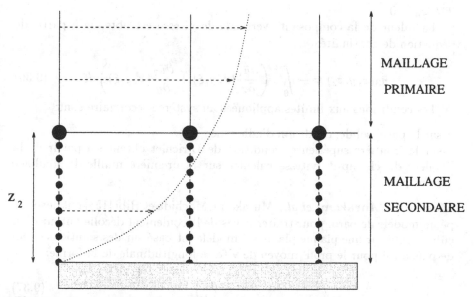

Fig. 9.3. Représentation des maillages primaire et secondaire.

Cette approche est équivalente à faire l'hypothèse que la zone interne de la couche limite se comporte comme une couche de Stokes forcée par l'écoulement extérieur. Balaras *et al.* proposent de calculer la viscosité ν_{sm} par le modèle de longueur de mélange simplifié:

$$\nu_{\mathrm{sm}} = (\kappa z)^2 D_{\mathrm{b}}(z)|\overline{S}|$$
(9.32)

où z est la distance à la paroi, κ la constante de von Karman et $D_{\mathrm{b}}(z)$ la fonction d'amortissement:

$$D_{\mathrm{b}}(z) = \left(1 - \exp(-(z^+/A^+)^3)\right)$$
(9.33)

avec $A^+ = 25$. Cabot propose la définition alternative:

$$\nu_{\mathrm{sm}} = \kappa u_{\mathrm{s}} z D_C^2(z) \tag{9.34}$$

avec

$$D_C(z) = (1 - \exp(-z u_{\mathrm{d}}/A\nu)) \tag{9.35}$$

où u_{s} et u_{d} sont des échelles de vitesse à déterminer et $A = 19$. Le choix le plus simple est $u_{\mathrm{s}} = u_{\mathrm{d}} = u_\tau$.

La résolution de ce système fournit les profils des composantes de vitesse longitudinale et transversale à chaque pas de temps, ce qui permet de calculer la valeur de la contrainte pariétale nécessaire pour résoudre les équations de Navier-Stokes sur le maillage principal. Le gradient de pression apparaît comme un terme source, car celle-ci est obtenue en utilisant la relation $\partial \overline{p}/\partial x_n = 0$.

La valeur de la composante verticale de vitesse est obtenue à partir de l'équation de continuité:

$$\overline{u}_3(x, y, z_2) = -\int_0^{z_2} \left(\frac{\partial \overline{u}_1}{\partial x}(x, y, \xi) + \frac{\partial \overline{u}_2}{\partial y}(x, y, \xi) \right) d\xi \tag{9.36}$$

Les conditions aux limites appliquées au système secondaire sont:

- sur la paroi solide: condition d'adhérence ;
- sur la frontière supérieure: condition de Dirichlet obtenue à partir de la valeur du champ de vitesse calculée sur la première maille du maillage principal.

Modèle de Murakami *et al.*. Murakami, Mochida et Hibi [158] ont développé un modèle de paroi pour traiter le cas de l'écoulement décollé autour d'un cube monté sur une plaque plane. Ce modèle est basé sur des solutions en loi de puissance pour le profil moyen de vitesse longitudinale de la forme:

$$\frac{\langle \overline{u}_1(z) \rangle}{U_{\mathrm{e}}} \simeq \left(\frac{z}{\delta} \right)^n \tag{9.37}$$

Les auteurs préconisent d'utiliser $n = 1/4$ sur la plaque plane et $n = 1/2$ à la surface du cube. Lorsque le premier point de maillage est situé suffisamment près de la paroi, les conditions aux limites suivantes sont employées:

$$\overline{u}_i(x, y) = \left(\frac{z_2}{z_2 + \Delta z} \right)^n \overline{u}_i(x, y, z_2 + \Delta z), \quad i = 1, 2 \tag{9.38}$$

$$\overline{u}_3(x, y) = 0 \tag{9.39}$$

où Δz est la taille de la première maille. La première équation est obtenue en supposant que le profil instantané vérifie également la loi (9.37). Lorsque la distance du premier point à la paroi est trop grande pour que les effets de la convection puissent être négligés, la relation (9.39) est remplacée par:

$$\frac{\partial \overline{u}_3}{\partial z} = 0 \tag{9.40}$$

Modèle de Werner et Wengle. Pour pouvoir traiter le même écoulement que Murakami *et al.*, Werner et Wengle [217] proposent un modèle de paroi basé sur les hypothèses suivantes:

- Les composantes de vitesse tangentielles à la paroi instantanées $u_2(x, y, z_2)$ et $u_3(x, y, z_2)$ sont en phase avec les contraintes pariétales instantanées associées ;
- Le profil de vitesse instantané suit la loi suivante:

$$u^+(z) = \left\{ \begin{array}{ll} z^+ & \text{si } z^+ \leq 11,81 \\ A(z^+)^B & \text{sinon} \end{array} \right. \tag{9.41}$$

avec $A = 8,3$ et $B = 1/7$.

Les valeurs des composantes tangentielles de vitesse peuvent être reliées aux valeurs correspondantes des composantes de la contrainte pariétales en intégrant le profil de vitesse (9.41) sur la distance qui sépare la première maille de la paroi. Ceci permet une évaluation analytique directe des composantes de la contrainte pariétale à partir du champ de vitesse:

- si $|\overline{u}_i(x, y, z_2)| \leq \frac{\nu}{2z_m} A^{2/(1-B)}$, alors:

$$|\tau_{\mathrm{p},i3}(x, y)| = \frac{2\nu|\overline{u}_i(x, y, z_2)|}{z_2} \tag{9.42}$$

- et sinon:

$$|\tau_{\mathrm{p},i3}(x, y)| = \left[\frac{1 - B}{2} A^{\frac{1+B}{1-B}} \left(\frac{\nu}{z_2} \right)^{1+B} + \frac{1 + B}{A} \left(\frac{\nu}{z_2} \right)^B |\overline{u}_i(x, y, z_2)| \right]^{2/(1+B)} \tag{9.43}$$

où z_m est la distance à la paroi qui correspond à $z^+ = 11,81$. Ce modèle présente l'avantage de ne pas faire appel à des valeurs statistiques moyennes de la vitesse et/ou des contraintes pariétales, ce qui facilite son emploi pour les configurations inhomogènes. Une condition d'imperméabilité est utilisée pour spécifier la valeur de la composante de vitesse normale à la paroi:

$$\overline{u}_3 = 0 \tag{9.44}$$

9.3 Cas des conditions d'entrée

9.3.1 Conditions requises

La représentation de l'écoulement en amont du domaine de calcul pose également des difficultés lorsque celui-ci n'est pas connu complètement de façon déterministe, car le manque d'information introduit des sources d'erreurs.

Cette situation est rencontrée pour les écoulements instationnaires transition-
nels ou turbulents, qui contiennent généralement un très grand nombre de
modes spatio-temporels. Plusieurs techniques de génération de conditions aux
limites sont utilisées pour fournir au calcul de simulation des grandes échelles
une information portant sur tous les modes qu'il contient.

9.3.2 Techniques de génération des conditions d'entrée

Reconstruction stochastique à partir d'une description statistique.
Lorsque l'écoulement amont est décrit de manière statistique (le plus souvent le champ de vitesse moyen et les moments d'ordre 2 en un point),
l'information déterministe est irrémédiablement perdue. La solution alors
employée consiste à générer des réalisations instantanées qui sont statistiquement équivalentes à l'écoulement amont, c'est-à-dire qui possèdent les mêmes
moments statistiques que celui-ci.

En pratique, cela est réalisé en superposant au profil statistique moyen
des bruits aléatoires qui possèdent les mêmes moments statistiques que les
fluctuations de vitesse. Ceci est noté:

$$\mathbf{u}(x_0, t) = U(x_0) + \mathbf{u}'(x_0, t) \qquad (9.45)$$

où le champ moyen U est donné par l'expérience, la théorie ou des calculs
stationnaires et où la fluctuation $\mathbf{u}'$ est générée à partir de nombres aléatoires.

Cette technique permet de respecter le niveau énergétique des fluctuations
ainsi que les corrélations en un point (les tensions de Reynolds) dans les directions d'homogénéité statistique de la solution, mais ne permet pas de reproduire les corrélations spatio-temporelles en deux points [113]. L'information
concernant la phase est perdue, ce qui peut avoir des conséquences très
néfastes lorsque le caractère cohérent des fluctuations est important, comme
c'est le cas pour les écoulements cisaillés (couche de mélange, jet, couche
limite ...). En effet, les calculs effectués montrent l'existence d'une zone du
domaine de calcul dans laquelle la solution régénère la cohérence spatio-
temporelle propre aux équations de Navier-Stokes [39]. Dans cette zone, qui
peut représenter une part importante du domaine de calcul[2], la solution n'est
pas exploitable, ce qui entraine un surcoût pour la simulation. D'autre part,
il apparaît que cette technique ne permet pas de contrôler précisément la
dynamique de la solution, en ce sens qu'il est très difficile de reproduire une
solution particulière pour une géométrie donnée.

Calcul déterministe. Pour minimiser au mieux les erreurs, un solution
consiste à effectuer une simulation de l'écoulement amont [211, 67], appelée
précurseur, avec un degré de résolution équivalent à celui désiré pour la simulation finale. Cette technique permet de réduire presque complètement les

---

[2] Les expériences numériques montrent que cette zone peut représenter plus de
50% du nombre total de points de la simulation.

erreurs rencontrées précédemment et permet d'obtenir de très bons résultats. En revanche, elle est difficilement praticable dans le cas général, car elle nécessite de reproduire toute l'histoire de l'écoulement, ce qui, pour des configurations complexes, implique des coûts de calculs très grands. Un autre problème lié à cette approche est celui de la causalité: comme le précurseur est calculé séparément, aucune remontée de l'information en provenance de la seconde simulation n'est possible. Il s'agit là d'un couplage à sens unique entre les deux simulations, qui peut devenir problématique lorsqu'un signal (onde acoustique par exemple) est émis par la seconde simulation.

Lund *et al.* [131] ont développé une variante de cette approche pour les couches limites, dans laquelle l'information au plan d'entrée est produite à partir de celle contenue dans le calcul: il n'y a alors plus besoin d'employer un précurseur.

Reconstruction semi-déterministe. Une voie intermédiaire entre les deux précédentes, qui permet de recouvrer les corrélations en deux points de l'écoulement amont sans effectuer de calcul préalable, est proposée par Bonnet *et al.* [18]. Le signal au plan amont est décomposé sous la forme:

$$\mathbf{u}(x_0, t) = U(x_0) + U_c(x_0, t) + \mathbf{u}'(x_0, t) \tag{9.46}$$

où $U(x_0)$ est le champ moyen, $U_c(x_0, t)$ la partie cohérente de fluctuations turbulentes et $\mathbf{u}'(x_0, t)$ la partie aléatoire de ces fluctuations. En pratique, cette dernière est générée au moyen de variables aléatoires et la partie cohérente est fournie par un système dynamique à faible nombre de degrés de liberté (comme la POD, voir l'introduction), ou par l'estimation stochastique linéaire, qui donne accès aux corrélations en deux points.

10. Mise en oeuvre

Ce chapitre est consacré aux détails pratiques de mise en oeuvre de la technique de simulation des grandes échelles. Y sont décrits:

- Les procédures de calcul de la longueur de coupure associée à un maillage quelconque ;
- Les filtres tests discrets employés pour calculer les modèles sous-maille ou utiliser une technique de préfiltrage ;
- Le calcul du modèle de fonction de structure d'ordre 2, sur un maillage quelconque.

10.1 Identification du filtre - Calcul de la longueur de coupure

Les développements théoriques exposés dans les chapitres précédents ont permis d'identifier plusieurs filtres d'origines différentes:

1. Un *filtre analytique*, représenté par un produit de convolution. C'est ce filtre qui permet de d'écrire les équations de Navier-Stokes filtrées.
2. Un *filtre associé à la donnée d'un maillage de calcul*: aucune fréquence supérieure à la fréquence de Nyquist associée à ce maillage ne peut être représentée lors de la simulation.
3. Un *filtre induit par le schéma numérique*: l'erreur commise en approchant les opérateurs aux dérivées partielles par des opérateurs discrets modifie la solution calculée, principalement les modes haute fréquence.
4. Un *filtre associé au modèle sous-maille*, qui agit sur la solution calculée à la manière d'un processus d'asservissement.

La solution calculée est le fruit de ces quatre filtrages, qui composent le *filtre effectif de la simulation*. Lors de la réalisation d'un calcul, se pose donc la question de savoir quel est le filtre effectif qui régit la dynamique de la solution numérique, afin d'en déterminer la longueur de coupure caractéristique et ceci pour plusieurs raisons:

- Pour pouvoir déterminer les échelles physiquement et numériquement bien résolues, à partir desquelles l'exploitation des résultats pourra être réalisée.

– Afin de pouvoir employer les modèles sous-maille qui font explicitement intervenir cette longueur de coupure, comme par exemple les modèles de viscosité sous-maille.

Si les filtres cités plus haut sont définissables sur le plan théorique, ils ne sont en revanche presque jamais qualifiables en pratique. Ceci est particulièrement vrai du filtre associé aux schémas numériques mis en oeuvre. Devant cette incertitude, deux positions sont adoptées par les praticiens:

1. Faire en sorte que l'un des quatre filtres devienne prédominant devant les autres et soit contrôlable: le filtre effectif est alors connu. Ceci est réalisé en pratique en employant une technique de préfiltrage.

   Classiquement, ceci est achevé en assurant la dominance du filtre analytique, ce qui permet un contrôle rigoureux de la forme du filtre et de sa longueur de coupure et donc de pouvoir tirer le plus grand profit des analyses théoriques et de minimiser ainsi l'incertitude relative à la nature de la solution calculée. Lors de la résolution numérique, un filtre analytique est appliqué à chaque terme calculé. Pour que ce filtre soit dominant, il est nécessaire que sa longueur de coupure soit grande devant celles de trois autres. Théoriquement, ce filtre analytique devrait être un filtre de convolution. Un tel filtre n'est applicable, pour conserver des coûts de calcul acceptables, que pour des simulations réalisées dans l'espace spectral[1]. Pour les simulations effectuées dans l'espace physique, des filtres discrets basés sur des moyennes pondérées à support compact sont employés. Ces opérateurs entrent dans la catégorie des filtres discrets explicites, qui sont discutés dans la section suivante.

   On peut remarquer ici que les méthodes basées sur une diffusion implicite, sans modèle sous-maille physique, peuvent être réinterprétées comme une méthode de préfiltrage: cette fois-ci, c'est le filtre numérique qui est dominant. On voit apparaître ici le problème majeur associé à cette approche: le filtre associé à une méthode numérique est souvent inconnu et est très dépendant des paramètres de la simulation (maillage, conditions aux limites, régularité de la solution, ...). Cette approche est donc une approche empirique qui n'offre que peu de garanties *a priori* sur la qualité de la solution. Elle possède toutefois l'avantage de minimiser les coûts de calcul, puisqu'on se borne alors à résoudre les équations de Navier-Stokes sans implanter de modèle sous-maille ou de filtre discret explicite.

2. Considérer que le filtre effectif est associé au maillage de calcul. Cette position, que l'on peut qualifier de minimaliste sur le plan théorique, repose sur l'intuition que la coupure en fréquence associée à un maillage de calcul fixé est inévitable et que ce filtre est donc toujours présent. Le problème consiste alors à déterminer la longueur de coupure associée au maillage en chaque point, afin de pouvoir mettre en oeuvre les modèles sous-maille.

---

[1] Le produit de convolution est alors réduit à un simple produit de deux tableaux.

Dans le cas d'un maillage cartésien, on considère que la cellule de fil-trage est elle-même cartésienne. La longueur de coupure $\overline{\Delta}$ est évaluée localement de la manière suivante:

- Pour un maillage à pas constant: la longueur caractéristique de filtrage dans chaque direction est prise égale au pas de discrétisation dans cette même direction:

$$\overline{\Delta}_i = \Delta x_i \qquad (10.1)$$

La longueur de coupure est ensuite évaluée au moyen d'une des for-mules présentées au chapitre 5.

- Pour un maillage à pas variable: la longueur de coupure dans la i-ème direction au point de maillage d'indice l est calculée comme:

$$\overline{\Delta}_i|_l = (x_i|_{l+1} - x_i|_{l-1})/2 \qquad (10.2)$$

La longueur de coupure est ensuite calculée localement suivant les résultats du chapitre 5.

Dans le cas d'un maillage structuré curviligne, deux options sont envi-sageables, suivant la manière dont les opérateurs aux dérivées partielles sont construits:

- Si la méthode est de type volumes finis au sens de Vinokur [208], c'est-à-dire si les volumes de contrôle sont définis directement sur le maillage dans l'espace physique et que leur topologies sont décrites au moyen du volume des cellules de contrôle, de la surface et de la normale de chacune de leurs facettes, la longueur de coupure du filtre peut être calculée en chaque point, soit en la prenant égale à la racine cubique du volume de contrôle auquel appartient le point considéré, soit en utilisant la proposition de Bardina *et al.* (voir section 5.2.2).

- Si la méthode est de type différences finies au sens de Vinokur [208], c'est-à-dire si les opérateurs aux dérivées partielles sont calculés sur un maillage cartésien à pas constant après un changement de variables dont le Jacobien est noté J, alors la longueur de coupure peut être évaluée au point d'indice (l, m, n), soit par la méthode de Bardina, soit par la relation:

$$\overline{\Delta}_{l,m,n} = (J_{l,m,n} \Delta\xi \Delta\eta \Delta\zeta)^{1/3} \qquad (10.3)$$

où $\Delta\xi$, $\Delta\eta$ et $\Delta\zeta$ sont les pas de maillage dans l'espace de référence.

Dans le cas d'un maillage non-structuré, on emploie les mêmes évaluations que pour un maillage structuré curviligne avec une méthode de type vo-lumes finis, au sens donné plus haut.

10.2 Filtres discrets explicites

Plusieurs techniques ou modèles sous-maille décrits dans les chapitres précé-dents font intervenir un filtre test. Pour mémoire, il s'agit:

- De la technique de préfiltrage ;
- Des modèles de similarité d'échelles ;
- Du modèle d'échelles mixtes ;
- Des procédures dynamiques d'ajustement des constantes ;
- Des modèles incorporant un senseur structurel ;
- De la procédure d'accentuation.

Les développements théoriques correspondants sont tous basés sur le fait que l'on est à même d'appliquer, au cours de la simulation, un filtre analytique. Dans l'espace spectral, cette opération se résume à un simple produit de deux tableaux. Cette opération est simple et peu coûteuse et tous les filtres analytiques dont la fonction de transfert est connue explicitement peuvent être mis en œuvre. Le problème est très différent lorsqu'on considère les simulations effectuées dans l'espace physique sur des domaines bornés: appliquer un filtre de convolution devient très coûteux et les filtres non-locaux ne peuvent être employés. Pour pouvoir utiliser les modèles et les techniques cités ci-dessus, des filtres discrets à support compact dans l'espace physique sont mis en œuvre, qui font l'objet de la suite de cette section. Ces filtres discrets sont définis comme des combinaisons linéaires des valeurs aux points voisins du point auquel on calcule la quantité filtrée.

Les coefficients de pondération de ces combinaisons linéaires peuvent être calculés de plusieurs manières, qui sont décrites dans ce qui suit. On présente tout d'abord le cas monodimensionnel, puis celui des maillages cartésiens en dimension supérieure à 1 et enfin l'extension aux maillages quelconques.

L'approximation discrète des filtres de convolution est ensuite discutée.

10.2.1 Cas monodimensionnel à pas constant

On se restreint ici au cas d'un maillage unidimensionnel uniforme, de pas Δx. L'abscisse du point de maillage d'indice i est notée x_i et l'on a la relation $x_{i+1} - x_i = \Delta x$. On définit la valeur filtrée de la variable ϕ au point de maillage d'indice i par la relation suivante:

$$\overline{\phi}_i \equiv \sum_{l=-N}^{N} a_l \phi_{i+l} \qquad (10.4)$$

où N est le rayon du support du filtre discret. Le filtre est dit symétrique si $a_l = a_{-l} \, \forall l$ et antisymétrique si $a_0 = 0$ et $a_l = -a_{-l} \, \forall l \neq 0$. La propriété de préservation des constantes est représentée par la relation suivante:

$$\sum_{l=-N}^{N} a_l = 1 \qquad (10.5)$$

Un filtre discret défini par la relation (10.4) est associé au noyau de convolution continu:

$$G(x - y) = \sum_{l=-N}^{N} a_l \delta(x - y + l\Delta x) \qquad (10.6)$$

où δ est une fonction de Dirac. Des calculs simples montrent que la fonction de transfert associée $\widehat{G}(k)$ est de la forme:

$$\widehat{G}(k) = \sum_{l=-N}^{N} a_l e^{ikl\Delta x} \qquad (10.7)$$

Les parties réelles et imaginaires de cette fonction de transfert sont:

$$\Re(\widehat{G}(k)) = a_0 + \sum_{l=1}^{N}(a_l + a_{-l})\cos(kl\Delta x)$$

$$\Im(\widehat{G}(k)) = \sum_{l=1}^{N}(a_l - a_{-l})\sin(kl\Delta x)$$

Un opérateur différentiel continu peut être associé au filtre discret (10.4). Pour cela, on introduit le développement de Taylor de la variable ϕ autour du point i:

$$\phi_{i\pm n} = \sum_{l=0}^{\infty} \frac{(\pm n\Delta x)^l}{l!}\left(\frac{\partial^l \phi}{\partial x^l}\right)_i \qquad (10.8)$$

En opérant la substitution dans la relation (10.4), il vient:

$$\overline{\phi}_i = \left(1 + \sum_{l=1}^{\infty} a_l^* \Delta x^l \frac{\partial^l}{\partial x^l}\right)\phi_i \qquad (10.9)$$

avec

$$a_l^* = \frac{1}{l!}\sum_{n=-N}^{N} a_n n^l$$

On remarque que ces filtres appartiennent à la classe des filtres elliptiques, tels qu'ils sont définis dans la section 2.1.3. En pratique, les filtres les plus employés sont les deux filtres symétriques à trois points suivants:

$$a_0 = \frac{1}{2}, a_{-1} = a_1 = \frac{1}{4}$$

$$a_0 = \frac{2}{3}, a_{-1} = a_1 = \frac{1}{6}$$

Pour certains emplois, comme par exemple la mise en œuvre d'un procédure dynamique Germano-Lilly, il est nécessaire de connaître la longueur caractéristique du filtre discret, notée Δ_d. Pour un filtre défini positif, une mesure de cette longueur est obtenue en calculant la déviation standard du filtre de convolution associé [160, 129]:

$$\Delta_d = \sqrt{12 \int_{-\infty}^{+\infty} \xi^2 G(\xi) d\xi} \qquad (10.10)$$

Les longueurs caractéristiques des deux filtres à trois points cités précédemment sont $2\Delta x$ pour le filtre $(1/6, 2/3, 1/6)$ et $\sqrt{6}\Delta x$ pour le filtre $(1/4, 1/2, 1/4)$. Cette méthode d'évaluation de la longueur caractéristique des filtres discrets est inefficace pour les filtres dont le moment d'ordre 2 est nul. Une solution alternative consiste à travailler directement avec la fonction de transfert associée et à définir le nombre d'onde associé au filtre discret, comme celui pour lequel la fonction de transfert prend la valeur $1/2$. Soit k_d ce nombre d'onde. La longueur de coupure du filtre discret est maintenant évaluée comme:

$$\Delta_d = \frac{\pi}{k_d} \qquad (10.11)$$

10.2.2 Extension au cas multidimensionnel

Pour les maillages cartésiens, le passage au cas multidimensionnel est opéré en appliquant un filtre unidimensionnel dans chaque direction d'espace. Cette application peut être réalisée simultanément ou séquentiellement. Dans le premier cas, le filtre multidimensionnel s'écrit symboliquement comme une somme:

$$G^n = \frac{1}{n} \sum_{i=1}^{n} G_i \qquad (10.12)$$

où n est la dimension de l'espace et G_i le filtre monodimensionnel dans la i-ème direction d'espace. Dans le second cas, le filtre résultant prend la forme d'un produit:

$$G^n = \prod_{i=1}^{n} G_i \qquad (10.13)$$

Les filtres multidimensionnels construits par ces deux techniques à partir du même filtre monodimensionnel ne sont pas identiques, au sens où leurs fonctions de transfert et leurs opérateurs différentiels équivalents ne le sont pas. En pratique, c'est la construction par produit qui est la plus souvent mise en œuvre et ceci pour deux raisons:

- Cette approche permet d'appeler séquentiellement des routines de filtrage monodimensionnelles aisément implantables.
- De tels filtres sont plus sensibles aux modes croisés que les filtres construits par somme et permettent une meilleure analyse de l'aspect tridimensionnel du champ.

10.2.3 **Extension au cas général - Filtres de convolution**

Pour les maillages structurés curvilignes (ou cartésiens à pas variable), une première méthode consiste à employer les filtres définis dans le cas cartésien à pas constant sans tenir compte des variations des coefficients de métrique. Cette méthode, qui est équivalente à appliquer le filtre dans un espace de référence, est d'une mise en œuvre très simple, mais ne permet aucun contrôle de la fonction de transfert du filtre discret et de son opérateur différentiel équivalent. Cette méthode ne doit donc être employée que pour les maillages dont les coefficients de métrique varient lentement.

Une autre méthode, complètement générale et applicable aux maillages non-structurés, consiste à définir le filtre discret en discrétisant un opérateur différentiel choisi. Les coefficients de pondération des noeuds voisins sont alors les coefficients du schéma discret associés à cet opérateur différentiel. En pratique, cette méthode est le plus souvent mise en œuvre en discrétisant des opérateurs elliptiques du second ordre:

$$1 + \alpha \overline{\Delta}^2 \nabla^2 \qquad (10.14)$$

où α est une constante positive et $\overline{\Delta}$ la longueur de coupure désirée. Limiter l'opérateur au second ordre permet d'obtenir des filtres à support compact ne faisant intervenir que les voisins immédiats de chaque noeud, ce qui a pour avantage:

– De permettre la définition d'opérateurs peux coûteux à mettre en œuvre;
– De faciliter l'emploi de technique multi-bloc et/ou multi-domaine, ainsi que le traitement des conditions aux limites.

Les filtres de convolution à décroissance rapide (filtres boîte, filtre gaussien), peuvent ainsi être approchés en discrétisant les opérateurs différentiels qui leur sont associés. Ces opérateurs sont décrits dans la section 6.1.1. Le filtre porte, qui n'est pas à support compact, n'est mis en œuvre que lorsque des transformées de Fourier rapides sont utilisables, ce qui implique que le maillage soit à pas constant et les données périodiques.

10.3 Implantation du modèle de fonction structure d'ordre 2

L'emploi du modèle de viscosité sous-maille de fonction structure d'ordre 2 de la vitesse (voir p.88) nécessite d'établir une approximation discrète de l'opérateur:

$$F_2(\mathbf{x}, r, t) = \int_{|\mathbf{x}'|=r} [\mathbf{u}(\mathbf{x}, t) - \mathbf{u}(\mathbf{x} + \mathbf{x}', t)]^2 \, d^3\mathbf{x}' \qquad (10.15)$$

En pratique, l'opération d'intégration est approchée comme une somme de la contribution des points voisins. Dans le cas cartésien à pas constant et avec $\Delta x = r$, la fonction structure est évaluée au point d'indice (i, j, k) par la relation:

$$
\begin{aligned}
F_2(\Delta x, t)_{i,j,k} = \quad & \frac{1}{6} \left(|\mathbf{u}_{i,j,k} - \mathbf{u}_{i+1,j,k}|^2 + |\mathbf{u}_{i,j,k} - \mathbf{u}_{i-1,j,k}|^2 \right. \\
& + \left. |\mathbf{u}_{i,j,k} - \mathbf{u}_{i,j+1,k}|^2 + |\mathbf{u}_{i,j,k} - \mathbf{u}_{i,j-1,k}|^2 \right. \\
& + \left. |\mathbf{u}_{i,j,k} - \mathbf{u}_{i,j,k+1}|^2 + |\mathbf{u}_{i,j,k} - \mathbf{u}_{i,j,k-1}|^2 \right)
\end{aligned}
\qquad (10.16)
$$

Lorsque le maillage est irrégulier, ou lorsque $\Delta x \neq r$, il est nécessaire d'employer une technique d'interpolation pour calculer l'intégrale. Plutôt que d'utiliser une interpolation linéaire, il est recommandé de baser la méthode d'interpolation sur des connaissances physiques. En remarquant que, dans le cas de la turbulence homogène isotrope, on a:

$$
F_2(\mathbf{x}, r, t) = 4,82 K_0 (\varepsilon r)^{2/3}
$$
$$
F_2(\mathbf{x}, r', t) = 4,82 K_0 (\varepsilon r')^{2/3}
$$

on déduit la relation de proportionnalité:

$$
F_2(\mathbf{x}, r, t) = F_2(\mathbf{x}, r', t) \left(\frac{r}{r'} \right)^{2/3}
\qquad (10.17)
$$

La relation (10.16) se généralise donc sous la forme suivante:

$$
F_2(\mathbf{x}, r, t) = \frac{1}{n} \sum_{i=1}^{n} |\mathbf{u}(\mathbf{x}) - \mathbf{u}(\mathbf{x} + \Delta_i)|^2 \left(\frac{r}{\Delta_i} \right)^{2/3}
\qquad (10.18)
$$

où n est le nombre de points voisins retenus pour calculer la fonction de structure et Δ_i la distance du i-ème point au point où cette fonction est évaluée.

Il a déjà été dit que le modèle de fonction de structure d'ordre 2, sous sa forme originale, présente des défauts similaires à ceux du modèle de Smagorinsky, à cause de la relation d'incertitude qui empêche une bonne localisation de l'information en fréquence. Pour pallier au moins en partie ce problème, une solution consiste à n'évaluer la fonction de structure en ne cherchant l'information que dans les directions d'homogénéité statistique de la solution. Ceci est réalisé en n'évaluant la fonction de structure qu'à partir des points situés dans les directions de périodicité de la solution. De cette manière, le gradient moyen de la solution n'est pas pris en compte lors de l'évaluation de la viscosité sous-maille. On retrouve ici une idée similaire à celle qui est à la base de la technique d'éclatement décrite dans la section 5.3.2.

11. Exemples d'application

Ce chapitre présente quelques exemples d'application de la simulation des grandes échelles. Ces exemples sont représentatifs des accomplissements de la simulation des grandes échelles, en ce sens qu'ils correspondent soit à des cas d'écoulements très souvent traités, soit à des configurations pour lesquelles les limites actuelles de la technique sont atteintes.

11.1 Turbulence homogène

11.1.1 Turbulence homogène isotrope

Description du problème. La turbulence homogène isotrope est l'écoulement turbulent le plus simple sur lequel les modèles sous-maille peuvent être validés. En effet, la physique de cet écoulement est précisément celle à partir de laquelle sont bâtis la très grande majorité de ceux-ci. De plus, l'homogénéité statistique permet l'emploi de conditions de périodicité pour le calcul et de méthodes numériques de très haute précision: des méthodes pseudo-spectrales peuvent être mises en œuvre, qui permettent de réduire de façon optimale l'influence de l'erreur numérique sur la solution.

Cette grande simplicité de l'écoulement fait que la plupart des modèles sous-maille conduisent à des résultats très satisfaisants sur les moments statistiques du champ de vitesse et les échelles intégrales, ce qui réduit la portée discriminatoire de ce cas d'épreuve. Il demeure néanmoins très usité pour les études à caractère fondamental sur la turbulence et la modélisation.

Deux cas sont envisageables:

- La turbulence homogène isotrope en décroissance libre: l'énergie est initialement répartie dans une bande spectrale réduite, puis, la cascade d'énergie s'établissant, est dirigée vers les petites échelles, pour être finalement dissipée à la coupure par le modèle sous-maille. Durant le temps d'établissement de la cascade, l'énergie cinétique reste constante, pour ensuite décroître. La validation du calcul peut être faite par comparaison avec les lois de décroissance fournies par les théories analytiques (voir [119]), ou par comparaison avec des données expérimentales.

– La turbulence homogène isotrope entretenue: la dissipation totale de l'énergie cinétique est prévenue en injectant de l'énergie à chaque pas de temps, par exemple en maintenant constant le niveau d'énergie des vecteurs d'onde ayant un module donné. Après une phase transitoire, il s'établit une solution d'équilibre comportant une zone inertielle. La validation est réalisée par comparaison avec les résultats théoriques ou expérimentaux concernant la zone inertielle et les grandeurs associées aux grandes échelles.

Quelques réalisations. Les premières simulations des grandes échelles du cas en décroissance libre ont été réalisées à la fin des années 70 et au début des années 80 [38] avec des résolutions de l'ordre de 16^3 ou 32^3. Des solutions auto-similaires n'ont put être obtenues avec ces résolutions, car l'échelle intégrale devient plus grande que le domaine de calcul. Toutefois, la comparaison avec les données expérimentales filtrées s'avère satisfaisante [10]. Des simulations plus récentes (par exemple [121, 146]), réalisées avec différents modèles sous-maille sur des maillages comprenant 128^3 points, ont permis d'obtenir des résultats concordants avec les théories analytiques pour la décroissance de l'énergie cinétique. Des simulations à plus haute résolution ont été réalisées.

Dans le cas entretenu, Chasnov [31] est par exemple parvenu à obtenir des solutions auto-similaires en accord avec la théorie pour des résolutions de 64^3 et 128^3. Toutefois, une sur-évaluation de la constante de Kolmogorov est notée. Plus récemment, Fureby *et al.* [68] ont testé six modèles sous-maille et un cas de diffusion numérique implicite sur un maillage 32^3. Les conclusions de ce travail sont que les différentes réalisations, y compris celle basée sur une dissipation artificielle, sont presque indiscernables au regard des quantités liées au champ résolu et sont en bon accord avec les résultats issus d'une simulation numérique directe.

La turbulence homogène isotrope, si elle représente le cas statistiquement le plus simple d'écoulement turbulent, possède une dynamique complexe, résultant de l'interaction de très nombreuses structures tourbillonnaires de forme allongée, appelées *worms*. Ces structures sont illustrées sur la figure 11.1.1 réalisée à partir d'un calcul de simulation des grandes échelles de turbulence homogène isotrope en décroissance libre sur un maillage 128^3. L'obtention de bons résultats implique donc que la simulation est capable de rendre compte correctement de la dynamique de ces structures. On voit ici nettement la différence d'avec l'approche RANS (voir le chapitre 1), pour lequel la turbulence homogène isotrope est un problème de dimension zéro: pour la simulation des grandes échelles, ce problème est pleinement tridimensionnel et permet de mettre en évidence tous les aspects de cette technique (erreurs de modélisations, concurrence des filtres ...).

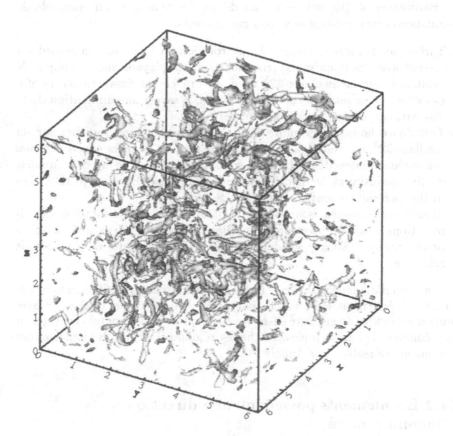

Fig. 11.1. Turbulence homogène isotrope - vue instantanée des tourbillons (illustrés par une surface iso-valeur de la vorticité). Avec la permission de E. Garnier, ONERA.

11.1.2 Turbulence homogène anisotrope

Le cas d'une turbulence homogène anisotrope permet une meilleure étude des modèles sous-maille, puisque la dynamique est plus complexe, tout en conservant des méthodes numériques optimales. On peut donc s'attendre à ce que ce type d'écoulement forme des cas d'épreuve plus discriminatoires que les écoulements isotropes pour les modèles sous-maille.

Bardina *et al.* [10] ont réalisé au début des années 80 un ensemble de simulations correspondant aux trois cas suivants:

- Turbulence homogène soumise à une rotation en bloc: un bon accord est mesuré avec les données expérimentales en employant une technique de défiltrage, sur un maillage 32^3 avec un modèle de Smagorinsky (4.89). Les effets de la rotation sur la turbulence, à savoir une diminution de la dissipation d'énergie cinétique, sont retrouvés.
- Turbulence homogène soumise à une déformation pure: toujours sur un maillage 32^3, des résultats en bon accord avec les données expérimentales concernant l'intensité turbulente sont retrouvés et ce avec le modèle de Smagorinsky et le modèle mixte Smagorinsky-Bardina (6.103). Les meilleurs résultats sont obtenus avec ce dernier.
- Turbulence homogène soumise à une déformation et une rotation: des simulations sont effectuées sur un maillage 32^3 avec les deux modèles cités précédemment. Aucune validation n'est présentée, faute de données de référence.

Des simulations de turbulence homogène soumis à des cisaillements consécutifs ont également été réalisées par Dang [48] sur un maillage 16^3 avec plusieurs modèles de viscosité effective, donnant de bons résultats concernant la prédiction de l'anisotropie des échelles résolues. Des calculs similaires ont également été réalisés par Aupoix [4].

11.2 Ecoulements possédant une direction d'inhomogénéité

Ces écoulements représentent le niveau de complexité suivant. La présence d'une direction d'inhomogénéité conduit à l'emploi, au moins pour celle-ci, de méthodes numériques d'ordre moins élevé et à la mise en œuvre de conditions aux limites. D'autre part, des mécanismes physiques plus complexes sont mis en jeu, qui peuvent mettre en défaut les modèles sous-maille.

11.2.1 Canal plan temporel

Description du problème. L'écoulement de canal plan temporel correspond à l'écoulement entre deux plaques planes parallèles infinies possédant la même vitesse. Le caractère temporel est dû au fait que l'on considère le champ de vitesse comme étant périodique dans les deux directions parallèles aux plaques. La pression n'étant pas périodique, un terme de forçage correspondant au gradient de pression moyen est ajouté sous forme d'un terme source dans les équations de quantité de mouvement. L'écoulement est caractérisé par la viscosité du fluide, la distance entre les plaques et la vitesse du fluide. Cette configuration académique permet d'investiguer les propriétés d'un écoulement turbulent en présence de parois solides et constitue un cas d'épreuve très usité. La turbulence est générée au sein des couches limites qui se développent le long de chaque paroi solide (voir section 9.2.1). Il s'agit ici du mécanisme moteur, qu'il est impératif de simuler avec précision pour obtenir des résultats de qualité. Pour cela, il est nécessaire de raffiner le maillage près des parois, ce qui pose des problèmes numériques nouveaux par rapport à la turbulence homogène. Par ailleurs, les modèles sous-maille doivent être à même de préserver ces mécanismes moteurs.

La topologie de l'écoulement est illustrée par la figure 11.2, sur laquelle est tracée une surface iso-valeur de la vorticité.

Quelques réalisations. Les réalisations numériques d'écoulements de canal plan se chiffrent par dizaines, les premières étant dues à Deardorff [50] en 1970. Les premiers résultats marquants obtenus en résolvant la dynamique de la zone de proche paroi sont dus à Moin et Kim [154], en 1982. Les caractéristiques des calculs présentés dans les quatres références [154, 164, 189, 106] sont reportées dans le tableau 11.1. Ces calculs sont représentatifs des diverses techniques employées par la plupart des auteurs. Le tableau récapitule les informations suivantes:

- La valeur du nombre de Reynolds Re_c, basé sur la demi-hauteur du canal et la vitesse moyenne au centre du canal.
- Les dimensions du domaine de calcul, exprimées en fonction de la demi-hauteur du canal. Celui-ci doit être de dimensions supérieures à celles des mécanismes moteurs de la zone de proche paroi (voir section 9.2.1).
- Le nombre de points de maillage utilisés. Les simulations comportent généralement peu de points grâce au fait que la solution est bi-périodique. Les calculs à haut Reynolds sans modèle de paroi présentés dans [106] font appel à une technique de maillage hiérarchique à 9 niveaux de grille (symbole +H).
- Le modèle sous-maille employé (Sc = modèle de viscosité de Schumann (5.64), Dyn = modèle de Smagorinsky dynamique (4.139)). Seuls deux modèles sont employés dans les calculs présentés, mais la plupart des modèles existants ont été appliqués à cette configuration.
- Le traitement des parois solides (- = condition d'adhérence, MSc = modèle de paroi de Schumann (9.16)-(9.18)). Un seul calcul basé sur un modèle de paroi est présenté, sachant que presque tous les modèles cités dans le chapitre 9 ont été utilisés pour traiter cet écoulement.

– La précision des schémas de discrétisation spatiale. Les directions d'homogénéité statistique étant assimilées à des directions de périodicité de la solution, des méthodes pseudo-spectrales sont souvent employées pour les traiter. Ceci est le cas de tous les calculs présentés, repérés par un S, à l'exception de la référence [189], qui présente une méthode de volumes finis du second ordre. Dans la direction normale, 3 cas sont présentés ici: emploi de schémas du second ordre (repéré par le chiffre 2), emploi d'une méthode de Tchebychev (lettre T), ou d'une méthode de Galerkin basée sur des B-splines (symbole Gsp). Les méthodes d'ordre élevé permettent de réduire l'influence de l'erreur numérique sur la solution et sont en conséquence préconisées par de nombreux auteurs.

– La précision de l'intégration temporelle. Le terme de convection est le plus souvent traité explicitement (schéma de Runge-Kutta ou schéma d'Adams-Bashforth) et les termes de diffusion implicitement (schéma de Crank-Nicolson ou Euler retardé à deux pas). La quasi-totalité des calculs sont effectués avec une précision au second ou au troisième ordre.

Tableau 11.1. Caractéristiques de calculs de canal plan en développement temporel.

Ref.	[154]	[164]	[189]	[106]
Re_c	13800	47100	$\approx 1,5.10^5$	$1,09.10^5$
$Lx \times Ly \times Lz$	$2\pi \times \pi \times 2$	$5\pi/2 \times \pi/2 \times 2$	$4 \times 2 \times 1$	$2\pi \times \pi/2 \times 2$
$Nx \times Ny \times Nz$	$64 \times 64 \times 128$	$64 \times 81 \times 80$	$64 \times 32 \times 32$	$\simeq 2.10^6+$H
Modèle	Sc	Dyn	Sc	Dyn
Paroi	-	-	MSc	-
$O(\Delta x^\alpha)$	S/2	S/T	2	S/Gsp
$O(\Delta t^\beta)$	2	3	2	3

Les résultats obtenus sur cette configuration sont dans la plupart des cas en très bon accord avec les données expérimentales, notamment ceux portant sur les moments statistiques d'ordre 1 (champ moyen) et d'ordre 2 (tensions de Reynolds). Des exemples de résultats portant sur ces quantités sont montrés sur les figures 11.3 et 11.4. Le profil de vitesse moyenne longitudinale est comparé à une solution théorique de couche limite turbulente. On observe un très bon accord avec cette dernière. Il est à noter que la zone logarithmique est relativement réduite: cela est dû au fait que le nombre de Reynolds du calcul est faible ($Re_\tau = 180$). Les profils des trois tensions de Reynolds principales sont comparés avec ceux obtenus par la simulation directe sur un maillage comprenant environ 20 fois plus de degrés de liberté. Bien que ces tensions ne soient calculées qu'à partir du champ résolu et donc que la contribution des échelles sous-maille ne soit pas prise en compte, on constate que l'accord avec la solution de référence est très satisfaisant. Ceci illustre le fait qu'en pratique des données obtenues par la simulation des grandes échelles peuvent être exploitée directement, sans mettre en oeuvre une technique de défiltrage. Dans le cas présent, la très bonne qualité des résultats peut être expliquée par le fait qu'une grande partie de l'énergie cinétique de la solution exacte est contenue dans les échelles résolues.

La qualité des résultats est essentiellement liée à la résolution de la dynamique de la zone de proche paroi ($z^+ < 100$). Ceci implique, si un modèle de paroi n'est pas mis en œuvre, que le maillage de calcul soit suffisamment fin pour représenter la dynamique des structures tourbillonnaires présentes et que les modèles sous-maille employés n'altèrent pas cette dynamique. Cette contrainte de résolution limite, à cause des volumes des maillages nécessaires, le nombre de Reynolds accessible. Le plus grand nombre de Reynolds de frottement atteint à ce jour, grâce à une méthode de maillage hiérarchique, est $Re_\tau = 4000$ [106]. Les modèles de viscosité sous-maille standards (Smagorinsky, Fonction Structure ...) sont trop généralement trop dissipatifs et doivent être employés avec précaution (modification de la valeur de la constante du modèle, fonction d'amortissement de paroi ...). Des résultats concernant la transition à la turbulence dans cette configuration sont disponibles dans la référence [170]. Enfin, les résultats obtenus pour cet écoulement se révèlent être très sensibles aux erreurs numériques, induites soit par l'ordre du schéma numérique, soit par la forme continue du terme de convection [107, 160].

11.2.2 Autres écoulements

D'autre exemples d'écoulements cisaillés, traités dans le cadre de l'approximation temporelle, ont été abordés:

- Couche de mélange plane (voir [196]) ;
- Couche limite (voir [102, 137, 139, 152]) ;
- Jet rond (voir [63]) ;
- Sillage plan (voir [79]) ;

Comme dans le cas du canal plan décrit ci-dessus, des conditions de périodicité sont employées dans les directions d'homogénéité statistique. Les méthodes numériques sont généralement dédiées à la configuration traitée (emploi de méthodes spectrales dans certaines directions) et sont donc optimales. Un terme de forçage est ajouté dans les équations de quantité de mouvement de manière à prendre en compte le gradient de pression moteur ou d'éviter la diffusion du profil de base.

Les écoulements en transition sont les plus sensibles au modèle sous-maille et aux erreurs numériques, une inhibition de la transition ou une relaminarisation de l'écoulement étant possibles. Ceci est plus particulièrement vrai des écoulements pour lesquels il existe un nombre de Reynolds critique (par ex. la couche limite): le nombre de Reynolds effectif de la simulation doit demeurer supérieur au seuil en deçà duquel l'écoulement est laminaire.

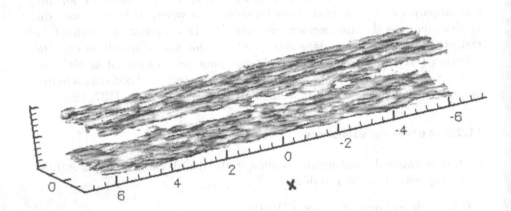

Fig. 11.2. Canal plan - surfaces iso-valeur de vorticité instantanée. Avec la permission de E. Montreuil, ONERA.

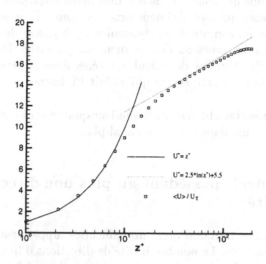

Fig. 11.3. Canal plan - Profil de vitesse longitudinale moyenne rapporté à la vitesse de frottement, comparé avec un profil théorique de couche limite turbulente. Symboles: calcul SGE ; lignes: profil théorique. Avec la permission de E. Montreuil, ONERA.

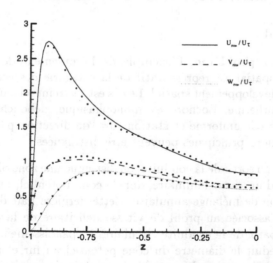

Fig. 11.4. Canal plan - Profils des tensions de Reynolds résolues rapportées à la vitesse de frottement, comparées avec des données issues d'un calcul de simulation directe. Symboles: simulation directe - lignes: calcul SGE. Avec la permission de E. Montreuil, ONERA.

Il faut noter que les conditions aux limites dans la direction non-homogène posent peu de problème pour les cas d'écoulements cités plus haut: il s'agit soit de parois solides, qui sont aisément prises en compte numériquement (au problème de prise en compte de la dynamique près), soit de conditions de sortie situées dans des zones où l'écoulement est potentiel. Dans ce dernier cas, la frontière du domaine de calcul est généralement repoussée le plus loin possible de la zone étudiée, ce qui réduit l'influence d'éventuels effets parasites.

Les types de résultat obtenus ainsi que leur qualité sont comparables à ce qui a déjà été présenté dans le cas du canal plan.

11.3 Ecoulements possédant au plus une direction d'homogénéité

Ce type d'écoulement introduit plusieurs difficultés supplémentaires, par rapport aux cas précédents. Le nombre limité de directions d'homogénéité, voir leur absence totale, oblige en pratique à employer des méthodes numériques d'ordre modéré (généralement 2, rarement plus de 4) et des maillages fortement anisotropes. L'influence de l'erreur numérique sera donc plus forte. D'autre part, la plupart de ces écoulements sont en développement spatial et alors apparaissent les problèmes liés à la définition de conditions d'entrée et de conditions de sortie. Enfin, la dynamique de l'écoulement devient très complexe, ce qui accentue les problèmes de modélisation.

11.3.1 Jet rond

Description du problème. L'exemple de l'écoulement de jet rond en développement spatial est représentatif de la catégorie des écoulements cisaillés libres en développement spatial. Le cas est restreint ici à un écoulement de jet rond, isotherme, isochore et monophasique, débouchant dans un écoulement extérieur uniforme et stationnaire, de direction parallèle à celle du jet. Deux régions principales peuvent être distinguées:

– Tout d'abord, au sortir de la conduite, on distingue une zone où l'écoulement est constitué d'un coeur laminaire, appelé cône potentiel, qui est entouré par une couche de mélange annulaire. Cette dernière naît de l'instabilité inflexionnelle associée au profil de vitesse déficitaire de la couche limite située sur la paroi de la conduite circulaire. L'épaississement de la couche de mélange réduit le diamètre du cône potentiel au fur et à mesure que l'on s'éloigne de la section de sortie de la conduite et induit également une augmentation du diamètre du jet.
– Après la disparition du cône potentiel, on distingue une zone dite de jet pur, où l'écoulement atteint progressivement un régime correspondant à une solution de similitude.

La première zone peut être décomposée en deux régions: la région dite de transition, où la couche de mélange n'a pas encore atteint son régime de similitude et la région de similitude, où ce régime est atteint. Ce schéma d'organisation est illustré par les figures 11.5 et 11.6, sur lesquelles sont respectivement représentées les surfaces iso-valeur de vorticité et de pression, obtenues à partir de résultats de simulation des grandes échelles. Le champ de vorticité permet de distinguer très nettement la transition de la couche de mélange annulaire. La topologie du champ de pression montre l'existence de structures cohérentes.

Les analyses expérimentales et numériques ont démontré que cet écoulement est fortement dépendant de nombreux paramètres, ce qui lui confère un caractère discriminatoire très fort.

Quelques réalisations. Les réalisations de jet rond recensées dans la littérature sont beaucoup moins nombreuses que celles concernant le canal plan. Ceci est principalement dû à l'augmentation de la difficulté. Quatre de ces réalisations sont décrites dans ce qui suit. Leurs caractéristiques sont reportées dans le tableau 11.2. Y sont tabulés:

- Le nombre de Reynolds Re_D, basé sur le diamètre initial du jet D et le maximum du profil de vitesse initial moyen.
- Les dimensions du domaine de calcul, rapportées à la longueur D.
- Le nombre de points de maillage. Tous les maillages utilisés par les auteurs cités sont cartésiens. Le symbole H désigne l'emploi de maillages hiérarchiques (4 niveaux de grille pour [162]).
- Le modèle sous-maille (MEM = modèle d'échelles mixtes (4.115), Dyn = modèle dynamique (4.139), FSF = modèle de fonction structure filtré (4.187)). Il est à noter que, pour toutes les réalisations connues de cet écoulement, seuls des modèles de viscosité sous-maille ont été mis en œuvre.
- Le mode de génération de la condition amont: le symbole $U + b$ indique que la condition d'entrée instationnaire a été générée en superposant un profil moyen stationnaire et un bruit aléatoire, comme indiqué dans la section 9.3.2.
- L'ordre de précision global en espace de la méthode numérique. Le symbole $+up3$ indique qu'un schéma décentré du troisième ordre est employé pour le terme de convection, afin d'assurer la stabilité du calcul. Les calculs présentés dans [22] font appel à des schémas spectraux dans les directions normales à celle du jet.
- L'ordre de précision temporelle de la méthode employée.

Des exemples de résultats obtenus sur cette configuration sont comparés à des données expérimentales sur les figures 11.7 à 11.11. L'évolution axiale de la position du point où la vitesse moyenne est égale à la moitié de la vitesse maximale est représentée sur la figure 11.7. Cette quantité, qui donne des indications sur l'évolution de la couche de mélange annulaire, reste constante pendant les premières phases de l'évolution du jet, ce

Tableau 11.2. Caractéristiques de calculs de jet rond.

Ref.	[184]	[162]	[22]
Re_D	21000	50.10^4	21000
$Lx \times Ly \times Lz$	$10 \times 11 \times 11$	$12 \times 8 \times 8$	$10 \times 11 \times 11$
$Nx \times Ny \times Nz$	$101 \times 121 \times 121$	$\approx 270000+H$	$101 \times 288 \times 288$
Modèle	MEM	Dyn	FSF
Entrée	U+b	U+b	U+b
$O(\Delta x^\alpha)$	2+up3	3+up3	S/6
$O(\Delta t^\beta)$	2	2	3

qui confirme l'existence d'un cône potentiel. Après la disparition du cône, cette quantité croît, ce qui indique le début de la zone de jet pur. On constate que la longueur du cône potentiel prédite par le calcul est plus faible que celle observée expérimentalement. Des conclusions similaires peuvent être tirées de l'évolution axiale de la vitesse longitudinale moyenne, qui est présentée sur la planche 11.8. Le développement trop rapide de la zone de jet pur s'accompagne d'une forte décroissance de la vitesse moyenne[1]. Ces symptômes sont observés sur tous les calculs de simulation des grandes échelles sur cette configuration connus à ce jour et demeurent sans explication précise. Plusieurs hypothèses, portant sur la dépendance à la perturbation initiale, aux conditions aux limites ou aux maillages de calcul, ont été formulées. Les profils axiaux de deux tensions de Reynolds principales sont présentés sur les planches 11.9 et 11.10. Ces résultats sont qualitativement corrects: les tensions de Reynolds augmentent le long de l'axe, pour connaître un maximum dans une zone située près de l'extrémité du cône potentiel, ce qui est en accord avec les observations expérimentales. On note que le niveau de la tension longitudinale prédit par le calcul est plus fort que le niveau expérimental dans la zone de jet pur. Le pic observé sur la frontière aval du domaine de calcul est un effet parasite sans doute associé à la condition de sortie. D'une manière générale, on remarque que la qualité des résultats est moins bonne que dans le cas du canal plan, ce qui illustre le fait que cet écoulement est un cas plus compliqué pour la simulation des grandes échelles.

Enfin, des spectres de vitesse réalisés à partir du calcul sont présentés sur la figure 11.11. Les calculs permettent de retrouver sur une décade une pente proche de celle en -5/3 prédite par la théorie et qui est à la base des analyses théoriques présentées dans les chapitres précédents. Ceci indique que les échelles turbulentes résolues ont un comportement "physique".

De manière plus générale, les conclusions données par les différents auteurs font apparaître que:

– La dynamique de la solution numérique est consistante, c'est-à-dire que les valeurs produites se situent entre les bornes fixées par l'ensemble des

---

[1] Ceci résulte de la conservation du débit.

mesures expérimentales recensées et la topologie de l'écoulement simulé présente les caractéristiques attendues (cône potentiel, couche de mélange annulaire ...).

- Si la dynamique est consistante, il est en revanche très difficile de reproduire une réalisation particulière (par exemple: longueur de cône potentiel et valeur maximale de l'intensité turbulente fixées).
- La solution numérique présente une forte dépendance à de nombreux paramètres, parmi lesquels:
  - Le modèle sous-maille, qui permet une transition plus ou moins rapide de la couche de mélange annulaire et influe par conséquent sur la longueur du cône potentiel et l'intensité turbulente en modifiant le nombre de Reynolds effectif de la simulation. Les modèles les plus dissipatifs retardent le développement de la couche de mélange, induisant l'existence d'un cône potentiel très long.
  - La condition amont: la transition de la couche de mélange est également fortement dépendante de l'amplitude et de la forme des perturbations.
  - L'erreur numérique, qui peut influer sur le développement de la couche de mélange annulaire et du jet développé, surtout pendant les phases de transition. Il s'agit ici d'une erreur pilotée par le maillage de calcul et la méthode numérique. Une erreur dispersive aura tendance à accélérer la transition, donc à raccourcir le cône potentiel. Une erreur dissipative aura l'effet inverse. Un maillage trop grossier ne permettra pas de représenter la couche de mélange annulaire correctement, ce qui peut induire un épaississement trop rapide de celle-ci et donc une diminution de la longueur du cône potentiel ;
  - La taille du domaine de calcul: le calcul est sensible à la taille du domaine de calcul, qui module l'influence des conditions aux limites, notamment la condition de sortie .
- Tous les calculs prédisent correctement la fréquence dominante temporelle du jet, qui n'est donc pas un paramètre pertinent pour analyser finement les modèles.
- La qualité de la simulation n'est pas un caractère global: certains paramètres peuvent être correctement prédits, alors que d'autres ne le sont pas. Cette variété de la robustesse des résultats vis-à-vis des paramètres de la simulation rend parfois difficile la définition de paramètres discriminatoires.

11.3.2 Autres exemples d'écoulements cisaillés libres

D'autres écoulements cisaillés libres en développement spatial ont été simulés:

- Couche de mélange plane (voir [196]) ;
- Jet plan (voir [45]);
- Sillage plan (voir [80, 211, 69]);

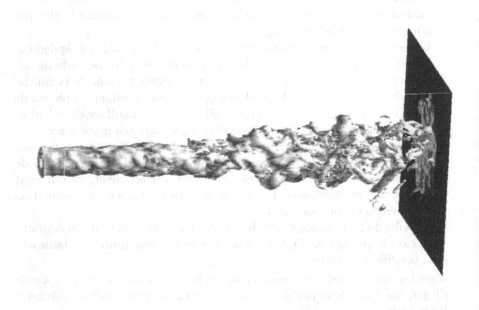

Fig. 11.5. Jet rond - surface iso-valeur de vorticité instantanée (calcul de simulation des grandes échelles). Avec la permission de P. Comte, LEGI.

Fig. 11.6. Jet rond - surface iso-valeur de pression instantanée (calcul de simulation des grandes échelles). Avec la permission de P. Comte, LEGI.

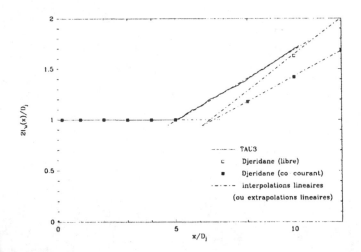

Fig. 11.7. Jet rond - évolution axiale de la position radiale du point où la vitesse moyenne vaut la moitié de la vitesse maximale. Symboles: données expérimentales - pointillé: extrapolation de ces données - ligne continue: calcul SGE. Avec la permission de P. Comte, LEGI.

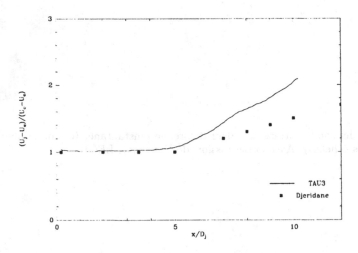

Fig. 11.8. Jet rond - évolution axiale de la vitesse longitudinale moyenne. Symboles: données expérimentales - ligne: calcul SGE. Avec la permission de P. Comte, LEGI.

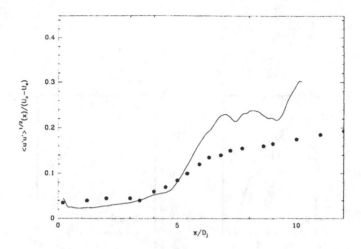

Fig. 11.9. Jet rond - évolution axiale de l'intensité turbulente longitudinale normalisée. Symboles: données expérimentales - ligne: calcul SGE. Avec la permission de P. Comte, LEGI.

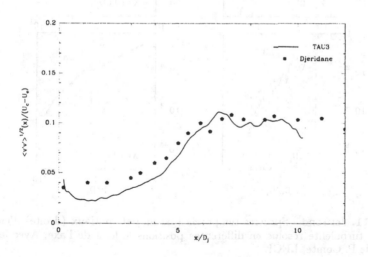

Fig. 11.10. Jet rond - évolution axiale de l'intensité turbulente normale. Symboles: données expérimentales - ligne: calcul SGE. Avec la permission de P. Comte, LEGI.

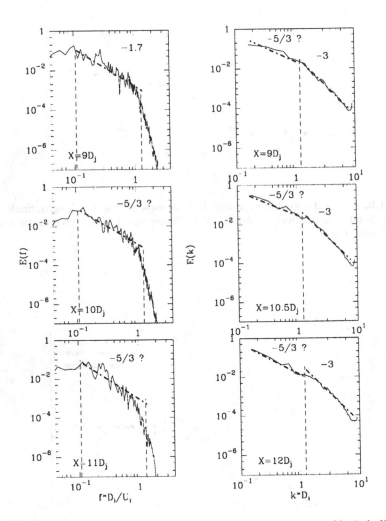

Fig. 11.11. Jet rond - Spectres temporels (gauche) et spatiaux (droite) d'énergie cinétique turbulente résolue en différentes positions le long de l'axe. Avec la permission de P. Comte, LEGI.

Les conclusions tirées de l'analyse de ces différents cas corroborent celles exposées précédemment pour le jet rond, en ce qui concerne la qualité des résultats et leur dépendance en fonction des paramètres de calcul (modèle sous-maille, maillage, condition amont, domaine de calcul,...). Celles-ci sont donc valables pour l'ensemble des écoulements cisaillés libres en développement spatial.

11.3.3 Marche descendante

Description du problème. L'écoulement derrière une marche descendante d'envergure infinie est un exemple générique pour la compréhension des écoulements décollés internes. Il met en jeu la plupart des mécanismes physiques rencontrés dans ce type d'écoulement et est sans doute le mieux documenté, tant expérimentalement que numériquement, des écoulements de cette catégorie. La dynamique de l'écoulement peut se décomposer comme suit. La couche limite qui se développe en amont de la marche décolle au nez de celle-ci, donnant naissance à une couche cisaillée libre. Cette couche croît dans la zone de recirculation, entrainant ainsi des volumes de fluide turbulent. Ce phénomène d'entraînement peut éventuellement agir sur le développement de la couche cisaillée. Cette dernière s'incurve vers la paroi dans la zone de recollement et impacte sur celle-ci. Après le recollement, la couche limite se redéveloppe en relaxant vers un profil en équilibre. La topologie de cet écoulement est illustrée par la figure 11.12, réalisée à partir de résultats de simulation des grandes échelles. On observe tout d'abord la transition de la couche cisaillée décollée, la formation de structures tourbillonnaires dans la zone d'impact, puis des structures en épingle à cheveux dans la couche limite après le recollement.

Cet écoulement fait apparaître des difficultés supplémentaires par rapport au jet rond, puisqu'il fait intervenir à la fois la dynamique des couches cisaillées libres et celle de la zone de proche paroi.

Quelques réalisations. Les méthodes mises en œuvre pour simuler cet écoulement sont illustrées par les quatres calculs présentés dans le tableau 11.3. Les paramètres présentés sont:

- Le nombre de Reynolds Re_H, basé sur la hauteur de la marche H et le vitesse de profil amont ;
- Les dimensions du domaine de calcul, rapportées à la longueur H ;
- Le nombre de points de maillage utilisés ;
- Le modèle sous-maille utilisé (Sc = modèle de Schumann (5.64), MEM = modèle d'échelles mixtes (4.115), FS = Fonction structure (4.101), DynLoc = modèle dynamique localisé contraint (4.170)). Comme précédemment pour le jet rond, seuls des modèles de viscosité sous-maille ont été mis en œuvre sur cette configuration ;

- Le mode de génération de la condition amont: le symbole $U + b$ a la même signification que précédemment, alors que le symbole P désigne l'emploi d'un précurseur, en l'occurrence une simulation des grandes échelles d'un écoulement de canal plan dans [67]. Le symbole Ca repère l'emploi d'un canal d'entrée, destiné à permettre le développement d'une turbulence "réaliste" en amont du point de décollement. La longueur de ce canal est comprise entre 4 et 10 H, suivant les auteurs ;
- Le traitement des parois solides (- = condition d'adhérence, MSc = modèle de paroi de Schumann (9.16)-(9.18), MGz = modèle de paroi de Grötzbach (9.19)). On remarque que l'emploi de modèles de paroi permet de réduire sensiblement le nombre de points et d'aborder des écoulements à grand nombre de Reynolds ;
- La précision en espace de la méthode numérique ;
- La précision temporelle de la méthode numérique.

Tableau 11.3. Caractéristiques de calculs de marche descendante.

Ref.	[67]	[186]	[195]	[77]
Re_H	$1,65.10^5$	11200	38000	28 000
$Lx \times Ly \times Lz$	$16 \times 4 \times 2$	$20 \times 4 \times 2,5$	$30 \times 5 \times 2,5$	$30 \times 3 \times 4$
$Nx \times Ny \times Nz$	$128 \times 32 \times 32$	$201 \times 31 \times 51$	$200 \times 30 \times 30$	$244 \times 96 \times 96$
Modèle	Sc	MEM	FS	DynLoc
Entrée	P	U+b	U+b	U+b,Ca
Paroi	MSc	-	MLog	-
$O(\Delta x^\alpha)$	2	2+up3	2+up3	2
$O(\Delta t^\beta)$	2	2	2	3

Les résultats obtenus par les différents auteurs sont généralement en bon accord qualitatif avec les résultats expérimentaux: la topologie de l'écoulement est retrouvée et les visualisations montrent l'existence de structure cohérentes similaires à celles observées en laboratoire. Par contre, l'accord quantitatif est obtenu beaucoup plus difficilement, lorsqu'il peut l'être (seule la référence [77] produit des résultats en accord satisfaisant sur le champ de vitesse moyen et l'intensité turbulente). Cela est dû à la très grande sensibilité du résultat aux paramètres du calcul. Par exemple, des variations de l'ordre de 100% de la longueur moyenne de la zone de recirculation ont été enregistrées en manipulant la condition amont ou le modèle sous-maille. Cette sensibilité provient de ce que la dynamique de l'écoulement est gouvernée par celle de la couche cisaillée décollée: on retrouve donc ici les problèmes évoqués précédemment pour les écoulements cisaillés libres. On note également une tendance à sous-estimer la valeur de la vitesse moyenne dans la zone de recirculation. Toutefois, comme dans le cas du jet rond, la physique simulée correspond effectivement à celle d'un écoulement de marche descendante. Ceci est illustré par les figures 11.13 et 11.14, sur lesquelles sont présentés respectivement des profils de vitesse moyenne et de tensions de Reynolds résolues et des spectres de pression. Le bon accord avec les données expérimentales concernant la prédiction du champ moyen et des tensions de Reynolds prouve la consistance physique du calcul. Ceci est renforcé par l'analyse des spectres: près de la marche, la dynamique de la couche de mélange est dominée par des fréquences associées à l'instabilité de Kelvin-Helmholtz. La valeur prédite de la fréquence dominante est en très bon accord avec les observations expérimentales. Le double pic noté au second point de mesure montre que la simulation est capable de rendre compte du mécanisme de battement basse fréquence de la zone décollée et cela toujours en bon accord avec les observations expérimentales.

D'autre part, il semble que l'emploi de modèles de paroi n'affecte pas sensiblement la dynamique de cette couche cisaillée, tout en permettant de traiter des nombres de Reynolds plus élevés, mais au prix de la perte de la qualité des résultats portant sur les termes pariétaux (frottement, coefficient de pression) dans la zone de recirculation [25]. Les solutions pour cette configuration s'avèrent être très dépendantes du modèle sous-maille: un modèle trop dissipatif retardera le développement de la couche cisaillée décollée, ce qui éloignera la position du point de recollement.

Une dépendance des résultats en fonction de la taille du domaine et de la finesse du maillage dans la direction de l'envergure est également notée, car ces paramètres influent sur le développement de la couche de mélange issue du coin de la marche. Une largeur de domaine allant de 4 à 6 H dans la direction de l'envergure est considérée comme étant un minimum pour pouvoir capturer les mécanismes tridimensionnels à basse fréquence. Enfin, les fréquences temporelles associées à la dynamique de la zone décollée sont des paramètres *robustes*, en ce sens qu'elles sont souvent prédites avec précision.

11.3.4 Cylindre à section carrée

Description du problème. Le cylindre à section carrée d'envergure infinie est un cas d'école pour l'étude des écoulements décollés externes autour des corps élancés. Ce type de configuration met en jeu des phénomènes aussi divers que l'impact de l'écoulement sur un corps, le décollement (et éventuellement le recollement) de l'écoulement sur la surface de celui-ci, la formation d'une zone de sillage proche et d'un échappement tourbillonnaire alterné, et enfin le développement du sillage jusqu'à atteindre une solution de similitude. Chacun de ces phénomènes pose des problèmes numériques et de modélisation particuliers.

Les réalisations. Cet écoulement a été choisi comme un cas d'épreuve international pour la simulation des grandes échelles et a en conséquence servi de base à de nombreux calculs, qui sont pour la plupart synthétisés dans [177]. Les paramètres du cas d'épreuve sont: un nombre de Reynolds Re_D,

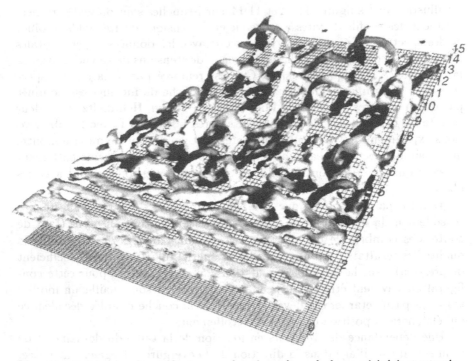

Fig. 11.12. Marche descendante - surface iso-valeur de la vorticité instantanée. Avec la permission de F. Delcayre, LEGI.

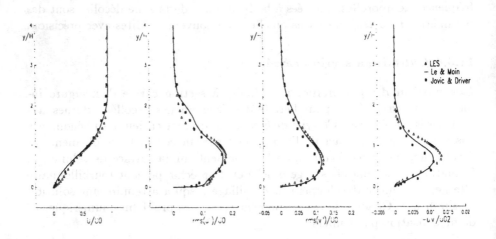

Fig. 11.13. Marche descendante - profils de vitesse moyenne et des tensions de Reynolds au point de recollement. Triangles et ligne continue: calculs SGE - carrés: données expérimentales. Avec la permission de F. Delcayre, LEGI.

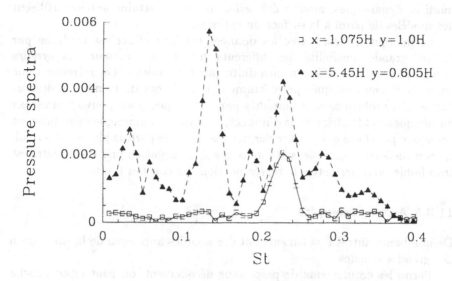

Fig. 11.14. Marche descendante - spectres de pression. Carrés: dans la couche cisaillée libre, près du bord de la marche - triangles: dans la zone décollée, près du point de recollement. Avec la permission de F. Delcayre, LEGI.

basé sur la longueur D de l'arête du cylindre et la vitesse à l'infini amont, égal à 22 000 et un domaine de calcul égal à $20D \times 4D \times 14D$. L'envergure est supposée infinie et une condition de périodicité est employée dans cette direction.

Aucun des seize calculs répertoriés dans [177] ne produit un accord global avec les données expérimentales, c'est-à-dire n'est capable de prédire avec une erreur de moins de 30 % l'ensemble des paramètres suivants: portance et traînée moyenne, variances de la traînée et de la portance, fréquence principale d'échappement tourbillonnaire et enfin longueur moyenne de la zone décollée derrière le cylindre. Les valeurs moyennes de la portance et de la traînée, ainsi que la fréquence d'échappement sont très souvent prédites de façon satisfaisante. Ceci est dû au fait que ces grandeurs ne dépendent pas de la turbulence à petite échelles et sont gouvernées par les structures de von Karman qui sont de très grande taille. La longueur de la zone de recirculation située derrière le cylindre est très souvent sous-estimée, ainsi que l'amplitude de la vitesse moyenne dans cette zone. D'autre part, la valeur de la vitesse moyenne dans le sillage n'est que très rarement en accord avec les données expérimentales.

Les méthodes numériques employées sont d'ordre modéré (au plus 2 en espace et 3 en temps) et des schémas décentrés amont du troisième ordre sont souvent employés pour traiter le terme de convection. Seuls des modèles de viscosité sous-maille ont été employés (modèle de Smagorinsky, divers modèles dynamiques, modèle d'échelles mixtes). Certains auteurs utilisent des modèles de paroi à la surface du cylindre.

Le manque d'accord avec les données expérimentales est expliqué par la très grande sensibilité des différents mécanismes moteur aux erreurs numériques et à la diffusion introduite par les modèles. On retrouve donc ici les problèmes évoqués précédemment pour le cas de la marche descendante. Ces problèmes sont amplifiés par le fait que, pour pouvoir maîtriser numériquement le phénomène d'impact, la diffusion numérique introduite est beaucoup plus forte que dans ce dernier cas. D'autre part, la plupart des maillages utilisés étant cartésiens et mono-blocs, la résolution près du cylindre est trop faible pour permettre la représentation des couches limites.

11.3.5 Autres exemples

De nombreux autres écoulements ont été abordés au moyen de la simulation des grandes échelles.

Parmi les écoulements de paroi sans décollement, on peut citer: couche limite de plaque plane [69], couche limite sur paroi concave en présence de tourbillons de Görtler [128], écoulement dans une conduite torique de section circulaire [189], couche limite tridimensionnelle en équilibre [220].

Des exemples d'écoulements recirculants sont: jets ronds coaxiaux confinés [2], écoulement autour d'un tronçon de voilure d'envergure infinie en incidence [93, 98, 94, 95, 112] (voir figure 11.15), écoulement dans un diffuseur plan dissymétrique [96, 62], écoulement autour d'un cube monté sur une plaque plane [177, 158, 217], écoulement autour d'un cylindre de section circulaire [15, 148, 149], écoulement dans une cavité fermée entraînée [234], canal avec perturbateur [222, 40], jet impactant sur un plaque plane [210, 175], couche limite sur une plaque ondulée [108, 57].

11.4 Enseignements

11.4.1 Enseignements généraux

Les différents calculs évoqués précédemment permettent de tirer les enseignements suivants concernant la technique de simulation des grandes échelles:

– La technique, lorsqu'elle est employée pour traiter le cas idéal dans lequel elle a été dérivée (turbulence homogène, méthode numérique optimale), donne de très bons résultats. La très grande majorité des modèles sous-maille produit des résultats indiscernables, ce qui enlève tout caractère discriminatoire à ce type de cas d'épreuve, qui ne permet qu'un test de consistance.

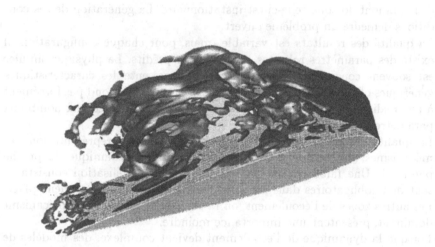

Fig. 11.15. Ecoulement autour d'une voilure à forte incidence - surface iso-valeur de vorticité instantanée. Avec la permission de R. Lardat et L. Ta Phuoc, LIMSI

- L'extension aux cas inhomogènes fait apparaître de nombreux problèmes supplémentaires, tant liés à la modélisation physique (modèles sous-maille), qu'à la méthode numérique. Ce dernier point devient crucial, puisque l'emploi de méthodes numériques d'ordre modéré (2 en général) conduit à une très forte augmentation de l'influence de l'erreur numérique. Ceci est accentué par l'emploi de dissipations artificielles pour stabiliser la simulation dans les cas dits raides (forte sous-résolution, forts gradients). Cette erreur semble pouvoir être réduite en raffinant le maillage de calcul. Cette solution est basée de plus en plus souvent sur l'emploi de maillages adaptatifs (adaptation ou enrichissement local).
- Les écoulements cisaillés se montrent très fortement dépendants de la condition amont, lorsque celle-ci est instationnaire. La génération de ces conditions demeure un problème ouvert.
- La qualité des résultats est variable, mais, pour chaque configuration, il existe des paramètres robustes correctement prédits. La physique simulée est souvent consistante, en ce sens qu'elle présente les caractéristiques génériques observées expérimentalement, mais ne correspond pas forcément à une réalisation cible désirée. Ceci est dû à la dépendance aux nombreux paramètres de la simulation.
- La qualité des résultats est subordonnée à la bonne représentation des mécanismes moteurs de l'écoulement (transition, dynamique de proche paroi ...). Une faible erreur numérique et une modélisation consistante sont donc obligatoires dans les zones où ces mécanismes prennent place. Les autres zones de l'écoulement, où la cascade d'énergie est le mécanisme dominant, présentent une importance moindre.
- Lorsque la dynamique de l'écoulement devient complexe, des modèles de viscosité sous-maille sont le plus souvent mis en œuvre. Ceci parce qu'ils assurent une dissipation nette d'énergie cinétique et donc stabilisent la simulation. Ce caractère stabilisant semble devenir prépondérant devant la qualité physique de la modélisation, au fur et à mesure que les difficultés numériques croissent (présence de forts gradients, maillages très hétérogènes ...).
- Il existe aujourd'hui un consensus pour admettre que la méthode numérique mise en œuvre doit être précise au moins à l'ordre 2 en espace et en temps. Les dissipations numériques d'ordre 1 sont à proscrire totalement. Des méthodes du troisième ordre en temps sont rarement employées. Concernant la précision en espace, des résultats satisfaisants sont obtenus par certains auteurs avec des méthodes du second ordre, mais des schémas d'ordre supérieur sont souvent utilisés. Des méthodes de stabilisation numérique (schéma décentré, dissipation artificielle, lissage ...) ne doivent être employées que lorsqu'elles sont absolument obligatoires.

11.4.2 Efficacité des modèles sous-maille

On tente ici de tirer des conclusions sur l'efficacité des modèles sous-maille pour le traitement de quelques écoulements génériques. Ces renseignements doivent être pris avec précaution: comme il a été vu tout au long de l'ouvrage, de très nombreux facteurs (méthode numérique, maillage, modèle sous-maille ...) interviennent et sont presque indissociables. Vouloir isoler l'effet d'un modèle au cours d'une simulation est donc très difficile. Les conclusions qui vont être présentées sont statistiques, en ce sens qu'elles sont le fruit de l'analyse de simulations effectuées sur des configurations d'écoulements similaires (au moins géométriquement), avec des méthodes différentes. Une analyse "déterministe" pourrait permettre d'exhiber des conclusions contradictoires, suivant les auteurs. D'autre part, il ne saurait être question de classer les modèles: les informations disponibles sont trop lacunaires pour établir une liste parfaitement fiable. Enfin, de très nombreux facteurs, comme la discrétisation des modèles sous-maille, sont encore à étudier.

On peut cependant esquisser les conclusions suivantes:

1. Pour la simulation d'un écoulement homogène:
   a) Tous les modèles sous-maille incluant une viscosité sous-maille donnent des résultats similaires.
   b) Les modèles de similarité d'échelles, employés seuls, ne permettent pas d'obtenir de bons résultats. Ceci est vrai pour tous les autres types d'écoulement.
2. Pour la simulation d'un écoulement cisaillé libre (couche de mélange, jet, sillage):
   a) Les modèles de viscosité sous-maille basés sur les grandes échelles peuvent retarder la transition. L'emploi d'une procédure dynamique, d'une fonction de sélection ou d'une technique d'accentuation permet de pallier ce problème. Les autres modèles de viscosité sous-maille semblent permettre la transition sans effets néfastes.
   b) Employer un modèle mixte structurel/fonctionnel permet d'améliorer les résultats obtenus avec un modèle de viscosité sous-maille basé sur les grandes échelles.
3. Pour la simulation d'un écoulement de couche limite ou de canal plan:
   a) Les modèles de viscosité sous-maille basés sur les échelles résolues peuvent inhiber les mécanismes moteurs et conduire à une relaminarisation de l'écoulement. Comme précédemment, l'emploi d'une procédure dynamique, d'une fonction de sélection ou d'une technique d'accentuation résoud ce problème. Les autres modèles de viscosité sous-maille semblent ne pas présenter ce défaut.
   b) Employer un modèle mixte fonctionnel/structurel peut améliorer les résultats, en assurant une meilleure prise en compte des mécanismes moteurs.
   c) Utiliser un modèle pour la cascade inverse peut également conduire à une amélioration des résultats.

4. Pour la simulation des écoulements décollés (marche descendante ...): employer un modèle capable de donner de bons résultats sur un écoulement cisaillé libre (pour capturer la dynamique de la zone recirculante) et sur une couche limite (pour représenter la dynamique après le point de recollement).

5. Pour les écoulements en transition:
   a) Le modèles de viscosité sous-maille basés sur les gradients des échelles résolus donnent généralement de mauvais résultats, car ils sont trop dissipatifs et amortissent les phénomènes. L'emploi d'une procédure dynamique, d'une fonction de sélection ou de la technique d'accentuation permet de pallier ce problème.
   b) L'emploi de modèles tensoriels anisotropes peut favoriser la croissance de certains modes tridimensionnels et conduire à des scenarii de transition vers la turbulence différents de ceux attendus.

6. Pour les écoulements turbulents pleinement développés: les défauts des modèles de viscosité sous-maille basés sur les grandes échelles sont moins marqués que pour les cas précédents. Parce qu'ils ont un caractère dissipatif très marqué, ces modèles produisent des résultats parfois meilleurs que les autres modèles, car ils assurent de bonnes propriétés de stabilité numérique à la simulation.

A. Rappels sur l'analyse statistique et spectrale de la turbulence

A.1 Propriétés de la turbulence

Les écoulements qualifiés de "turbulents" sont rencontrés dans la plupart des disciplines qui font appel à la mécanique des fluides. Ces écoulements possèdent une dynamique très complexe, dont les mécanismes intimes et les répercussions sur certaines de leurs caractéristiques qui intéressent l'ingénieur doivent être compris pour pouvoir être contrôlés.

Les critères qui permettent de définir un écoulement turbulent sont variés et flous, car il n'existe pas de définition en soi de la turbulence. Parmi les critères le plus souvent retenus, on peut citer [44]:

- Le caractère aléatoire des fluctuations spatiales et temporelles des vitesses, qui traduit l'existence d'échelles caractéristiques de corrélation statistique (en espace et en temps) finies.
- Le champ des vitesses est tridimensionnel et rotationnel.
- Les différents modes sont fortement couplés, ce qui est traduit par la non-linéarité du modèle mathématique retenu (équations de Navier-Stokes).
- La grande capacité de mélange, due à l'agitation induite par les différentes échelles.
- Le caractère chaotique de la solution, qui exhibe une très forte dépendance à la condition initiale et aux conditions aux limites.

A.2 Fondements de l'analyse statistique de la turbulence

A.2.1 Motivations

La très grande complexité dynamique des écoulements turbulents rend très lourde leur description déterministe. Pour leur analyse et leur modélisation, on fait classiquement appel à une représentation statistique des fluctuations. La description est donc réduite à celle des différents moments statistiques de la solution, ce qui représente une très forte réduction du volume d'information. De plus, le caractère aléatoire des fluctuations rend naturelle cette approche.

A.2.2 Moyenne statistique: définition et propriétés

On note $\langle\phi\rangle$ la *moyenne stochastique* (ou *moyenne d'ensemble*, ou encore *espérance mathématique*) d'une variable aléatoire ϕ, calculée à partir de n réalisations indépendantes du même phénomène $\{\phi_l\}$:

$$\langle\phi\rangle = \lim_{n\to\infty} \frac{1}{n} \sum_{l=1}^{n} \phi_l. \tag{A.1}$$

La *fluctuation turbulente* ϕ'_l associée à la réalisation ϕ_l est définie comme son écart à l'espérance mathématique:

$$\phi'_l = \phi_l - \langle\phi\rangle. \tag{A.2}$$

Par construction, on a la propriété:

$$\langle\phi'\rangle \equiv 0 \tag{A.3}$$

En revanche, les moments d'ordre supérieur ou égal à 2 de la fluctuation ne sont pas nuls *a priori*. L'écart-type σ est défini comme:

$$\sigma^2 = \langle\phi'^2\rangle \tag{A.4}$$

On définit le *taux de turbulence* comme étant le rapport $\sigma/\langle\phi\rangle$.

La corrélation en deux points et en deux temps $(\mathbf{x}, \mathbf{x}')$ et (t, t') des deux variables aléatoires ϕ et ψ, notée $R_{\phi\psi}(\mathbf{x}, \mathbf{x}', t, t')$ est:

$$R_{\phi\psi}(\mathbf{x}, \mathbf{x}', t, t') = \langle\phi(\mathbf{x}, t)\psi(\mathbf{x}', t')\rangle \tag{A.5}$$

A.2.3 Principe d'ergodicité

Dans le cas où ϕ est une fonction aléatoire *stationnaire* en temps (*i.e.* sa fonction de densité de probabilité est indépendante du temps), on peut appliquer le *principe d'ergodicité*, d'après lequel il est équivalent, du point de vue statistique, de considérer des expériences indéfiniment répétées avec un seul tirage et une seule expérience avec une infinité de tirages. On admettra donc qu'une seule expérience de durée infinie peut être considérée comme représentative de toutes les éventualités.

Le théorème d'ergodicité dit que la fonction aléatoire $\phi_T(t)$ définie par:

$$\phi_T(t) = \frac{1}{T} \int_t^{t+T} \phi(t')dt', \tag{A.6}$$

converge en moyenne quadratique, lorsque $T \to \infty$, vers une limite non-aléatoire égale à la moyenne d'ensemble $\langle\phi\rangle$, à la seule condition que:

$$\lim_{T\to\infty} \frac{1}{T} \int_0^T R_{\phi'\phi'}(t)dt = 0 \tag{A.7}$$

où $R_{\phi'\phi'}(t)$ est l'autocorrélation temporelle (ou covariance) des fluctuations de de ϕ sur intervalle de temps t:

$$R_{\phi'\phi'}(t) = \langle(\phi(t') - \langle\phi\rangle)(\phi(t' + t) - \langle\phi\rangle)\rangle \qquad (A.8)$$

Pour les fluctuations turbulentes, le caractère aléatoire traduit que $R_{\phi'\phi'}(t) \to 0$ lorsque $t \to 0$. Donc, si l'on définit la moyenne dans le temps $\overline{\phi}$ comme la limite de ϕ_T lorsque $T \to \infty$:

$$\overline{\phi} = \lim_{T \to \infty} \frac{1}{T} \int_0^T \phi(t)dt, \qquad (A.9)$$

on a l'égalité:

$$\overline{\phi} = \langle\phi\rangle \qquad (A.10)$$

On établit que l'erreur-type varie comme $1/\sqrt{T}$ pour T suffisamment grand. Une autre manière pour estimer $\langle\phi\rangle$ consiste à former la moyenne "expérimentale" ϕ_n définie comme la moyenne arithmétique à travers les expériences:

$$\phi_n(t) = \frac{1}{n} \sum_{i=1}^n \phi_i(t) \qquad (A.11)$$

où le temps t est quelconque, puisque l'écoulement est supposé statistiquement stationnaire. On montre que l'erreur-type diminue comme $1/\sqrt{n}$ si les expériences ϕ_l sont indépendantes.

Soient ϕ et ψ deux variables aléatoires. L'opérateur $\langle\ \rangle$ ainsi défini vérifie les propriétés suivantes, appelées parfois *règles de Reynolds*:

$$\langle\phi + \psi\rangle \quad = \quad \langle\phi\rangle + \langle\psi\rangle \qquad (A.12)$$
$$\langle a\phi\rangle \quad = \quad a\langle\phi\rangle \quad \text{a= constante} \qquad (A.13)$$
$$\langle\langle\phi\rangle\psi\rangle \quad = \quad \langle\phi\rangle\langle\psi\rangle \qquad (A.14)$$
$$\langle\frac{\partial\phi}{\partial s}\rangle = \quad \frac{\partial\langle\phi\rangle}{\partial s} \quad s = \mathbf{x}, t \qquad (A.15)$$
$$\langle\int \phi(\mathbf{x}, t)d^3\mathbf{x}dt\rangle \quad = \quad \int \langle\phi(\mathbf{x}, t)\rangle d^3\mathbf{x}dt \qquad (A.16)$$

Un opérateur qui vérifie ces propriétés est appelé un *opérateur de Reynolds*. On déduit de ces relations les propriétés:

$$\langle\langle\phi\rangle\rangle \quad = \quad \langle\phi\rangle \qquad (A.17)$$
$$\langle\phi'\rangle \quad = \quad 0 \qquad (A.18)$$

A.2.4 Décomposition d'un champ turbulent

Principe de la décomposition. Une technique très communément employée pour décrire un champ turbulent consiste à utiliser une représentation statistique de celui-ci. Ainsi, le champ de vitesse à l'instant t et à la position $\mathbf{x}$ est décomposé comme:

$$\mathbf{u}(\mathbf{x}, t) = \langle \mathbf{u}(\mathbf{x}, t) \rangle + \mathbf{u}'(\mathbf{x}, t) \qquad (A.19)$$

L'emploi de cette décomposition et de la moyenne d'ensemble conduit à la définition d'une équation d'évolution pour la quantité $\langle \mathbf{u}(\mathbf{x}, t) \rangle$. Pour recouvrir toute l'information contenue dans le champ $\mathbf{u}(\mathbf{x}, t)$, il est nécessaire de manipuler un ensemble infini d'équations pour les moments statistiques de ce dernier. La non-linéarité quadratique des équations de Navier-Stokes induit un couplage intrinsèque entre les différents moments de la solution: l'équation d'évolution du moment d'ordre n de la solution fait intervenir le moment d'ordre $n + 1$. Pour recouvrir toute l'information sur la solution exacte, il est donc nécessaire de résoudre une hiérarchie infinie d'équations couplées. Ceci étant impossible en pratique, cette hiérarchie est tronquée à un niveau arbitrairement choisi, de manière à obtenir un nombre fini d'équations. Cette troncature fait apparaître un terme inconnu, qui sera modélisé en faisant appel à des hypothèses, appelées *hypothèses de fermeture*. Si le degré de précision de l'information obtenue croît *a priori* avec le nombre d'équations retenues, les conséquences de la troncature et des hypothèses employées sont difficilement prévisibles.

Equations des moments statistiques. Les équations d'évolution du champ moyen sont obtenues par application de l'opérateur de moyenne aux équations de Navier-Stokes. En appliquant les règles de commutation avec la dérivation, il vient, dans le cas d'un fluide incompressible, newtonien et en l'absence de forces extérieures:

$$\frac{\partial \langle u_i \rangle}{\partial t} + \frac{\partial}{\partial x_j} \langle u_i u_j \rangle = -\frac{\partial \langle p \rangle}{\partial x_i} + \nu \frac{\partial^2 \langle u \rangle}{\partial x_j \partial x_j} \qquad (A.20)$$

$$\frac{\partial \langle u_i \rangle}{\partial x_i} = 0 \qquad (A.21)$$

où ν est la viscosité cinématique. Le terme non-linéaire $\langle u_i u_j \rangle$ est inconnu et doit être décomposé en fonction de $\langle \mathbf{u} \rangle$ et de $\mathbf{u}'$. En introduisant la relation (A.19) et en tenant compte des propriétés (A.12) à (A.18), il vient:

$$\langle u_i u_j \rangle = \langle u_i \rangle \langle u_j \rangle + \langle u_i' u_j' \rangle \qquad (A.22)$$

Le dernier terme du second membre, appelé *tenseur de Reynolds*, est inconnu et doit être évalué. Il représente le couplage entre les fluctuations et le champ moyen. Cette évaluation peut être faite en résolvant l'équation d'évolution correspondante, soit en employant un modèle, appelé *modèle de fermeture* ou *modèle de turbulence*.

A.2.5 Turbulence homogène isotrope

Définitions. Un champ est dit *statistiquement homogène* suivant le paramètre x, ou homogène par abus de langage, si ses moments statistiques sont indépendants de la valeur de x où les mesures sont effectuées. Ceci s'écrit:

$$\frac{\partial}{\partial x}\langle \phi_1....\phi_n \rangle = 0 \qquad (A.23)$$

Un champ homogène est dit *statistiquement isotrope* (au sens de Taylor), ou plus simplement isotrope, si tout moment statistique relatif à un ensemble de points $(x_1, ..., x_n)$ aux instants $(t_1, ..., t_n)$ est invariant par rotation de l'ensemble des n points et des axes de coodonnées et si il y a invariance statistique pour une symétrie par rapport à un plan quelconque.

On peut noter l'existence de la notion de quasi-isotropie, introduite par Moffat, qui ne requiert pas l'invariance par symétrie.

Quelques propriétés. Un champ turbulent est dit homogène (resp. homogène isotrope) si la fluctuation de vitesse $\mathbf{u}'$ est homogène (resp. homogène isotrope). Une condition nécessaire pour réaliser l'homogénéité est que le graient de vitesse moyenne soit constant en espace:

$$\frac{\partial \langle u_i \rangle}{\partial x_j} = \text{constante} \qquad (A.24)$$

L'isotropie requiert la nullité du champ moyen $\langle \mathbf{u} \rangle$. Lorsque la turbulence est isotrope, seuls les éléments diagonaux du tenseur de Reynolds sont non-nuls. De plus, ceux-ci sont égaux entre eux:

$$\langle u_i' u_j' \rangle = \frac{2}{3} K \delta_{ij} \qquad (A.25)$$

où K est l'énergie cinétique turbulente.

A.3 Introduction à l'analyse spectrale des champs turbulents homogènes isotropes

A.3.1 Définitions

Le tenseur des corrélations en deux points $R_{\alpha\beta}(\mathbf{r})$ d'un champ de vecteur $\mathbf{u}$ statistiquement homogène, défini comme:

$$R_{\alpha\beta}(\mathbf{r}) = \langle u_\alpha(\mathbf{x} + \mathbf{r}) u_\beta(\mathbf{x}) \rangle \qquad (A.26)$$

peut être lié à un tenseur spectral $\Phi_{\alpha\beta}(\mathbf{k})$ par les deux relations suivantes:

$$R_{\alpha\beta}(\mathbf{r}) = \int \Phi_{\alpha\beta}(\mathbf{k}) e^{ik_j r_j} d^3\mathbf{k} \qquad (A.27)$$

$$\Phi_{\alpha\beta}(\mathbf{k}) = \frac{1}{(2\pi)^3} \int R_{\alpha\beta}(\mathbf{r}) e^{-ik_j r_j} d^3\mathbf{k} \qquad (A.28)$$

où $i^2 = -1$. Le tenseur à l'origine $R_{\alpha\beta}(0)$ est le tenseur de Reynolds. Dans le cas d'un champ isotrope, la forme générale du tenseur des corrélations devient:

$$R_{\alpha\beta}(r) = K \left([f(r) - g(r)] \frac{r_\alpha r_\beta}{r^2} + g(r)\delta_{\alpha\beta} \right) \qquad (A.29)$$

où $f(r)$ et $g(r)$ sont deux fonctions scalaires réelles. Lorsque le champ de vitesse est solénoïdal, ces deux fonctions sont liées par la relation:

$$g(r) = f(r) + \frac{r}{2} \frac{\partial f(r)}{\partial r} \qquad (A.30)$$

La contrainte d'incompressibilité permet également d'établir la relation suivante pour le tenseur $\Phi_{\alpha\beta}(\mathbf{k})$:

$$\Phi_{\alpha\beta}(\mathbf{k}) = \frac{E(\mathbf{k})}{4\pi k^2} \left(\delta_{\alpha\beta} - \frac{k_\alpha k_\beta}{k^2} \right) \qquad (A.31)$$

où la fonction scalaire $E(\mathbf{k})$ est appelée *spectre tridimensionnel*. Elle représente la contribution à l'énergie cinétique turbulente des vecteurs d'onde de module k, dont les extrémités sont comprises dans la zone située entre les sphères de rayon k et $k + dk$. La *densité spectrale d'énergie*, notée $A(\mathbf{k})$, est donc égale à $E(\mathbf{k})/4\pi k^2$. Le spectre tridimensionnel est calculé à partir du tenseur spectral par une intégration sur la sphère de rayon k:

$$E(k) = \frac{1}{2} \int \Phi_{ii}(\mathbf{k}) dS(\mathbf{k}) \qquad (A.32)$$

où $dS(\mathbf{k})$ est l'élément d'intégration sur la sphère de rayon k. Cette quantité peut également être reliée à la fonction $f(r)$ par la relation:

$$E(k) = \frac{K}{\pi} \int_0^\infty kr \left(\sin(kr) - kr \cos(kr) \right) f(r) dr \qquad (A.33)$$

L'*énergie cinétique turbulente* K est retrouvée en réalisant une sommation sur l'ensemble du spectre:

$$K \equiv \frac{\langle u_i' u_i' \rangle}{2} = \int_0^\infty E(\mathbf{k}) d^3\mathbf{k} \qquad (A.34)$$

Par construction, le tenseur spectral possède la propriété:

$$\Phi_{ij}(-\mathbf{k}) = \Phi_{ij}^*(\mathbf{k}) \qquad (A.35)$$

où l'astérisque représente le nombre complexe conjugué. La propriété d'homogénéité du champ turbulent implique:

$$\Phi_{ij}(\mathbf{k}) = \Phi_{ji}^*(\mathbf{k}) \tag{A.36}$$

Le tenseur spectral peut être également relié à la fluctuation de vitesse $\mathbf{u}'$ et à sa transformée de Fourier $\widehat{\mathbf{u}}'$ définie comme:

$$\widehat{u}_i'(\mathbf{k}) = \frac{1}{(2\pi)^3} \int \mathbf{u}'(\mathbf{x}) e^{-ik_j x_j} d^3\mathbf{x} \tag{A.37}$$

Des développements simples mènent à l'égalité:

$$\langle \widehat{u}_i'(\mathbf{k}') \widehat{u}_j'(\mathbf{k}) \rangle = \delta(\mathbf{k} + \mathbf{k}') \Phi_{ij}(\mathbf{k}) \tag{A.38}$$

On voit donc que les deux modes ne sont corrélés statistiquement que si $\mathbf{k} + \mathbf{k}' = 0$. Une définition équivalente du tenseur spectral est:

$$\Phi_{ij}(\mathbf{k}) = \int \langle \widehat{u}_i'^*(\mathbf{k}) \widehat{u}_j'(\mathbf{k}') \rangle d^3\mathbf{k}' \tag{A.39}$$

A.3.2 Interactions modales

La nature des interactions entre les différents modes peut être mise en évidence par l'analyse du terme non-linéaire qui apparaît dans l'équation d'évolution qui leur est associée. Cette équation, pour le mode associé au vecteur d'onde $\mathbf{k}$, est (la dépendance en $\mathbf{k}$ n'est pas notée pour simplifier l'écriture):

$$\frac{\partial \widehat{u}_i}{\partial t} + ik_j \widehat{a}_{ij} = -ik_i \widehat{p} - \nu k^2 \widehat{u}_i \tag{A.40}$$

Les deux quantités $\widehat{a}_{ij}$ et $\widehat{p}$ sont reliées à $u_i u_j$ et la pression p par les relations:

$$u_i(\mathbf{x}) u_j(\mathbf{x}) = \int \widehat{a}_{ij}(\mathbf{k}) e^{ik_l x_l} d^3\mathbf{k} \tag{A.41}$$

$$\frac{1}{\rho} p(\mathbf{x}) = \int \widehat{p}(\mathbf{k}) e^{ik_l x_l} d^3\mathbf{k} \tag{A.42}$$

En introduisant les décompositions spectrales:

$$u_i(\mathbf{x}) = \int \widehat{u}_i(\mathbf{k}') e^{ik_l' x_l} d^3\mathbf{k}' \tag{A.43}$$

$$u_j(\mathbf{x}) = \int \widehat{u}_j(\mathbf{k}'') e^{ik_l'' x_l} d^3\mathbf{k}'' \tag{A.44}$$

le terme non-linéaire devient:

$$u_i(\mathbf{x})u_j(\mathbf{x}) = \int \underbrace{\int \widehat{u}_i(\mathbf{k}')\widehat{u}_j(\mathbf{k}-\mathbf{k}')d^3\mathbf{k}'}_{\widehat{a}_{ij}(\mathbf{k})} e^{\mathrm{i}k_l x_l}d^3\mathbf{k} \qquad (A.45)$$

où l'on a opéré le changement de variable $\mathbf{k} = \mathbf{k}'+\mathbf{k}''$. Le terme de pression est calculé par l'équation de Poisson:

$$\frac{1}{\rho}\frac{\partial^2 p}{\partial x_i \partial x_i} = -\frac{\partial^2 u_i u_j}{\partial x_i \partial x_j} \qquad (A.46)$$

soit, dans l'espace spectral:

$$k^2\widehat{p} = -k_l k_m \widehat{a}_{lm} \qquad (A.47)$$

L'équation de quantité de mouvement prend donc la forme:

$$\left[\frac{\partial}{\partial t} + \nu k^2\right]\widehat{u}_i(\mathbf{k}) = M_{ijm}(\mathbf{k})\int \widehat{u}_m(\mathbf{k}')\widehat{u}_j(\mathbf{k}-\mathbf{k}')d^3\mathbf{k}' \qquad (A.48)$$

avec

$$M_{ijm}(\mathbf{k}) = -\frac{\mathrm{i}}{2}\left(k_m P_{ij}(\mathbf{k}) + k_j P_{im}(\mathbf{k})\right) \qquad (A.49)$$

où $P_{ij}(\mathbf{k})$ est l'opérateur de projection sur le plan orthogonal au vecteur $\mathbf{k}$. Cet opérateur s'écrit:

$$P_{ij}(\mathbf{k}) = \left(\delta_{ij} - \frac{k_i k_j}{k^2}\right) \qquad (A.50)$$

Les termes linéaires sont regroupés dans le membre de gauche et les termes non-linéaires dans le membre de droite. Le premier terme linéaire représente la dépendance temporelle et le second les effets visqueux. Le terme non-linéaire représente l'action de la convection et de la pression. On voit que le mode $\mathbf{k}$ interagit avec les modes $\mathbf{p} = \mathbf{k}'$ et $\mathbf{q} = (\mathbf{k} - \mathbf{k}')$ tels que $\mathbf{k} + \mathbf{p} = \mathbf{q}$. Cette nature triadique des interactions non-linéaires est intrinsèquement liée à la structure mathématique des équations de Navier-Stokes.

A.3.3 Equations spectrales

Les équations d'évolution des composantes du tenseur spectral Φ_{ij} sont obtenues en appliquant une transformée de Fourier inverse aux équations de transport des corrélations doubles en deux points. Après calcul, il vient:

$$\frac{\partial \Phi_{ij}}{\partial t} - \lambda_{lm}k_l\frac{\partial \Phi_{ij}}{\partial k_m} + \lambda_{il}\Phi_{lj} + \lambda_{jl}\Phi_{il} + 2\nu k^2\Phi_{ij} =$$
$$\left(k_l\Theta_{ilj} + k_l\Theta^*_{jli}\right) + \left(k_i\Sigma_j + k_j\Sigma^*_j\right) \quad (A.51)$$

où

$$\Theta_{ilj} = \frac{i}{(2\pi)^3} \int \langle u_i'(\mathbf{x})u_l'(\mathbf{x})u_j'(\mathbf{x}+\mathbf{r})\rangle e^{-ik_n r_n} d^3\mathbf{r} \tag{A.52}$$

$$\Sigma_j = \frac{i}{(2\pi)^3} \int \frac{1}{\rho}\langle p'(\mathbf{x})u_j'(\mathbf{x}+\mathbf{r})\rangle e^{-ik_n r_n} d^3\mathbf{r} \tag{A.53}$$

$$= 2\lambda_{lm}\frac{k_l}{k^2}\Phi_{mj} - \frac{k_l k_m}{k^2}\Theta_{mlj} \tag{A.54}$$

$$\lambda_{ij} = \frac{\partial\langle u\rangle_i}{\partial x_j} \tag{A.55}$$

En développant les termes (A.52) et (A.54), l'équation (A.51) prend la forme:

$$\left(\frac{\partial}{\partial t} + 2\nu k^2\right)\Phi_{ij}(\mathbf{k}) + \frac{\partial\langle u_i\rangle}{\partial x_l}\Phi_{jl}(\mathbf{k}) + \frac{\partial\langle u_j\rangle}{\partial x_l}\Phi_{il}(\mathbf{k})$$

$$- 2\frac{\partial\langle u_l\rangle}{\partial x_m}(k_i\Phi_{jm}(\mathbf{k}) + k_j\Phi_{mi}(\mathbf{k}))$$

$$- \frac{\partial\langle u_l\rangle}{\partial x_m}\frac{\partial}{\partial k_m}(k_l\Phi_{ij}(\mathbf{k}))$$

$$= P_{il}(\mathbf{k})T_{lj}(\mathbf{k}) + P_{jl}(\mathbf{k})T_{li}^*(\mathbf{k}) \tag{A.56}$$

$$T_{ij}(\mathbf{k}) = k_l \int\int\int \langle u_i(\mathbf{k})u_l(\mathbf{p})u_j(-\mathbf{k}-\mathbf{p})\rangle d^3\mathbf{p} \tag{A.57}$$

L'équation d'évolution du spectre d'énergie $E(k)$, dérivée de (A.51) au moyen d'une intégration sur la sphère de rayon k, est:

$$\frac{\partial E(k)}{\partial t} = P(k) + T(k) + D(k) \tag{A.58}$$

où le terme de production d'énergie cinétique par interaction avec le champ moyen $P(k)$, le terme de transfert $T(k)$ et le terme de dissipation $D(k)$ sont donnés par:

$$P(k) = -\lambda_{ij}\phi_{ij}(k) \tag{A.59}$$

$$T(k) = \frac{1}{2}\int\left(k_l(\Theta_{ili} + \Theta_{ili}^*) + \lambda_{lm}\frac{\partial(k_l\phi_{ii})}{\partial k_m}\right)dS(\mathbf{k}) \tag{A.60}$$

$$D(k) = -2\nu k^2 E(k) \tag{A.61}$$

où le tenseur $\phi_{ij}(k)$ est défini comme l'intégrale de $\Phi_{ij}(\mathbf{k})$ sur la sphère rayon k:

$$\phi_{ij}(k) = \int \Phi_{ij}(\mathbf{k})dS(\mathbf{k}) \tag{A.62}$$

La propriété de conservation de l'énergie cinétique pour le cas des fluide parfait se traduit par:

$$\int_0^\infty T(k)dk = 0 \qquad (A.63)$$

L'équation d'évolution de l'énergie cinétique dans l'espace physique est retrouvée en intégrant l'équation (A.58) sur l'ensemble du spectre:

$$\frac{\partial K}{\partial t} = \int_0^\infty \frac{\partial E(k)}{\partial t}dk = \int_0^\infty P(k)dk + \int_0^\infty T(k)dk + \int_0^\infty D(k)dk \quad (A.64)$$

Dans le cas homogène isotrope, la production est nulle et il vient:

$$\frac{\partial K}{\partial t} = -\varepsilon \qquad (A.65)$$

où le *taux de dissipation d'énergie cinétique* ε est donné par la relation:

$$\varepsilon = \int_0^\infty 2\nu k^2 E(k)dk \qquad (A.66)$$

A.4 Echelles caractéristiques de la turbulence

Plusieurs échelles caractéristiques de la turbulence peuvent être définies. On définit l'*échelle intégrale* L_{ij}^l comme:

$$L_{ij}^l = \int_{-\infty}^{+\infty} R_{ij}(r)dr \qquad (A.67)$$

Cette échelle est représentative de la longueur sur laquelle les fluctuations turbulentes sont corrélées entre elles. Elle est donc directement liée à la taille des structures tourbillonnaires qui forment le champ turbulent.

Une autre échelle, appelée *micro-échelle de Taylor* et notée λ_τ, est définie comme:

$$\frac{\langle u'^2 \rangle}{\lambda_\tau^2} = \langle \left(\frac{\partial u'}{\partial x}\right)^2 \rangle \qquad (A.68)$$

Alors que la première échelle est associée à l'ensemble des structures turbulentes, cette nouvelle échelle est directement liée aux petites échelles de la turbulence. En remarquant que la dissipation ε peut s'écrire comme:

$$\varepsilon = 2\nu\langle \left(\frac{\partial u'}{\partial x}\right)^2 \rangle \qquad (A.69)$$

il vient la relation:

$$\varepsilon = 2\nu \frac{\langle u'^2 \rangle}{\lambda_T^2} \tag{A.70}$$

La micro-échelle de Taylor apparaît donc comme caractéristique des phénomènes dissipatifs.

A.5 Dynamique spectrale de la turbulence homogène isotrope

A.5.1 Cascade d'énergie et isotropie locale

Les analyses réalisées à partir de l'équation (A.58) montrent que le mécanisme dynamique associé au terme $T(k)$ est un transfert de l'énergie cinétique des petits nombres d'onde vers les grands. Ce processus est appelé cascade d'énergie. Il est relativement local en fréquence: les transferts sont négligeables entre des nombres d'onde séparés par plus de 2 décades. Cette cascade se répète, jusqu'à ce que les structures soient si petites que les mécanismes visqueux, représentés par le terme $D(k)$, deviennent prépondérants.

L'hypothèse d'isotropie locale, formalisée par Kolmogorov, suppose l'homogénéité et l'isotropie statistique dans un petit domaine spatio-temporel et non dans tout l'écoulement. Ceci est équivalent à faire l'hypothèse que les échelles de l'écoulement, si elles sont suffisamment petites, sont régies par une dynamique similaire à celle de la turbulence homogène isotrope. Elles sont donc indépendantes des grandes échelles et leur structure statistique acquiert un caractère universel.

La première hypothèse de Kolmogorov est que les moments statistiques des échelles situées dans un tel domaine ne dépendent que de la distance de séparation r, de la dissipation totale par viscosité par unité de masse ε et de la viscosité ν.

La seconde hypothèse est que, pour les grandes distances de séparation, les moments statistiques deviennent indépendants de la viscosité et ne sont plus fonction que de r et ε.

A.5.2 Spectre d'équilibre

L'hypothèse d'isotropie locale conduit à distinguer trois zones distinctes au sein du spectre d'énergie $E(k)$:

– La zone des grandes échelles, auxquelles a lieu la production de turbulence associée au terme $P(k)$. Ces échelles sont couplées au champ moyen et sont affectées par les conditions aux limites et n'ont en conséquence aucun caractère universel. Toutefois, des arguments portant sur le caractère fini de la densité spectrale d'énergie $A(k)$ permettent de poser:

$$E(k) \simeq k^4 \text{ ou } E(k) \simeq k^2 \text{ pour } k \ll 1 \tag{A.71}$$

– La zone inertielle, associée aux échelles intermédiaires, dans laquelle l'énergie est transférée par interaction non-linéaire, sans action de la viscosité ou de la production. Le spectre d'énergie ne dépend que de k et de ε. Comme l'énergie est transférée sans perte, ε reste constant. En supposant qu'il existe une forme auto-similaire du spectre en loi de puissance, il vient, par des arguments dimensionnels:

$$E(k) = K_0 \varepsilon^{2/3} k^{-5/3} \tag{A.72}$$

où la constante K_0, appelée constante de Kolmogorov, est proche de 1,5.

– La zone de dissipation, qui est composée des plus petites échelles, où l'énergie cinétique est dissipée par les effets visqueux. Dans cette zone, le temps de relaxation τ_d associé aux effets visqueux est au moins égal à celui des transferts non-linéaires, noté τ_c. Pour une échelle de longueur l, ces deux temps sont évalués comme:

$$\tau_d \approx l^2/\nu, \quad \tau_c \approx \nu^2/\varepsilon \tag{A.73}$$

La zone de dissipation est caractérisée par la relation:

$$\tau_d \le \tau_c \Longrightarrow l \le \sqrt{\nu^3/\varepsilon} \tag{A.74}$$

On appelle échelle de Kolmogorov, que l'on note η_K, l'échelle pour laquelle ces deux temps sont égaux et qui marque le début de la zone de dissipation:

$$\eta_K = \sqrt{\nu^3/\varepsilon} \tag{A.75}$$

La vitesse caractéristique associée à cette échelle est:

$$v_K = (\nu\varepsilon)^{1/4} \tag{A.76}$$

Le spectre d'énergie ne dépend explicitement que de k, de ν et de ε, ou, de manière équivalente, de k et des échelles de Kolmogorov η_K et v_K. Les arguments dimensionnels ne mènent pas à une forme unique de $E(k)$ et plusieurs solutions ont été proposées. Des arguments portant sur la régularité du champ de vitesse et de ces gradients suggèrent une décroissance exponentielle de $E(k)$ dans cette zone.

B. Modélisation EDQNM

On décrit succintement le modèle EDQNM, dans ses versions isotrope et anisotrope. Pour plus de précision sur la version isotrope, on pourra se référer à l'ouvrage de Lesieur [119].

B.1 Modèle EDQNM isotrope

En partant de l'équation de Navier-Stokes écrite sous forme la forme symbolique que

$$\left(\frac{\partial}{\partial t} + \nu k^2 \right) u = uu \qquad (B.1)$$

on dérive de manière classique une hiérarchie infinie d'équations d'évolution pour les moments statistiques de la vitesse u:

$$\left(\frac{\partial}{\partial t} + \nu k^2 \right) \langle uu \rangle = \langle uuu \rangle \qquad (B.2)$$

$$\left(\frac{\partial}{\partial t} + \nu (k^2 + p^2 + q^2) \right) \langle uuu \rangle = \langle uuuu \rangle \qquad (B.3)$$

$$\cdots \qquad \cdots$$

où le symbole $\langle \rangle$ désigne une moyenne statistique. On fait ensuite l'hypothèse:

Hypothèse B.1 (Hypothèse de quasi-normalité). *Le champ de vitesse possède une loi de distribution proche de la loi gaussienne et son cumulant d'ordre 4, noté $\langle uuuu \rangle_c$, est nul.*

L'équation d'évolution des corrélations triples devient alors:

$$\left(\frac{\partial}{\partial t} + \nu (k^2 + p^2 + q^2) \right) \langle uuu \rangle = \sum \langle uu \rangle \langle uu \rangle \qquad (B.4)$$

L'approximation de quasi-normalité n'assure pas la condition de réalisabilité, *i.e.* le spectre $E(k)$ peut prendre des valeurs négatives. Pour recouvrer cette propriété, Orszag propose d'introduire un terme d'amortissement des corrélations triples. Il vient alors:

$$\left(\frac{\partial}{\partial t} + \nu(k^2 + p^2 + q^2)\right)\langle uuu\rangle = \sum\langle uu\rangle\langle uu\rangle - (\eta_k + \eta_p + \eta_q)\langle uuu\rangle \quad (B.5)$$

La solution de cette équation s'écrit:

$$\langle uuu\rangle(t) = \int_0^t \sum\langle uu\rangle\langle uu\rangle e^{-(\mu_k + \mu_p + \mu_q)t}dt \quad (B.6)$$

avec

$$\mu_k = \eta_k + \nu k^2 \quad (B.7)$$

Pour obtenir une solution plus facilement calculable, on fait l'hypothèse suivante:

Hypothèse B.2. *Le temps de relaxation des corrélation triples est petit devant le temps d'évolution des corrélations doubles (qui est aussi celui du spectre d'énergie).*

Cette hypothèse permet de "markovianiser" l'équation (B.6), ce qui conduit à:

$$\begin{aligned}\langle uuu\rangle(t) &= \sum\langle uu\rangle\langle uu\rangle\int_0^t e^{-(\mu_k + \mu_p + \mu_q)t}dt \\ &= \sum\langle uu\rangle\langle uu\rangle\frac{1 - e^{-(\mu_k + \mu_p + \mu_q)t}}{\mu_k + \mu_p + \mu_q}\end{aligned} \quad (B.8)$$

Cette relation permet de fermer l'équation d'évolution des moments d'ordre deux. Cette fermeture est équivalente à remplacer la solution des équations de Navier-Stokes par celle du modèle stochastique de type Langevin suivant:

$$\left(\frac{\partial}{\partial t} + (\nu + \eta(k,t))k^2\right)u = f(k,t) \quad (B.9)$$

avec

$$\eta(k,t) = \frac{1}{2}\int\int \Theta_{kpq}(t)\frac{p}{kq}b_{kpq}E(q,t)dpdq \quad (B.10)$$

Le terme de forçage f est tel que:

$$\begin{aligned}F(k,t) &\equiv 4\pi k^2\int_0^t \langle f(k,t)f(k,s)\rangle_{|k|=cste}ds \\ &= \int\int \Theta_{kpq}(t)\frac{k^3}{pq}a_{kpq}E(p,t)E(q,t)dpdq\end{aligned} \quad (B.11)$$

où a_{kpq} et b_{kpq} sont les coefficients liés à la géométrie de la triade $(\mathbf{k}, \mathbf{p}, \mathbf{q})$ définis comme:

$$a_{kpq} = \frac{1}{2}(1 - xyz - 2y^2z^2), \quad b_{kpq} = \frac{p}{k}(xy + z^3) \qquad (\text{B.12})$$

où x, y et z sont les cosinus des angles du triangle formé par les vecteurs d'onde $(\mathbf{k}, \mathbf{p}, \mathbf{q})$ respectivement opposés à $\mathbf{k}$, $\mathbf{p}$ et $\mathbf{q}$. Le temps de relaxation $\Theta_{kpq}(t)$ est évalué comme:

$$\Theta_{kpq}(t) = \frac{1 - e^{-(\mu_k + \mu_p + \mu_q)t}}{\mu_k + \mu_p + \mu_q} \qquad (\text{B.13})$$

où le facteur d'amortissement μ_k est choisi de la manière suivante:

$$\mu_k = \nu k^2 + 0,36\sqrt{\int_0^k p^2 E(p)dp} \qquad (\text{B.14})$$

B.2 Modèle EDQNM anisotrope de Cambon

Pour étudier les écoulements homogènes anisotropes, on définit les deux tenseurs spectraux suivants [26] (voir annexe A):

$$\Phi_{ij}(\mathbf{k}) \simeq \langle \widehat{u}_i'^*(\mathbf{k})\widehat{u}_j'(\mathbf{k}) \rangle \qquad (\text{B.15})$$

$$\phi_{ij}(k) = \int \Phi_{ij}(\mathbf{k})dA(\mathbf{k}) \qquad (\text{B.16})$$

L'équation d'évolution pour les quantités $\phi_{ij}(k)$ en présence de gradients moyens de vitesse est:

$$
\begin{aligned}
\left(\frac{\partial}{\partial t} + 2\nu k^2\right)\phi_{ij}(k) &= -\frac{\partial\langle u\rangle_i}{\partial x_k}\phi_{jl}(k) - \frac{\partial\langle u\rangle_j}{\partial x_l}\phi_{il}(k) \\
&+ P_{ij}^{\text{l}}(k) + S_{ij}^{\text{l}}(k) \\
&+ P_{ij}^{\text{nl}}(k) + S_{ij}^{\text{nl}}(k)
\end{aligned}
\qquad (\text{B.17})
$$

où

$$P_{ij}^{\text{l}}(k) = 2\frac{\partial\langle u\rangle_l}{\partial x_m}\int \frac{k_l}{k^2}\left[k_i\Phi_{mj}(\mathbf{k}) + k_j\Phi_{mi}(\mathbf{k})\right]dA(\mathbf{k}) \qquad (\text{B.18})$$

$$S_{ij}^{\text{l}}(k) = \frac{\partial\langle u\rangle_l}{\partial x_m}\int \frac{\partial}{\partial k_m}\left(k_l\Phi_{ij}(\mathbf{k})\right)dA(\mathbf{k}) \qquad (\text{B.19})$$

$$P_{ij}^{\text{nl}}(k) = -\int \frac{k_l}{k^2}\left[k_iT_{lj}(\mathbf{k}) + k_jT_{li}^*(\mathbf{k})\right]dA(\mathbf{k}) \qquad (\text{B.20})$$

$$S_{ij}^{nl}(k) = \int \left[T_{ij}(\mathbf{k}) + T_{ij}^*(\mathbf{k}) \right] dA(\mathbf{k}) \tag{B.21}$$

L'équation (B.17) est fermée en remplaçant $\Phi(\mathbf{k})$ par une forme modélisée en fonction de $\phi(k)$ où la direction de k est paramétrée dans les intégrales (B.18) à (B.21):

$$
\begin{aligned}
P_{ij}^l(k) =\ & 2E(k)\left[\frac{2}{5}\langle S\rangle_{ij} \right.\\
& -\ 3D\left(\langle S\rangle_{lj}H_{li}(k) + \langle S\rangle_{li}H_{lj}(k) - \frac{2}{3}\delta_{ij}\langle S\rangle_{lm}H_{lm}(k) \right)\\
& +\ \left. \frac{14}{3}\left(D+\frac{4}{7} \right)()\Omega\langle_{il}H_{lj}(k) + \langle\Omega\rangle_{jl}H_{li}(k)) \right]
\end{aligned}
\tag{B.22}
$$

$$
\begin{aligned}
S_{ij}^l(k) =\ & -\frac{2}{15}\langle S\rangle_{ij}\frac{\partial}{\partial k}(kE(k)) + 2\langle S\rangle_{il}\frac{\partial}{\partial k}(kDE(k)H_{jl}(k))\\
& +\ 2\langle S\rangle_{jl}\frac{\partial}{\partial k}(kDE(k)H_{il}(k))\\
& -\ \frac{1}{3}\delta_{ij}\langle S\rangle_{lm}\frac{\partial}{\partial k}([2+11D]\,kE(k)H_{lm}(k))
\end{aligned}
\tag{B.23}
$$

$$
\begin{aligned}
P_{ij}^{nl}(k) =\ & \int\int \Theta_{kpq}\frac{2}{pq}(x+yz)H_{ij}(q)\left[k^1pE(p)E(q)\left(y(z^2-y^2)(a(q)+3) \right.\right.\\
& +\ \left.\left. (y+xz)\frac{a(q)}{5} \right) - p^3E(k)E(q)y(z^2-x^2)(a(q)+3) \right]dpdq \tag{B.24}
\end{aligned}
$$

$$
\begin{aligned}
S_{ij}^{nl}(k) =\ & \int\int \Theta_{kpq}\frac{2}{pq}\left[(xy+z^3)\left(k^2pE(p)E(q)\left\{ \frac{1}{3}\delta_{ij} + H_{ij}(p) + H_{ij}(q) \right\} \right.\right.\\
& -\ \left.\left. p^3E(k)E(q)\left\{ \frac{1}{3}\delta_{ij} + H_{ij}(k) + H_{ij}(q) \right\} \right)\right.\\
& +\ \left. H_{ij}(q)\left(k^2pE(p)E(q)c_{kpq} - p^3E(k)E(q)c_{pkq} \right)\right]dpdq \tag{B.25}
\end{aligned}
$$

où

$$\langle S\rangle = \frac{1}{2}\left(\nabla\langle\mathbf{u}\rangle + \nabla^T\langle\mathbf{u}\rangle \right), \quad \langle\Omega\rangle = \frac{1}{2}\left(\nabla\langle\mathbf{u}\rangle - \nabla^T\langle\mathbf{u}\rangle \right)$$

et x, y et z sont les cosinus des angles intérieurs respectivement opposés aux vecteurs d'onde $\mathbf{k}$, $\mathbf{p}$ et $\mathbf{q}$ dans le triangle formé par ces derniers. Le paramètre d'anisotropie $a(k)$ est optimisé à l'aide de la théorie de la distorsion rapide. Le facteur D est défini comme:

$$D = \frac{2}{7} \left(1 + \frac{4}{5}a \right) \qquad (B.26)$$

Les spectres d'énergie et d'anisotropie, respectivement notés $E(k)$ et $H_{ij}(k)$ sont donnés par les relations suivantes:

$$E(k) = \frac{1}{2}\phi_{ll}(k) \qquad (B.27)$$

$$H_{ij}(k) = \frac{\phi_{ij}(k)}{2E(k)} - \frac{1}{3}\delta_{ij} \qquad (B.28)$$

Le facteur géométrique c_{kpq} est défini comme:

$$c_{kpq} = \frac{1}{2}(xy + z) \left[(y^2 - z^2)(a(q) + 3) + \frac{2}{5}a(q)(1 + z^2) \right] \qquad (B.29)$$

Le temps de relaxation $\Theta_{kpq}(t)$ est évalué comme:

$$\Theta_{kpq}(t) = \frac{1 - e^{-(\mu_k + \mu_p + \mu_q)t}}{\mu_k + \mu_p + \mu_q} \qquad (B.30)$$

où le terme d'amortissement μ_k vaut:

$$\mu_k = \nu k^2 + 0,36 \left(\int_0^k p^2 E(p)dp + \langle \Omega \rangle_{ij} \langle \Omega \rangle_{ij} \right)^{1/2} \qquad (B.31)$$

Il est à noter que des versions complètement anisotropes, qui ne font pas appel à une paramétrisation angulaire, ont été proposées et comparées à des simulations pour les cas de la rotation pure et de la stratification stable [33].

Références

1. Abba, A., Bucci, R., Cercignani, C., Valdettaro, L. (1996): A new approach to the dynamic subgrid scale model. non publié
2. Akselvoll, K., Moin, P. (1996): Large-eddy simulation of turbulent confined coannular jets. J. Fluid Mech. **315**, 387–411
3. Antonopoulos-Domis, M. (1981): Aspects of large-eddy simulation of homogeneous isotropic turbulence. Int. J. Numer. Meth. Fluids **1**, 273–290
4. Aupoix, B. (1984): Eddy viscosity subgrid models for homogeneous turbulence. (Proceedings of "Macroscopic modelling of turbulent flows, Lecture notes in physics, Vol. 230), Springer-Verlag, 45–64
5. Aupoix, B. (1985): Subgrid scale models for homogeneous anisotropic turbulence. (Proceedings of the Euromech Colloquium 199, "Direct and large eddy simulation of turbulence", Notes on numerical fluid mechanics, Vol. 15) Vieweg, 36–66
6. Aupoix, B. (1989): Application of two-point closures to subgrid scale modelling for homogeneous 3D turbulence. (Turbulent shear flows, von Karman Institute for Fluid Dynamics, Lecture Series 1989-03)
7. Aupoix, B., Cousteix, J. (1982): Modèles simples de tensions de sous-maille en turbulence homogène isotrope. Rech. Aéro. **4**, 273–283
8. Balaras, E., Benocci, C., Piomelli, U. (1996): Two-layer approximate boundary conditions for large-eddy simulations. AIAA Journal **34**(6), 1111–1119
9. Bardina, J., Ferziger, J.H., Reynolds, W.C. (1980): Improved subgrid scale models for large eddy simulation. AIAA Paper 80-1357
10. Bardina, J., Ferziger, J.H., Reynolds, W.C. (1983): Improved turbulence models based on large eddy simulation of homogeneous, incompressible, turbulent flows. Report TF-19, Thermosciences Division, Dept. Mechanical Engineering, Stanford University
11. Basdevant, C., Lesieur, M., Sadourny, R. (1978): Subgrid-scale modeling of enstrophy transfer in two-dimensional turbulence. J. Atmos. Sci. **35**, 1028–1042
12. Basdevant, C., Sadourny, R. (1983): Modélisation des échelles virtuelles dans la modélisation numérique des écoulements turbulents bidimensionnels. J. Mech. Théor. Appl., numéro spécial, 243–269
13. Bastin, F., Lafon, P., Candel, S. (1997): Computation of jet mixing noise due to coherent structures: the plane jet case. J. Fluid Mech. **335**, 261–304
14. Batchelor, G.K. (1953): The theory of homogeneous turbulence. Cambridge University Press
15. Beaudan, P., Moin, P. (1994): Numerical experiments on the flow past a circular cylinder at subcritical Reynolds number. Report TF-62, Thermosciences Division, Dept. Mechanical Engineering, Stanford University
16. Bertoglio, J.P. (1984): A stochastic subgrid model for sheared turbulence. (Proceedings of "Macroscopic modelling of turbulent flows, Lecture notes in physics, Vol. 230) Springer-Verlag, 100–119

17. Biringen, S., Reynolds, W.C. (1981): Large-eddy simulation of the shear-free turbulent boundary-layer. J. Fluid Mech. **103**, 53–63
18. Bonnet, J.P., Delville, J., Druault, P., Sagaut, P., Grohens, R. (1997): Linear stochastic estimation of LES inflow conditions. (Advances in DNS/LES, C. Liu, Z. Liu eds.) Greyden Press, 341–348
19. Boris, J.P., Book, D.L. (1973): Flux-Corrected Transport.I. SHASTA, a fluid transport algorithm that works. J. Comput. Phys. **11**, 38–69
20. Boris, J.P., Grinstein, F.F., Oran, E.S., Kolbe, R.L. (1992): New insights into large-eddy simulation. Fluid Dyn. Res. **10**, 199–228
21. Brasseur, J.G., Wei, C.H. (1994): Interscale dynamics and local isotropy in high Reynolds number turbulence within triadic interactions. Phys. Fluids A **6**(2), 842–870
22. Brun, C., Kessler, P., Comte, P., Lesieur, M. (1997): Simulation des grandes échelles de jets ronds. Rapport de synthèse, Contrat DGA/DRET 95-2557 A
23. Cantekin, M.E., Westerink, J.J., Luettich, R.A. (1994): Low and moderate Reynolds number transient flow simulations using space filtered Navier-Stokes equations. Numer. Meth. Partial Diff. Eq. **10**, 491–524
24. Cabot, W. (1995): Large-eddy simulations with wall models. Annual Research Briefs - Center for Turbulence Research, 41–49
25. Cabot, W. (1996): Near-wall models in large-eddy simulations of flow behind a backward-facing step. Annual Research Briefs - Center for Turbulence Research, 199–210
26. Cambon, C., Jeandel, D., Mathieu, J. (1981): Spectral modelling of homogeneous non-isotropic turbulence. J. Fluid Mech. **104**, 247–262
27. Cambon, C., Mansour, N.N., Godeferd, F.S. (1997): Energy transfer in rotating turbulence. J. Fluid Mech. **337**, 303–332
28. Carati, D., Cabot, W. (1996): Anisotropic eddy viscosity models. Proceedings of the Summer Program - Center for Turbulence Research, 249–259
29. Carati, D., Ghosal, S., Moin, P. (1995): On the representation of backscatter in dynamic localization models. Phys. Fluids **7**(3), 606–616
30. Chapman, D.R. (1979): Computational aerodynamics development and outlook. AIAA Journal **17**(12), 1293–1313
31. Chasnov, J.R. (1990): Simulation of the Kolmogorov inertial subrange using an improved subgrid model. Phys. Fluids A **3**(1), 188–200
32. Chen, M., Temam, R. (1991): Incremental unknowns for solving partial differential equations. Numer. Math. **59**, 255–271
33. Choi, H., Moin, P. (1994): Effects of the computational time step on numerical solutions of turbulent flow. J. Comput. Phys. **113**, 1–4
34. Chollet, J.P. (1983): Two-point closures as a subgrid modelling for large-eddy simulations. (Fourth Symposium on Turbulent Shear Flows, Karlsruhe, Allemagne)
35. Chollet, J.P. (1984): Spectral closures to derive a subgrid scale modelling for large eddy simulation. (Proceedings of "Macroscopic modelling of turbulent flows, Lecture notes in physics, Vol. 230), Springer-Verlag, 161–176
36. Chollet, J.P. (1984): Turbulence tridimensionnelle isotrope: modélisation statistique des petites échelles et simulation numérique des grandes échelles. Thèse de Doctorat es-sciences, Grenoble, France
37. Chollet, J.P. (1992): LES and subgrid models for reactive flows and combustion. ERCOFTAC Summer School/Workshop on modelling turbulent flows, Lyon, France
38. Chollet, J.P., Lesieur, M. (1981): Parametrization of small scales of three-dimensional isotropic turbulence utilizing spectral closures. J. Atmos. Sci. **38**, 2747–2757

39. Chung, Y.M., Sung, H.J. (1997): Comparative study of inflow conditions for spatially evolving simulation. AIAA Journal **35**(2), 269–274

40. Ciofalo, M., Collins, M.W. (1992): Large-eddy simulation of a turbulent flow and heat transfer in plane and rib-roughened channels. Int. J. Numer. Meth. Fluids **15**, 453–489

41. Clark, R.A., Ferziger, J.H., Reynolds, W.C. (1979): Evaluation of subgrid-scale models using an accurately simulated turbulent flow. J. Fluid Mech. **91**(1), 1–16

42. Colella, P., Woodward, P.R. (1984): The Piecewise Parabolic Method (PPM) for gas-dynamical simulations. J. Comput. Phys. **54**, 174–201

43. Cook, A.W. (1997): Determination of the constant coefficient in the scale similarity models of turbulence. Phys. Fluids **9**(5), 1485–1487

44. Cousteix, J. (1989): Turbulence et couche limite. CEPADUES - Editions

45. Dai, Y., Kobayashi, T., Taniguchi, N. (1994): Large eddy simulation of plane turbulent jet flow using a new outflow velocity boundary condition. JSME International Journal Series B **37**(2), 242–253

46. Dakhoul, Y.M., Bedford, K.W. (1986): Improved averaging method for turbulent flow simulation. Part 1: theoretical development and application to Burger's transport equation. Int. J. Numer. Meth. Fluids **6**, 49–64

47. Dakhoul, Y.M., Bedford, K.W. (1986): Improved averaging method for turbulent flow simulation. Part 2: calculations and verification. Int. J. Numer. Meth. Fluids **6**, 65–82

48. Dang, K.T. (1985): Evaluation of simple subgrid-scale models for the numerical simulation of homogeneous turbulence. AIAA Journal **23**(2), 221–227

49. David, E. (1993): Modélisation des écoulements compressibles et hypersoniques. Thèse de Doctorat de l'INPG, Grenoble, France

50. Deardorff, J.W. (1970): A numerical study of three-dimensional turbulent channel flow at large Reynolds numbers. J. Fluid Mech. **41**, 453–465

51. Deardorff, J.W. (1973): The use of subgrid transport equations in a three-dimensional model of atmospheric turbulence. ASME J. Fluids Engng., 429–438

52. Delville, J. (1995): La décomposition orthogonale aux valeurs propres et l'analyse de l'organisation tridimensionnelle des écoulements turbulents cisaillés libres. Thèse de Doctorat, Université de Poitiers, France

53. Deschamps, V. (1988): Simulation numérique de la turbulence homogène incompressible dans un écoulement de canal plan. ONERA, Note technique 1988-5

54. Domaradzki, J.A., Liu, W. (1995): Approximation of subgrid-scale energy transfer based on the dynamics of the resolved scales of turbulence. Phys. Fluids **7**(8), 2025–2035

55. Domaradzki, J.A., Liu, W., Brachet, M.E. (1993): An analysis of subgrid-scale interactions in numerically simulated isotropic turbulence. Phys. Fluids **5**(7), 1747–1759

56. Domaradzki, J.A., Metcalfe, R.W., Rogallo, R.S., Riley, J.J. (1987): Analysis of subgrid-scale eddy viscosity with the use of results from direct numerical simulations. Phys. Rev. Letter **58**(6), 546–550

57. Dornbrack, A., Schumann, U. (1993): Numerical simulation of turbulent convective flow over a wavy terrain. Boundary-Layer Meteorol. **65**, 323–355

58. Ducros, F. (1995): Simulations numériques directes et des grandes échelles de couches limites compressibles. Thèse de Doctorat de l'INPG, Grenoble, France

59. Ducros, F., Comte, P., Lesieur, M. (1996): Large-eddy simulation of transition to turbulence in a boundary layer developing spatially over a flat plate. J. Fluid Mech. **326**, 1–36

60. Engquist, B., Lötstedt, P., Sjögreen, B. (1989): Nonlinear filters for efficient shock computation. Math. Comput. **52**(186), 509–537

272   Références

61. Fabignon, Y., Beddini, R.A., Lee, Y. (1995): Analytic evaluation of finite difference methods for compressible direct and large eddy simulations. ONERA, TP 1995-128
62. Fatica, M., Mittal, R. (1996): Progress in the large-eddy simulation of flow through an asymmetric plane diffuser. Annual Research Briefs - Center for Turbulence Research, 249–257
63. Fatica, M., Orlandi, P., Verzicco, R. (1994): Direct and large-eddy simulations of round jets. (Direct and Large Eddy Simulation I, Voke, C-hollet & Kleiser eds.) Kluwer, 49–61
64. Ferziger, J.H. (1977): Large eddy simulations of turbulent flows. AIAA Journal 15(9), 1261–1267
65. Ferziger, J.H. (1997): Large eddy simulation: an introduction and perspective. (New tools in turbulence modelling, O. Métais and J. Ferziger eds.) Les éditions de physique, Springer, 29–48
66. Ferziger, J.H., Leslie, D.C. (1979): Large eddy simulation: A predictive approach to turbulent flow computation. (AIAA Comput. Fluid Conf., Williamsburg, USA)
67. Friedrich, R., Arnal, M. (1990): Analysing turbulent backward-facing step flow with the lowpass-filtered Navier-Stokes equations. J. Wind Eng. Ind. Aerodyn. 35, 101–128
68. Fureby, C., Tabor, G., Weller, H.G., Gosman, A.D. (1997): A comparative study of subgrid scale models in homogeneous isotropic turbulence. Phys. Fluids 9(5), 1416–1429
69. Gao S., Voke, P., Gough, T. (1997): Turbulent simulation of flat plate boundary layer and near wake. (Direct and Large Eddy Simulation II, Chollet, Voke and Kleiser eds) Kluwer, 115–124
70. Germano, M. (1986): Differential filters for the large eddy numerical simulation of turbulent flows. Phys. Fluids 29(6), 1755–1757
71. Germano, M. (1986): Differential filters of elliptic type. Phys. Fluids 29(6), 1757–1758
72. Germano, M. (1986): A proposal for a redefinition of the turbulent stresses in the filtered Navier-Stokes equations. Phys. Fluids 29(7), 2323–2324
73. Germano, M. (1987): On the non-Reynolds averages in turbulence. AIAA Paper 87-1297
74. Germano, M. (1992): Turbulence: The filtering approach. J. Fluid Mech. 238, 325–336
75. Germano, M., Piomelli, U., Moin, P., Cabot, W.H. (1991): A dynamic subgrid-scale eddy viscosity model. Phys. Fluids A 3(7), 1760–1765
76. Ghosal, S. (1996): An analysis of numerical errors in large-eddy simulations of turbulence. J. Comput. Phys. 125, 187–206
77. Ghosal, S., Lund, T.S., Moin, P., Akselvoll, K. (1995): A dynamic localization model for large-eddy simulation of turbulent flows. J. Fluid Mech. 286, 229–255
78. Ghosal, S., Moin, P. (1995): The basic equations for the large-eddy simulation of turbulent flows in complex geometry. J. Comput. Phys. 118, 24–37
79. Ghosal, S., Rogers, M. (1997): A numerical study of self-similarity in a turbulent plane wake using large-eddy simulation. Phys. Fluids 9(6), 1729–1739
80. Gonze, M.A. (1993): Simulation numérique des sillages en transition à la turbulence. Thèse de Doctorat de l'INPG, Grenoble, France
81. Grinstein, F.F., Guirguis, R.H. (1992): Effective viscosity in the simulation of spatially evolving shear flows with monotonic FCT models. J. Comput. Phys. 101, 165–175
82. Grötzbach, G. (1987): in Encyclopedia of Fluid Mechanics, édité par N.P. Chereminisoff (Gulf, West Orange, NJ), Vol. 6

83. Härtel, C., Kleiser, L., Unger, F., Friedrich, R. (1994): Subgrid-scale energy transfer in the near-wall region of turbulent flows. Phys. Fluids **6**(9), 3130–3143
84. Hirsch, C. (1987): Numerical computation of internal and external flows. John Wiley & Son
85. Harten, A. (1984): On a class of high resolution total-variation-stable finite-difference schemes. SIAM J. Numer. Anal. **21**, 1–23
86. Horiuti, K. (1985): Large eddy simulation of turbulent channel flow by one-equation modeling. J. Phys. Soc. Japan **54**(8), 2855–2865
87. Horiuti, K. (1987): Comparison of conservative and rotational forms in large eddy simulation of turbulent channel flow. J. Comput. Phys. **71**, 343–370
88. Horiuti, K. (1989): The role of the Bardina model in large eddy simulation of turbulent channel flow. Phys. Fluids A **1**(2), 426–428
89. Horiuti, K. (1990): Higher-order terms in the anisotropic representation of Reynolds stresses. Phys. Fluids A **2**(10), 1708–1710
90. Horiuti, K. (1993): A proper velocity scale for modeling subgrid-scale eddy viscosities in large eddy simulation. Phys. Fluids A **5**(1), 146–157
91. Horiuti, K. (1997): Backward scatter of subgrid-scale energy in wall-bounded turbulence and free shear flow. J. Phys. Soc. Japan **66**(1), 91–107
92. Jameson, A., Schmidt, W., Turkel, E. (1981): Numerical solutions of the Euler equations by finite volume methods using Runge-Kutta time stepping schemes. AIAA Paper 81-1259
93. Jansen, K. (1994): Unstructured-grid large-eddy simulation of flow over an airfoil. Annual Research Briefs - Center for Turbulence Research, 161–175
94. Jansen, K. (1995): Preliminary large-eddy simulations of flow around a NACA 4412 airfoil using unstructured meshes. Annual Research Briefs - Center for Turbulence Research, 61–73
95. Jansen, K. (1996): Large-eddy simulations of flow around a NACA 4412 airfoil using unstructured grids. Annual Research Briefs - Center for Turbulence Research, 225–233
96. Kaltenbach, H.J. (1994): Large-eddy simulation of flow through a plane, asymmetric diffuser. Annual Research Briefs - Center for Turbulence Research, 175–185
97. Kaltenbach, H.J. (1997): Cell aspect ratio dependence of anisotropy measures for resolved and subgrid scale stresses. J. Comput. Phys. **136**, 399–410
98. Kaltenbach, H.J., Choi, H. (1995): Large-eddy simulation of flow around an airfoil on structured mesh. Annual Research Briefs - Center for Turbulence Research, 51–61
99. Kaneda, Y., Leslie, D.C. (1983): Tests of subgrid models in the near-wall region using represented velocity fields. J. Fluid Mech. **132**, 349–373
100. Kawamura, T., Kuwahara, K. (1984): Computation of high Reynolds number flow around a circular cylinder with surface roughness. AIAA Paper 84-0340
101. Kerr, R.M., Domaradzki, J.A., Barbier, G. (1996): Small-scale properties of nonlinear interactions and subgrid-scale energy transfer in isotropic turbulence. Phys. Fluids **8**(1), 197–208
102. Kosovic, B. (1997): Subgrid-scale modelling for the large-eddy simulation of high-Reynolds number boundary layers. J. Fluid Mech. **336**, 151–182
103. Kraichnan, R.H. (1967): Inertial ranges in two-dimensional turbulence. J. Fluid Mech. **10**(7), 1417–1423
104. Kraichnan, R.H. (1971): Inertial-range transfer in two- and three-dimensional turbulence. J. Fluid Mech. **47**(3), 525–535
105. Kraichnan, R.H. (1976): Eddy viscosity in two and three dimensions. J. Atmos. Sci. **33**, 1521–1536

106. Kravchenko, A.G., Moin, P., Moser, R. (1996): Zonal embedded grids for numerical simulations of wall-bounded turbulent flows. J. Comput. Phys. **127**, 412–423

107. Kravchenko, A.G., Moin, P. (1997): On the effect of numerical errors in large-eddy simulations of turbulent flows. J. Comput. Phys. **131**, 310–322

108. Krettenauer, K., Schumann, U. (1992): Numerical simulation of turbulent convection over a wavy terrain. J. Fluid Mech. **237**, 261–299

109. Lamballais, E. (1996): Simulations numériques de la turbulence dans un canal plan tournant. Thèse de Doctorat de l'INPG, Grenoble, France

110. Landau, L., Lifchitz, E. (1967): Mécanique des fluides. MIR, Moscou

111. Launder, B.E, Spalding, D.B. (1972): Mathematical models of turbulence. Academic Press, Londres

112. Lardat, R. (1997): Simulation numériques d'écoulements externes instationnaires décollés autour d'une aile avec des modèles de sous-maille. Notes et documents du LIMSI **97-12**

113. Lee, S., Lele, S.K., Moin, P. (1992): Simulation of spatially evolving turbulence and the application of Taylor's hypothesis in compressible flow. Phys. Fluids A **4**(7), 1521–1530

114. Leith, C.E. (1990): Stochastic backscatter in a subgrid-scale model: Plane shear mixing layer. Phys. Fluids A **2**(3), 297–299

115. Lele, S.K. (1994): Compressibility effects on turbulence. Ann. Rev. Fluid. Mech. **26**, 211–254

116. Leonard, A. (1974): Energy cascade in large-eddy simulations of turbulent fluid flows. Adv. in Geophys. A **18**, 237–248

117. Leonard, B.P. (1979): A stable and accurate convective modelling procedure based on quadratic upstream interpolation. Comp. Meth. Appl. Mech. Eng. **19**, 59–98

118. Lesieur, M. (1983): Introduction à la turbulence bidimensionnelle. J. Méc. Théor. Appl., numéro spécial, 5–20

119. Lesieur, M. (1997): Turbulence in fluids, 3rd edition. Kluwer

120. Lesieur, M., Métais, O. (1996): New trends in large-eddy simulations of turbulence. Ann. Rev. Fluid Mech. **28**, 45–82

121. Lesieur, M., Rogallo, R.S. (1989): Large-eddy simulation of passive scalar diffusion in isotropic turbulence. Phys. Fluids A **1**(4), 718–722

122. Lesieur, M., Schertzer, D. (1978): Amortissement autosimilaire d'une turbulence à grand nombre de Reynolds. Journal de Mécanique **17**(4), 609–646

123. Leslie, D.C., Quarini, G.L. (1979): The application of turbulence theory to the formulation of subgrid modelling procedures. J. Fluid Mech. **91**(1), 65–91

124. Lilly, D.K. (1967): The representation of small-scale turbulence in numerical simulation experiments. (Proceedings of the IBM Scientific Computing Symposium on Environmental Sciences, Yorktown Heights, USA)

125. Lilly, D.K. (1992): A proposed modification of the Germano subgrid-scale closure method. Phys. Fluids A **4**(3), 633–635

126. Liu, S., Meneveau, C., Katz, J. (1994): On the properties of similarity subgrid-scale models as deduced from measurements in a turbulent jet. J. Fluid Mech. **275**, 83–119

127. Love, M.D. (1980): Subgrid modelling studies with Burgers equation. J. Fluid Mech. **100**(1), 87–110

128. Lund, T.S. (1994): Large-eddy simulation of a boundary layer with concave streamwise curvature. Annual Research Briefs - Center for Turbulence Research, 185–197

129. Lund, T.S. (1997): On the use of discrete filters for large eddy simulation. Annual Research Briefs - Center for Turbulence Research, 83–95

130. Lund, T.S., Novikov, E.A. (1992): Parametrization of subgrid-scale stress by the velocity gradient tensor. Annual Research Briefs - Center for Turbulence Research, 27–43

131. Lund, T.S., Wu, X., Squires, K.D. (1996): On the generation of turbulent in-flow conditions for boundary-layer simulations. Annual Research Briefs - Center for Turbulence Research, 281–295

132. McComb, W.D. (1990): The physics of fluid turbulence. Clarendon Press, Oxford

133. McRae, G.J., Goodin, W.R,, Seinfeld, J. (1982): Numerical solution of the atmospheric diffusion equation for chemically reacting flows. J. Comput. Phys. 45, 1–42

134. Maltrud, M.E., Vallis, G.K. (1993): Energy and enstrophy transfer in numerical simulations of two-dimensional turbulence. Phys. Fluids A 5, 1760–1775

135. Mansour, N.N., Moin, P., Reynolds, W.C., Ferziger, J.H. (1977): Improved methods for large-eddy simulations of turbulence. (Symposium on Turbulent Shear Flow, Penn State, USA)

136. Mason, P.J. (1994): Large-eddy simulation: A critical review of the technique. Q. J. R. Meteorol. Soc. 120, 1–26

137. Mason, P.J., Brown, A.R. (1994): The sensitivity of large-eddy simulations of turbulent shear flow to subgrid models. Boundary Layer Meteorol. 70, 133–150

138. Mason, P.J., Callen, N.S. (1986): On the magnitude of the subgrid-scale eddy coefficient in large-eddy simulations of turbulent channel flow. J. Fluid Mech. 162, 439–462

139. Mason, P.J., Thomson, D.J. (1992): Stochastic backscatter in large-eddy simulations of boundary layers. J. Fluid Mech. 242, 51–78

140. Meneveau, C. (1994): Statistics of turbulence subgrid-scale stresses: Necessary conditions and experimental tests. Phys. Fluids 6(2), 815–833

141. Meneveau, C., Lund, T.S. (1997): The dynamic Smagorinsky model and scale-dependent coefficients in the viscous range of turbulence. Phys. Fluids 9(12), 3932–3934

142. Meneveau, C., Lund, T.S., Cabot, W.H. (1996): A Lagrangian dynamic subgrid-scale model of turbulence. J. Fluid Mech. 319, 353–385

143. Meneveau, C., Lund, T.S., Moin, P. (1992): Search for subgrid scale parametrization by projection pursuit regression. Proceedings of the Summer Program - Center for Turbulence Research, 61–81

144. Menon, S., Yeung, P.K., Kim, W.W. (1996): Effect of subgrid models on the computed interscale energy transfer in isotropic turbulence. Computer and Fluids 25(2), 165–180

145. Mestayer, P. (1982): Local isotropy and anisotropy in high-Reynolds-number turbulent boundary layer. J. Fluid Mech. 125, 475–503

146. Métais, O., Lesieur, M. (1992): Spectral large-eddy simulation of isotropic and stably stratified turbulence. J. Fluid Mech. 256, 157–194

147. Misra, A., Pullin, D.I. (1997): A vortex-based subgrid stress model for large-eddy simulation. Phys. Fluids 9(8), 2443–2454

148. Mittal, R. (1995): Large-eddy simulation of flow past a circular cylinder. Annual Research Briefs - Center for Turbulence Research, 107–117

149. Mittal, R. (1996): Progress on LES of flow past a circular cylinder. Annual Research Briefs - Center for Turbulence Research, 233–243

150. Mittal, R., Moin, P. (1997): Suitability of upwind-biased finite-difference schemes for large-eddy simulation of turbulent flows. AIAA Journal 35(8), 1415–1417

151. Moeng, C.H. (1984): A large-eddy simulation model for the study of planetary boundary-layer turbulence. J. Atmos. Sci. 41(13), 2052–2062

152. Moeng, C.H., Wyngaard, J.C. (1988): Spectral analysis of large-eddy simulations of the convective boundary layer. J. Atmos. Sci. **45**(23), 3573–3587

153. Moin, P., Jimenez, J. (1993): Large eddy simulation of complex flows. (24th AIAA Fluid Dynamics Conference, Orlando, USA)

154. Moin, P., Kim, J. (1982): Numerical investigation of turbulent channel flow. J. Fluid Mech. **118**, 341–377

155. Morinishi, Y., Kobayashi, T. (1990): in (Engineering turbulence modelling and experiments, Rodi and Ganic eds.) Elsevier, New York, 279

156. Muchinsky, A. (1996): A similarity theory of locally homogeneous anisotropic turbulence generated by a Smagorinsky-type LES. J. Fluid Mech. **325**, 239–260

157. Murakami, S. (1993): Comparison of various turbulence models applied to a bluff body. J. Wind Eng. Ind. Aerodyn. **46 & 47**, 21–36

158. Murakami, S., Mochida, A., Hibi, K. (1987): Three-dimensional numerical simulation of air flow around a cubic model by means of large-eddy simulation. J. Wind Eng. Ind. Aerodyn. **25**, 291–305

159. Murray, J.A., Piomelli, U., Wallace, J.M. (1996): Spatial and temporal filtering of experimental data for a priori studies of subgrid-scale stresses. Phys. Fluids **8**(7), 1978–1980

160. Najjar, F.M., Tafti, D.K. (1996): Study of discrete test filters and finite difference approximations for the dynamic subgrid-scale stress model. Phys. Fluids **8**(4), 1076–1088

161. O'Neil, J., Meneveau, C. (1997): Subgrid-scale stresses and their modelling in a turbulent plane wake. J. Fluid Mech. **349**, 253–293

162. Olsson, M., Fuchs, L. (1996): Large eddy simulation of the proximal region of a spatially developing circular jet. Phys. Fluids **8**(8), 2125–2137

163. Perrier, P., Pironneau, O. (1981): Subgrid turbulence modelling by homogeneization. Mathematical Modelling **2**, 295–317

164. Piomelli, U. (1993): High Reynolds number calculations using the dynamic subgrid-scale stress model. Phys. Fluids A **5**(6), 1484–1490

165. Piomelli, U., Cabot, W.H., Moin, P., Lee, S. (1990): Subgrid-scale backscatter in transitional and turbulent flows. Proceedings of the Summer Program - Center for Turbulence Research, 19–30

166. Piomelli, U., Coleman, G.N., Kim, J. (1997): On the effects of nonequilibrium on the subgrid-scale stresses. Phys. Fluids **9**(9), 2740–2748

167. Piomelli, U., Ferziger, J.H., Moin, P., Kim, J. (1989): New approximate boundary conditions for large eddy simulations of wall-bounded flows. Phys. Fluids A **1**(6), 1061–1068

168. Piomelli, U., Moin, P., Ferziger, J.H. (1988): Model consistency in large eddy simulation of turbulent channel flows. Phys. Fluids **31**(7), 1884–1891

169. Piomelli, U., Yunfang, X., Adrian, R.J. (1996): Subgrid-scale energy transfer and near-wall turbulence structure. Phys. Fluids **8**(1), 215–224

170. Piomelli, U., Zang, T.A., Speziale, C.G., Hussaini, M.Y. (1990): On the large-eddy simulation of transitional wall-bounded flows. Phys. Fluids A **2**(2), 257–265

171. Porter, D.H., Pouquet, A., Woodward, P.R. (1994): Kolmogorov-like spectra in decaying three-dimensional supersonic flows. Phys. Fluids **6**(6), 2133–2142

172. Pullin, D.I., Saffman, P.G. (1994): Reynolds stresses and one-dimensional spectra for a vortex model of homogeneous anisotropic turbulence. Phys. Fluids **6**(5), 1787–1796

173. Quirk, J.J. (1991): An adaptative grid algorithm for computational shock hydrodynamics. PhD Thesis, College of Aeronautics

174. Rajagopalan, S., Antonia, R.A. (1979): Some properties of the large structure in a fully developed turbulent duct flow . Phys. Fluids **22**(4), 614–622

175. Rizk, M.H., Menon, S. (1988): Large-eddy simulations of axisymmetric excitation effects on a row of impinging jets. Phys. Fluids 31(7), 1892–1903

176. Robinson, S.K. (1991): The kinematics of turbulent boundary layer structure. NASA, Tech. Memo. TM 103859

177. Rodi, W., Ferziger, J.H., Breuer, M., Pourquié, M. (1997): Status of large-eddy simulation: results of a Workshop. ASME J. Fluid Engng. 119(2), 248–262

178. Rogallo, R.S., Moin, P. (1984): Numerical simulation of turbulent flows. Ann. Rev. Fluid Mech. 16, 99–137

179. Ronchi, C., Ypma, M., Canuto, V.M. (1992): On the application of the Germano identity to subgrid-scale modeling. Phys. Fluids A 4(12), 2927–2929

180. Sadourny, R., Basdevant, C. (1981): Une classe d'opérateurs adaptés à la modélisation de la diffusion turbulente en dimension deux. C. R. Acad. Sc. Paris 292, 1061–1064

181. Sadourny, R., Basdevant, C. (1985): Parametrization of subgrid-scale barotropic and baroclinic eddies in quasi-geostrophic models: anticipated potential vorticity method. J. Atmos. Sci. 42, 1353–1363

182. Sagaut, P. (1995): Simulations numériques d'écoulements décollés avec des modèles de sous-maille. Thèse de Doctorat de l'Université Paris 6, Paris, France

183. Sagaut, P. (1996): Numerical simulations of separated flows with subgrid models. Rech. Aéro. 1, 51–63

184. Sagaut, P., Lê, T.H. (1997): Some investigations on the sensitivity of large-eddy simulation. (Direct and Large Eddy Simulation II, Chollet, Voke and Kleiser eds.) Kluwer, 81–92

185. Sagaut, P., Troff, B. (1997): Subgrid-scale improvements for non-homogeneous flows. (First AFOSR International Conference on DNS and LES, Ruston, USA)

186. Sagaut, P., Troff, B., Lê, T.H., Ta, P.L. (1996): Large eddy simulation of turbulent flow past a backward facing step with a new mixed scale SGS model. (Computation of three-dimensional complex flows, Notes on Numerical Fluid Mechanics 53, Deville, Gavrilakis and Rhyming eds.) Vieweg, 271–278

187. Salvetti, M.V., Banerjee, S. (1994): A priori tests of a new dynamic subgrid-scale model for finite-difference large-eddy simulations. Phys. Fluids 7(11), 2831–2847

188. Salvetti, M.V., Zang, Y., Street, R.L., Banerjee, S. (1997): Large-eddy simulation of free-surface decaying turbulence with dynamic subgrid-scale models. Phys. Fluids 9(8), 2405–2419

189. Schumann, U. (1975): Subgrid scale model for finite difference simulations of turbulent flows in plane channels and annuli. J. Comput. Phys. 18, 376–404

190. Schumann, U. (1995): Stochastic backscatter of turbulence energy and scalar variance by random subgrid-scale fluxes. Proc. R. Soc. Lond. A 451, 293–318

191. Schumann, U. (1995): Boundary conditions at walls - The unsolved problem. Non publié

192. Schwarz, K.W. (1990): Evidence for organized small-scale structure in fully developed turbulence. Phys. Rev. Letters 64(4), 415–418

193. Scotti, A., Meneveau, C., Lilly, D.K. (1993): Generalized Smagorinsky model for anisotropic grids. Phys. Fluids A 5(9), 2306–2308

194. Shah, K.B., Ferziger, J.H. (1995): A new non-eddy viscosity subgrid-scale model and its application to channel flow. Annual Research Briefs - Center for Turbulence Research, 73–91

195. Silveira Neto, A., Grand, D., Métais, O., Lesieur, M. (1993): A numerical investigation of the coherent vortices in turbulence behind a backward facing step. J. Fluid Mech. 256, 1–25

196. Silvestrini, J. (1996): Simulation des grandes échelles des zones de mélange - Application à la propulsion solide des lanceurs spatiaux. Thèse de Doctorat de l'INPG, Grenoble, France

197. Smagorinsky, J. (1963): General circulation experiments with the primitive equations. I: The basic experiment. Month. Weath. Rev. **91**(3), 99–165

198. Speziale, C.G. (1985): Galilean invariance of subgrid-scale stress models in the large-eddy simulation of turbulence. J. Fluid Mech. **156**, 55–62

199. Speziale, C.G. (1987): On nonlinear K-l and K-ε models of turbulence. J. Fluid Mech. **178**, 459–475

200. Speziale, C.G. (1991): Analytical methods for the development of Reynolds-stress closures in turbulence. Ann. Rev. Fluid Mech. **23**, 107–157

201. Stanisic, M.M. (1985): The mathematical theory of turbulence. Springer-Verlag

202. Sullivan, P.P., McWilliams, J.C., Moeng, C.H. (1994): A subgrid-scale model for large-eddy simulation of planetary boundary-layer flows. Boundary-Layer Meteorol. **71**, 247–276

203. Tafti, D. (1996): Comparison of some upwind-biased high-order formulations with a second-order central-difference scheme for time integration of the incompressible Navier-Stokes equations. Computers & Fluids **25**(7), 647–665

204. Tennekes, H., Lumley, J.L. (1972): A first course in turbulence. MIT Press

205. Troff, B., Lê, T.H., Loc, T.P. (1991): A numerical method for the three-dimensional unsteady incompressible Navier-Stokes equations. J. Comput. Appl. Math. **35**, 311–318

206. van der Ven, H. (1995): A family of large eddy simulation (LES) filters with nonuniform filter widths. Phys. Fluids **7**(5), 1171–1172

207. Vandromme, D., Haminh, H. (1991): The compressible mixing layer. (Turbulence and coherent structures, O. Métais, M. Lesieur eds) Kluwer Academic Press, 508–523

208. Vinokur, M. (1989): An analysis of finite-difference and finite-volume formulations of conservation laws. J. Comput. Phys **81**, 1–52

209. Voke, P.R. (1996): Subgrid-scale modelling at low mesh Reynolds number. Theoret. Comput. Fluid Dynamics **8**, 131–143

210. Voke, P.R., Gao, S., Leslie, D. (1995): Large-eddy simulations of plane impinging jets. Int. J. Numer. Meth. Fluids **38**, 489–507

211. Voke, P.R., Potamitis, S.G. (1994): Numerical simulation of a low-Reynolds-number turbulent wake behind a flate plate. Int. J. Numer. Meth. Fluids **19**, 377–393

212. Vreman, B., Geurts, B., Kuerten, H. (1994): Realizability conditions for the turbulent stress tensor in large-eddy simulation. J. Fluid Mech. **278**, 351–362

213. Vreman, B., Geurts, B., Kuerten, H. (1994): On the formulation of the dynamic mixed subgrid-scale model. Phys. Fluids **6**(12), 4057–4059

214. Waleffe, F. (1992): The nature of triad interactions in homogeneous turbulence. Phys. Fluids A **4**(2), 350–363

215. Waleffe, F. (1993): Inertial transfer in the helical decomposition. Phys. Fluids A **5**(3), 677–685

216. Weinan, E., Shu, C.W. (1994): A numerical resolution study of high order essentially non-oscillatory schemes applied to incompressible flow. J. Comput. Phys. **110**, 39–46

217. Werner, H., Wengle, H. (1991): Large-eddy simulation of turbulent flow over and around a cube in a plate channel. (8th Symposium on Turbulent Shear Flows, Munich, Germany)

218. Winckelmans, G.S., Lund, T.S., Carati, D., Wray, A. (1996): A priori testing of subgrid-scale models for the velocity-pressure and vorticity-velocity formulations. Proceedings of the Summer Program - Center for Turbulence Research, Stanford, 309–329

219. Wong, V.C. (1992): A proposed statistical-dynamic closure method for the linear or nonlinear subgrid-scale stresses. Phys. Fluids A 4(5), 1080–1082

220. Wu, X., Squires, K.D. (1997): Large eddy simulation of an equilibrium three-dimensional turbulent boundary layer. AIAA Journal 35(1), 67–74

221. Yakhot, V., Orszag, S.A. (1986): Renormalization group analysis of turbulence. I. Basic Theory. J. Sci. Comput. 1, 3–51

222. Yang, K.S., Ferziger, J.H. (1993): Large-eddy simulation of turbulent obstacle flow using a dynamic subgrid-scale model. AIAA Journal 31(8), 1406–1413

223. Yeung, P.K., Brasseur, J.G. (1991): The response of isotropic turbulence to isotropic and anisotropic forcing at large scales. Phys. Fluids A 3(5), 884–897

224. Yeung, P.K., Brasseur, J.G., Wang, Q. (1995): Dynamics of direct large-small scale couplings in coherently forced turbulence: concurrent physical- and Fourier-space views. J. Fluid Mech. 283, 43–95

225. Yoshizawa, A. (1979): A statistical investigation upon the eddy viscosity in incompressible turbulence. J. Phys. Soc. Japan 47(5), 1665–1669

226. Yoshizawa, A. (1982): Eddy-viscosity-type subgrid-scale model with a variable Smagorinsky coefficient and its relationship with the one-equation model in large eddy simulation. Phys. Fluids 25(9), 1532–1538

227. Yoshizawa, A. (1984): Statistical analysis of the deviation of the Reynolds stress from its eddy-viscosity representation. Phys. Fluids 27(6), 1377–1387

228. Yoshizawa, A. (1989): Subgrid-scale modeling with a variable length scale Phys. Fluids A 1(7), 1293–1295

229. Yoshizawa, A. (1991): A statistically-derived subgrid model for the large-eddy simulation of turbulence. Phys. Fluids A 3(8), 2007–2009

230. Yoshizawa, A., Horiuti, K. (1985): A statistically-derived subgrid-scale kinetic energy model for the large-eddy simulation of turbulent flows. J. Phys. Soc. Japan 54(8), 2834–2839

231. Yoshizawa, A., Tsubokura, M., Kobayashi, T., Taniguchi, N. (1996): Modeling of the dynamic subgrid-scale viscosity in large-eddy simulation. Phys. Fluids 8(8), 2254–2256

232. Zahrai, S., Bark, F.H., Karlsson, R.I. (1995): On anisotropic subgrid modeling. Eur. J. Mech. B/Fluids 14(4), 459–486

233. Zang, T.A. (1991): Numerical simulation of the dynamics of turbulent boundary layers: Perspectives of a transition simulator. Philos. Trans. R. Soc. Lond. Ser. A 336, 95–102

234. Zang, Y., Street, R.L., Koseff, J.R. (1993): A dynamic mixed subgrid-scale model and its application to turbulent recirculating flows. Phys. Fluids A 5(12), 3186–3196

235. Zhao, H., Voke, P.R. (1996): A dynamic subgrid-scale model for low-Reynolds-number channel flow. Int. J. Numer. Meth. Fluids 23, 19–27

236. Zhou, Y. (1993): Degrees of locality of energy transfer in the inertial range. Phys. Fluids A 5(5), 1092–1094

237. Zhou, Y. (1993): Interacting scales and energy transfer in isotropic turbulence. Phys. Fluids A 5(10), 2511–2524

238. Zhou, Y., Vahala, G., Hossain, M. (1989): Renormalized eddy viscosity and Kolmogorov's constant in forced Navier-Stokes turbulence. Phys. Rev. A 40(10), 5865–5874

Index

280

Springer
and the
environment

At Springer we firmly believe that an
international science publisher has a
special obligation to the environment,
and our corporate policies consistently
reflect this conviction.
We also expect our business partners –
paper mills, printers, packaging
manufacturers, etc. – to commit
themselves to using materials and
production processes that do not harm
the environment. The paper in this
book is made from low- or no-chlorine
pulp and is acid free, in conformance
with international standards for paper
permanency.

Springer

Printing: Druckhaus Beltz, Hemsbach
Binding: Buchbinderei Schäffer, Grünstadt

Printing: Druckhaus Beltz, Hemsbach
Binding: Buchbinderei Schäffer, Grünstadt